大数据教育丛书

数据挖掘算法导论

高延增　熊金泉　编著

西安电子科技大学出版社

内 容 简 介

本书结合典型的数据挖掘案例，详细介绍了若干种重要的数据挖掘算法的实现原理和应用方法。其中，第1、2章介绍了回归、分类、聚类的概念及其实现的主要方法，如线性回归、逻辑回归、K近邻和K均值；第3～5章介绍了数据挖掘的主要策略，如决策树、提升算法和支持向量机；在前述知识的基础上，第6～8章介绍了实现人工智能算法的三种最基础网络结构，即人工神经网络、卷积神经网络、长短时记忆网络。通过阅读本书，读者既可以理解各种数据挖掘算法的实现原理，又可以掌握将算法应用于实际数据挖掘的一般流程和方法。

本书可作为高等院校理工科相关专业本科生、研究生的教材，也可供相关人员自学使用。

图书在版编目(CIP)数据

数据挖掘算法导论／高延增，熊金泉编著．—西安：西安电子科技大学出版社，2022.5
ISBN 978-7-5606-5748-6

Ⅰ．①数…　Ⅱ．①高…　②熊…　Ⅲ．①数据采集　Ⅳ．①TP274

中国版本图书馆CIP数据核字(2022)第044439号

策　　划　刘玉芳
责任编辑　刘玉芳
出版发行　西安电子科技大学出版社(西安市太白南路2号)
电　　话　(029)88202421　88201467　　邮　　编　710071
网　　址　www.xduph.com　　电子邮箱　xdupfxb001@163.com
经　　销　新华书店
印刷单位　陕西精工印务有限公司
版　　次　2022年5月第1版　2022年5月第1次印刷
开　　本　787毫米×1092毫米　1/16　印张　10.5
字　　数　243千字
印　　数　1～2000册
定　　价　27.00元
ISBN 978-7-5606-5748-6／TP
XDUP 6050001-1

前　言

人工智能和大数据时代已经来临，数据的巨大价值早已被世人认可，但真正能从数据中挖掘出有用信息并最终获取收益的人却只占极少数。这是因为数据挖掘是一件非常困难的工作，它包含了业务理解、数据理解、数据准备、模型构建、模型评估、计划部署、业务提升等多个阶段，尤其是模型构建和评估工作非常繁杂，只有同时具备数学基础知识和工程技术能力的复合型人才才能胜任。同时，数据量的指数级增长使得数据的自动化处理成为数据挖掘的必要手段，而自动化处理离不开数据挖掘算法的合理利用，特别是以卷积神经网络、循环神经网络为代表的深度学习算法的使用。

在众多的数据挖掘算法中，有一些极具代表性，其他算法大多是在它们的基础上衍生出来的。本书精选出这些具有代表性的算法，整理成 8 章内容。

第 1 章介绍线性回归。该算法易学易用，读者可以通过对线性回归的学习来理解机器学习的基本原理，了解如何通过算法模型来拟合数据背后蕴含的信息，以进一步挖掘数据的价值。

第 2 章介绍了两种不同的算法，即 K 近邻与 K 均值。虽然 K 近邻属于有监督学习的分类算法，而 K 均值属于无监督学习的聚类算法，但它们都巧妙地利用了样本点的距离来进行数据处理与分析。

第 3 章介绍决策树算法。决策树模型由根节点、内部节点、叶节点和有向边组成，它具有很好的可读性，分类速度也很快。同时，本章也介绍了熵、信息增益的概念。

第 4 章介绍提升算法。提升算法可以将多个弱学习器以一定的方案组合成一个强学习器，该章重点介绍了在各种数据竞赛中大放异彩的 XGBoost 算法。

第 5 章介绍支持向量机，这是一种非常优雅的算法模型。支持向量机本质上是一种有监督的最大间隔分类器，它可通过核技巧来解决线性不可分问题。核函数的应用使得低维空间到高维空间的映射求解变得简单，非常巧妙。

第 6 章到第 8 章是对神经网络与深度学习技术的介绍。深度学习源于人工神经网络的研究，本质上是复杂的多层人工神经网络。第 6 章介绍人工神经网络，从最简单的神经元模型开始讲起，阐述神经网络的求解思想及其发展历程。在此基础上，引出第 7 章和第 8 章的内容。第 7 章介绍卷积神经网络，它是深度学习最具代表性的算法之一。该章通过案例介绍卷积层、池化层背后的意义，从而可以让读者深入理解卷积神经网络和普通前馈神经网络之间的区别与联系。第 8 章介绍长短时记忆网络，这是在序列数据处理中常被使用的深度学习算法。该章从基础的循环神经网络讲起，后面由基础循环神经网络的梯度消失问题引出长短时记忆网络，重点介绍了长短时记忆网络中门结构的实现原理。

本书在每个章节都配有相应的实际案例来加深读者的理解，案例的源码可以从本书配套的电子资源中获得。案例代码使用 Python 作为开发语言，使用 Spyder 作为开发工具，代码中加入了较详细的注释。

本书由嘉应学院的高延增博士和南昌师范学院的熊金泉教授共同编著完成。本书编写过程中得到了很多朋友和同事的帮助，在这里特别感谢高海永博士、刘玉芳老师等的辛勤付出。此外，本书除每章后面注明的参考文献外，还借鉴了一些视频和文字资料，在此对相关作者表示衷心感谢。

由于编者水平有限，书中不当之处在所难免，恳请读者批评指正。使用本书如遇到问题，可以通过作者的微信个人公众号(codegao)与作者联系。

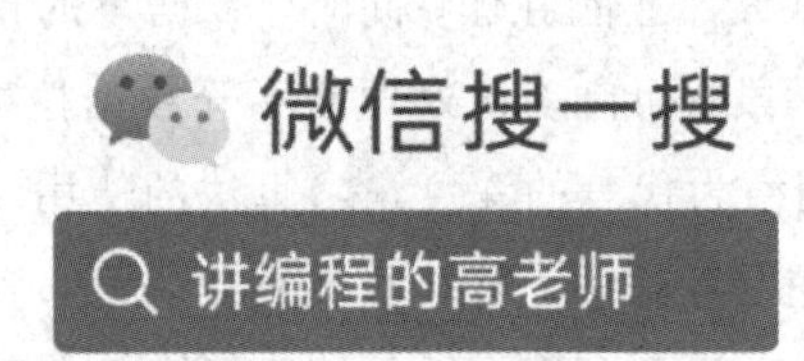

编　者

2021 年 10 月于嘉应学院

目　　录

第 1 章　回 归 分 析

在进行数据挖掘的时候，我们时常希望能找出变量之间的相互依赖关系，并且希望能够定量描述这种依赖关系。这种确定变量间定量依赖关系的统计学方法被称为回归分析，变量间的依赖关系可能是线性或非线性的，依此可以把回归分析分为线性回归分析和非线性回归分析。其中，线性回归分析是最常用的统计分析方法之一，也是我们理解其他各种复杂模型的基础，可以说线性回归模型是众多算法模型的鼻祖。

本章首先介绍模型的概念，然后重点介绍线性回归和逻辑回归。

1.1　模　　型

由于人类自身对信息处理能力的局限性，我们在认知这个世界的时候总是希望透过一个抽象的、简单的模型来认识相对复杂的世界。比如，我们想用飞机模型来认识飞机，想用汽车模型来研究汽车，等等。也就是说，我们经常试图使用一个相对简单的东西来表示另一个与之有关的复杂东西，这个简单的东西就是所谓的模型。

1.1.1　理解模型

在数据挖掘中，我们经常使用建模的方法对数据进行处理。比如，我们想预测一个小孩将来能长多高，应该怎么做？一个人成年后的身高可能和他的遗传基因、后期营养摄入、成长环境、作息习惯甚至性格等很多方面有关。但是，所有这些可能有关的因素并不一定都和身高强相关。另外，如果把所有这些可能因素都考虑进来会使问题变得相当复杂，我们就没有办法预测这个小孩成年后的身高了，这是因为他的后期成长的各种环境在当前是未知的。怎么办呢？

我们需要将这个问题继续简化，使用一个更简单的模型，假设一个小孩未来的身高只和遗传有关，更进一步假设只和父母的身高有关。这是我们用模型解决身高预测问题的第一步，即简单地认为一个孩子未来的身高只与他的父母的身高有关。

那么，这个孩子父母的身高和孩子的身高之间有怎样的关系呢？我们进一步进行假设，假设父母身高和孩子将来的身高之间的关系是线性的，即它们的关系为

$$y=\beta_1 x_1+\beta_2 x_2 \tag{1-1}$$

式中，假设母亲的身高为 x_1，父亲的身高为 x_2，分别乘以一个系数相加后就是孩子的身高。显然，式(1-1)这种形式也是有问题的，它在三维空间中决定了一个过原点的平面，我们想用这个平面去近似父母身高(x_1，x_2)与孩子身高(y)的关系，而这样一个必过原点的平面局限性太强，所以我们还需要在式(1-1)的前面加上一个偏移量 β_0，即

$$y = \beta_0 + \beta_1 x_1 + \beta_2 x_2 \tag{1-2}$$

前面假设中抛弃了很多身高的影响因素，只留下了父母的身高，因此式(1-2)对于每一个孩子未来身高的预测几乎都是有误差的。为了保证模型公式的精准性，需要在式(1-2)的基础上加上误差项 ε(当然此处表述是不严谨的，后续 1.1.2 节会继续讨论)，即

$$y = \beta_0 + \beta_1 x_1 + \beta_2 x_2 + \varepsilon \tag{1-3}$$

从式(1-3)可知，如果有办法确定系数 β_0、β_1、β_2 的估计值 $\hat{\beta}_0$、$\hat{\beta}_1$、$\hat{\beta}_2$，我们就可以通过这个公式和父母的身高来预测孩子未来的身高了，当然这个预测是有误差的，等到孩子长大了，他的实际身高和我们预测身高的差值可用 ε 来修正。所以，在使用父母身高预测孩子身高时真正使用的是式(1-4)，即

$$\hat{y} = \hat{\beta}_0 + \hat{\beta}_1 x_1 + \hat{\beta}_2 x_2 \tag{1-4}$$

由上面分析可知，我们在进行数据挖掘工作时经常需要找到一些量(x_1，x_2，…，x_p)和另一些量(y_1，y_2，…，y_m)之间的关系，而这些量与另外一些量之间的关系往往可以通过一个模型来描述，如图 1-1 所示。图中，模型是解释变量(x_1，x_2，…，x_p)到响应变量(y_1，y_2，…，y_m)的一种映射关系，而为了能够更好地预测响应变量，具体采用什么样的解释变量和映射关系(模型)都是在建模过程中需要解决的问题。

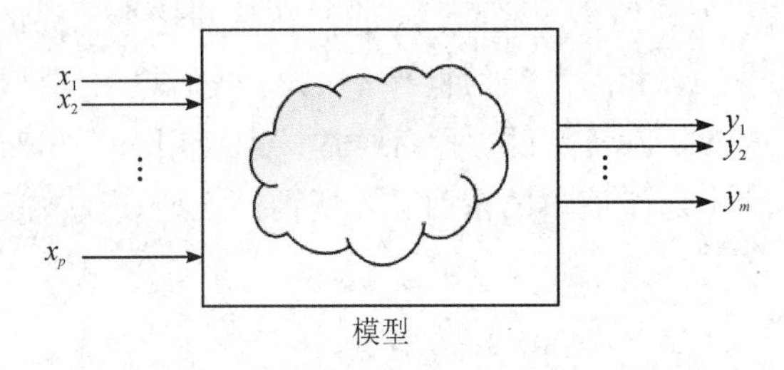

图 1-1 模型概念示意图

所有模型中最基础的就是线性模型，它是统计学中应用最广泛的模型之一，在经济、医学、生物、农业等领域都有广泛的应用。线性模型是一类统计模型的统称[1]，它包含了线性回归模型、方差分析模型、协方差分析模型等。

1.1.2 回归模型

正如本章开头所讲，回归分析是定量描述响应变量 $\boldsymbol{y}$ 对解释变量 $\boldsymbol{X}$ 的依赖关系的统计分析方法，其模型的一般形式如下：

$$\boldsymbol{y} = f(\boldsymbol{X}) + \boldsymbol{\varepsilon} \tag{1-5}$$

式中，($\boldsymbol{y}$，$\boldsymbol{X}$)是一组观测数据，即已知的一组观测数据，$\boldsymbol{\varepsilon}$ 是随机误差。以父母身高预测子女身高为例，一组观测数据就是已经知道了父母身高和对应的成年子女身高的值，我们期望通过这一组观测值可以找出父母身高与子女身高之间的关系。

事实上，回归(Regression)这个词的由来也和父母、子女的身高研究有关。英国著名统计学家、生物学家高尔顿(Galton)观察了 928 个成年子女及他们的 205 对父母的身高，发现子女的身高和父母的身高是线性相关的，但是他还发现当父母身材很高大时，其子女的身材虽然也会较高，却很大概率上没有预期那么高，反之亦然，即父母身高明显偏离平均

值时，其子女的身高会向平均值回归(Regression)[2]。基于此，回归分析就用来代指研究变量间关联关系的统计分析。

假设回归模型考虑的解释变量是 p 维的，而响应变量是一维的，即寻找 p 个解释变量和一个响应变量之间的关系，如果进一步假设式(1-5)中的 $f(\boldsymbol{X})$ 是线性的，则有 n 组观测数据可以得到如下所示的方程组：

$$\begin{cases} y_1=\beta_0+\beta_1x_{11}+\beta_2x_{12}+\cdots+\beta_{p-1}x_{1,\,p-1}+\varepsilon_1 \\ y_2=\beta_0+\beta_1x_{21}+\beta_2x_{22}+\cdots+\beta_{p-1}x_{2,\,p-1}+\varepsilon_2 \\ \qquad\vdots \\ y_n=\beta_0+\beta_1x_{n1}+\beta_2x_{n2}+\cdots+\beta_{p-1}x_{n,\,p-1}+\varepsilon_n \end{cases} \tag{1-6}$$

若令

$$\boldsymbol{y}=\begin{bmatrix} y_1 \\ y_2 \\ \vdots \\ y_n \end{bmatrix},\ \boldsymbol{\beta}=\begin{bmatrix} \beta_0 \\ \beta_1 \\ \vdots \\ \beta_{p-1} \end{bmatrix},\ \boldsymbol{X}=\begin{bmatrix} 1 & x_{11} & x_{12} & \cdots & x_{1,\,p-1} \\ 1 & x_{21} & x_{22} & \cdots & x_{2,\,p-1} \\ & \vdots & \vdots & & \vdots \\ 1 & x_{n1} & x_{n2} & \cdots & x_{n,\,p-1} \end{bmatrix},\ \boldsymbol{\varepsilon}=\begin{bmatrix} \varepsilon_1 \\ \varepsilon_2 \\ \vdots \\ \varepsilon_n \end{bmatrix}$$

则式(1-6)可简洁地表达为

$$\boldsymbol{y}=\boldsymbol{X\beta}+\boldsymbol{\varepsilon} \tag{1-7}$$

式中，$\boldsymbol{y}$、$\boldsymbol{X}$ 均是观测值，$\boldsymbol{\beta}$ 为回归系数，$\boldsymbol{\varepsilon}$ 为随机误差。前文阐述式(1-3)时提到，为了保证模型能够精准反映子女成年后的身高，在预测值的基础上加一个误差项，这是不严谨的。因为，如若不对式(1-3)、式(1-5)、式(1-6)中的误差项进行限制，无论 $f(\boldsymbol{X})$ 是何种形式都可以通过加上误差项的形式预测子女成年后的身高，即任何形式的模型都可以对响应变量进行预测，这显然是不合适的。

因此，经常会对 $\boldsymbol{\varepsilon}$ 进行一些假设，当使用 $f(\boldsymbol{X})$ 对响应变量进行预测时，只有对应的随机误差项 $\boldsymbol{\varepsilon}$ 满足这些假设才能认为它是合适的回归模型。

关于 $\boldsymbol{\varepsilon}$，常用以下三条假设使其对应的回归模型满足需求：

(1) $\boldsymbol{\varepsilon}$ 均值为零，即

$$E(\varepsilon_i)=0 \quad (i=1,\ 2,\ \cdots,\ n)$$

(2) $\boldsymbol{\varepsilon}$ 等方差，即

$$\mathrm{Var}(\varepsilon_i)=\sigma^2 \quad (i=1,\ 2,\ \cdots,\ n) \tag{1-8}$$

(3) $\boldsymbol{\varepsilon}$ 彼此不相关，协方差为0，即

$$\mathrm{Cov}(\varepsilon_i,\ \varepsilon_j)=0 \quad (i\neq j,\ i,\ j=1,\ 2,\ \cdots,\ n) \tag{1-9}$$

上面三条假设就是著名的高斯-马尔可夫假设(Gauss-Markov Supposition)，在使用线性模型(式(1-7)所示)对得到的经验方程进行预测时，要求其随机误差 $\boldsymbol{\varepsilon}$ 满足Gauss-Markov假设。

对于 Gauss-Markov 假设(1)，模型中的随机误差 $\boldsymbol{\varepsilon}$ 均值为零的含义是模型的预测值与真实值之间的误差是随机的、不含系统趋势的。还是以父母身高预测成年子女身高为例，进一步简化，假设认为子女成年后的身高只和母亲的身高有关，则式(1-3)变为

$$y=\beta_0+\beta_1x_1+\varepsilon \tag{1-10}$$

如果存在一组$\hat{\beta}_0$、$\hat{\beta}_1$，使得式(1-10)满足 Gauss-Markov 假设第一条要求，则使用经

验回归方程式(1-11)计算得到的成年子女身高的预测值与真实值应该是等均值的(即随机误差的均值为0)，如图1-2所示。

$$\hat{y}=\hat{\beta}_0+\hat{\beta}_1 x_1 \tag{1-11}$$

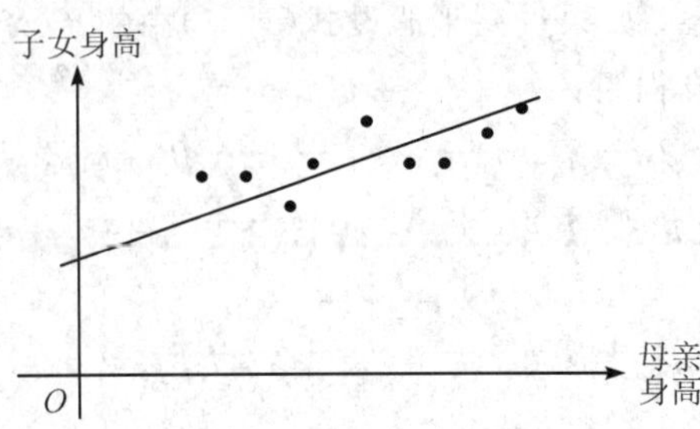

图1-2　利用母亲身高预测子女身高效果图

图1-2中，横轴为母亲身高，纵轴为子女成年后的身高，直线为经验回归方程式(1-11)的图像，点为观测值。由图中可知，一个满足Gauss-Markov第一条假设的经验回归方程画出的直线完美照顾到了所有观测点，观测点分布在直线的两边，所有观测点的值与直线上相同横坐标点的值的差值(即随机误差$\boldsymbol{\varepsilon}$)之和是0。

对于Gauss-Markov假设(2)，虽然第一条假设要求误差零均值，但这并不能很好地反应模型的好坏，因为无法刻画观测值相对于估计值的离散情况，因此有了第二条假设，即要求观测值在估计值附近的波动情况是一致的。

以上面预测子女成年后身高的例子来理解假设(2)，即处于某一身高的母亲是有很多的，我们把这个母亲的身高值代入经验方程会得到子女身高的一个估计值，这个估计值与子女身高实际值的随机误差存在一个方差$\mathrm{Var}(\varepsilon_1)$，若该模型对另外一组由母亲身高预测得到的子女身高与子女实际身高误差的方差为$\mathrm{Var}(\varepsilon_2)$，那么假设(2)要求$\mathrm{Var}(\varepsilon_1)=\mathrm{Var}(\varepsilon_2)$。

很显然，如果满足了假设(2)，对于同一个问题的不同经验模型，就可以通过随机误差的方差$\mathrm{Var}(\varepsilon)$来判断模型的优劣。当然，假设(2)是比较难以满足的，实际问题中不得不做一些折中。

对于Gauss-Markov假设(3)，要求n组观测值是不相关的，如果不能满足这一假设，则模型会具有自相关性。模型的自相关性会导致预测效果很差，因为这表明数据中尚有很多可用信息没有包含在模型中。

由前面分析可知，若想使用线性回归模型进行数据预测或估计，一般要经过以下几个步骤：

(1) 根据收集的观测数据确定合适的解释变量(自变量)，即找出哪些变量与响应变量(因变量)相关；

(2) 根据观测数据使用一定的方法估计式(1-7)中的系数$\hat{\boldsymbol{\beta}}$，得出经验回归方程$\hat{\boldsymbol{y}}=\boldsymbol{X}\hat{\boldsymbol{\beta}}$；

(3) 对(2)中得到的回归方程进行评估，包括回归方程显著性检验、系数显著性检验、回归方程选择等。

具体方法将在1.2节中介绍。

1.1.3 方差模型

上一节介绍的回归分析模型中，解释变量 $\boldsymbol{X}$ 以连续型变量为主，通过回归分析可以找到响应变量 $\boldsymbol{y}$ 对解释变量 $\boldsymbol{X}$ 的依赖情况，且这种依赖关系是可以用回归方程定量描述的。但是，在实验前期会比较关心某个解释变量(自变量)的存在与否会对响应变量产生影响，而不是解释变量的大小对响应变量的影响。比如，为了研究某种感冒药的药效，实验时经常会把病人分为两组，一组服用感冒药，另一组不服用，再观察比较这两组病人的情况，最后得出感冒药有无效果的结论。也就是说，模型的自变量矩阵 $\boldsymbol{X}$ 的分量只可能取 0 和 1 两个值，而要解决这类问题，就需要用到方差分析模型。

方差分析模型(Variance Analysis Model)可以看成是一种特殊的线性回归模型，其设计矩阵 $\boldsymbol{X}$ 的元素为 0 或 1，模型参数为因素水平的效应值，且满足一定的线性约束条件。方差分析法是英国统计学家 R. A. Fisher 于 1919 年在英国的一个农业试验站工作期间发明的，用于两个及两个以上样本均数差别的显著性检验[3]，如图 1-3 所示。

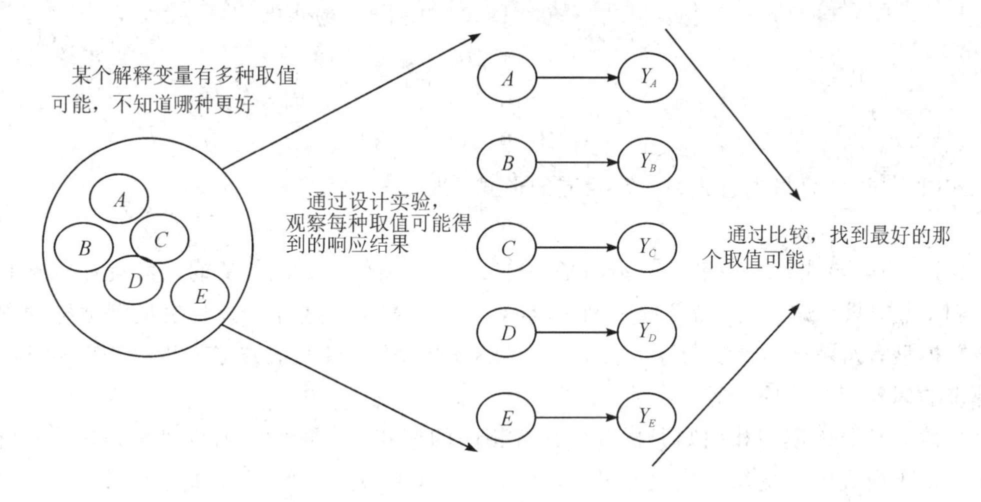

图 1-3 单因素方差分析

下面通过举例来理解方差分析模型。

例 1.1 要比较 3 个玉米品种的产量高低，需要开 3 块面积相等的试验田分别种植这 3 种玉米，然后通过设计使这 3 块田除了播种的玉米品种不同外其他完全一样，最后比较这 3 块田的玉米产量。如果平均的玉米产量为 μ，第 i 个品种对产量的贡献为 α_i，则第 i 个玉米品种的产量可表示为

$$y_i = \mu + \alpha_i + \varepsilon_i \tag{1-12}$$

式(1-12)可以理解为本来玉米的平均产量是 μ，而由于品种 i 的加持使得产量增加了 α_i(当然也可能是减少)，最后一项 ε_i 是随机误差项。

实际实验中往往会增加样本数量，将每个品种的玉米种在 n 块相同的试验田中，设 $n=2$，则可以得到如图 1-4 所示的 6 块试验田。

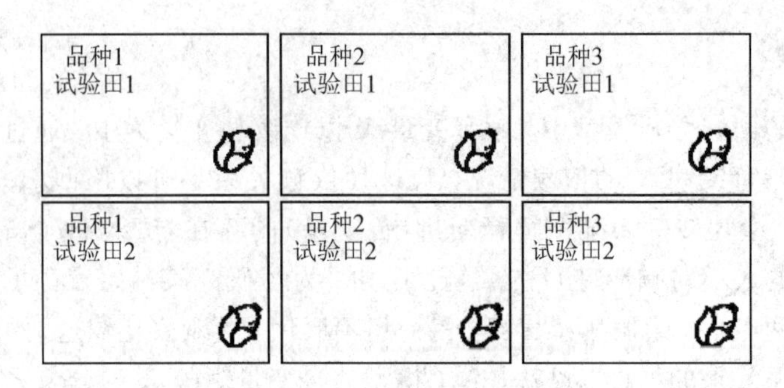

图 1-4　差分实验示意图

根据式(1-12)，若记第 i 个品种的第 j 块试验田的产量为 y_{ij}，对应的随机误差为 ε_{ij}，则 6 块试验田的产量可表示为

$$\begin{bmatrix} y_{11} \\ y_{12} \\ y_{21} \\ y_{22} \\ y_{31} \\ y_{32} \end{bmatrix} = \begin{bmatrix} 1 & 1 & 0 & 0 \\ 1 & 1 & 0 & 0 \\ 1 & 0 & 1 & 0 \\ 1 & 0 & 1 & 0 \\ 1 & 0 & 0 & 1 \\ 1 & 0 & 0 & 1 \end{bmatrix} \begin{bmatrix} \mu \\ \alpha_1 \\ \alpha_2 \\ \alpha_3 \end{bmatrix} + \begin{bmatrix} \varepsilon_{11} \\ \varepsilon_{12} \\ \varepsilon_{21} \\ \varepsilon_{22} \\ \varepsilon_{31} \\ \varepsilon_{32} \end{bmatrix} \tag{1-13}$$

式(1-13)可简写为与式(1-7)相同的形式，即

$$\boldsymbol{y} = \boldsymbol{X\alpha} + \boldsymbol{\varepsilon} \tag{1-14}$$

式(1-14)与式(1-7)最大的不同是，式(1-14)中的设计矩阵 $\boldsymbol{X}$ 的取值只有 0 或 1。

例 1.1 中只考虑了玉米品种这一个因素对产量的影响，这种方差分析模型被称为单因素方差模型；如果再加上农药这个因素的影响，就变成了双因素方差分析；当然还可以加入更多的因素变成多因素方差分析。

虽然方差分析模型和回归分析模型具有相同的形式，但它们是有区别的，方差分析模型主要用于研究解释变量对响应变量(即结果)影响程度的定性关系而非定量关系，从而剔除对结果影响较小的变量，提高试验的效率和精度；而回归分析是研究变量与结果的定量关系，得出相应的数学模型。在回归分析中，可以先进行方差分析找出对结果影响较大的变量，从而提高回归分析的有效性。

方差分析模型的应用不在本书讨论范围，读者可以参考相关的文献了解如何使用方差分析优化模型[4-7]。

1.2　线性回归模型应用

现实世界中有很多变量之间存在着线性相关性，而且一些非线性的关系经过变换后可以转换成线性关系。因此，线性回归模型在现实的数据挖掘与分析中应用广泛。

例 1.2　工业经济时代，有一个反映投入与产出关系的经典函数模型，即 Cobb-Douglas 生产函数(Cobb-Douglas Production Function)[8]，该函数可表示为

$$Y_t = A_t K^{\alpha} L^{\beta} \tag{1-15}$$

式中，Y_t 表示某一时期的生产水平，A_t 表示某一时期的技术水平，K 表示某一时期的资金投入量，L 表示某一时期的劳动力投入量，α、β 分别表示资金和劳动力对生产水平提高的相对权数。式(1-15)中的 A_t、α、β 是未知参数，对该式两边同时取对数可得

$$\ln(Y_t)=\ln(A_t)+\alpha\ln(K)+\beta\ln(L) \tag{1-16}$$

式中，令

$$y=\ln(Y_t),\quad \beta_0=\ln(A_t),\quad \beta_1=\alpha,\quad x_1=\ln(K),\quad \beta_2=\beta,\quad x_2=\ln(L)$$

同时，再加上随机误差，则式(1-16)可变为

$$y=\beta_0+\beta_1x_1+\beta_2x_2+\varepsilon \tag{1-17}$$

由例 1.2 可知，一些非线性相关关系通过适当变换后也可以通过线性回归模型进行分析。

本节介绍怎样使用线性回归模型，包括回归参数估计、回归方程评价、回归系数的显著性检验等。本节涉及的线性回归模型默认为经典线性回归模型，不涉及违背经典假设的线性回归模型，对于违背经典假设的线性回归方程参数估计的方法，读者可参考相关文献[9]。

1.2.1　回归参数估计

对于线性回归，当确定了自变量之后就可以确定回归方程的形式。接下来，就是对方程中的回归参数进行估计，其实质就是利用样本数据确定回归方程中回归参数的值。

最简单的一元线性回归方程形如 $y=\beta_0+\beta_1x_1+\varepsilon$，在这个方程中如果去除随机误差项 ε，方程只需要一组样本数据即可求解参数 β_0、β_1，但实际上样本数据有很多，所以传统意义上这个方程是无解的。但由于随机误差 ε 和与之对应的 Gauss-Markov 假设的存在，使得方程(1-7)的解法不同于普通的多元一次线性方程组的求解，其参数估计的过程如图 1-5 所示。

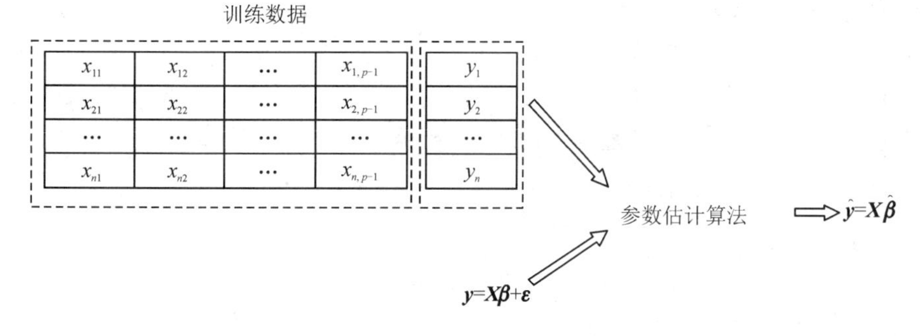

图 1-5　通过训练集估计模型参数示意图

由图 1-5 知，线性回归模型求解的过程就是通过算法利用训练数据进行模型参数估计的过程，而这些算法中最典型的就是最小二乘法(Least Square，LS)。作为十九世纪统计学的主题曲，最小二乘法对于统计学的意义就像微积分对于高等数学的意义[10]。

线性回归模型的一般方程式(1-7)与 Gauss-Markov 假设合并，可表示为

$$\boldsymbol{y}=\boldsymbol{X\beta}+\boldsymbol{\varepsilon},\quad E(\boldsymbol{\varepsilon})=0,\quad \mathrm{Var}(\boldsymbol{\varepsilon})=\boldsymbol{\sigma}^2\boldsymbol{I}_n \tag{1-18}$$

最小二乘法就是要找到一组参数 $\hat{\boldsymbol{\beta}}$，使得估计值 $\boldsymbol{X}\hat{\boldsymbol{\beta}}$ 和观测值 $\boldsymbol{y}$ 的残差平方和最小。

以一元线性回归为例，假设(x_1, y_1)、(x_2, y_2)、(x_3, y_3)、(x_4, y_4)为4组观测数据，对应图1-6中的4个实心点，若解得线性回归模型满足最小二乘法的参数估计为$\hat{\beta}_0$、$\hat{\beta}_1$($\hat{y}=\hat{\beta}_0+\hat{\beta}_1 x$，对应图中的直线)，则式(1-19)取得最小值。

$$Q=\sum_{i=1}^{4}\left[y_i-(\hat{\beta}_0+\hat{\beta}_1 x_i)\right] \tag{1-19}$$

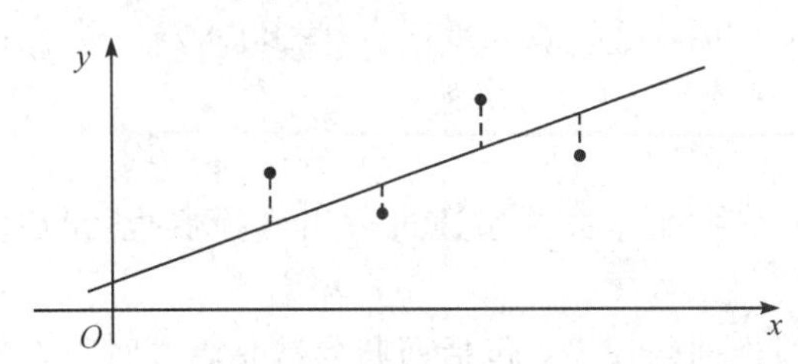

图1-6　最小二乘法示意图

对于一般的线性回归模型，若令

$$Q(\boldsymbol{\beta})=\|\boldsymbol{X\beta}-\boldsymbol{y}\|^2=(\boldsymbol{y}-\boldsymbol{X\beta})'(\boldsymbol{y}-\boldsymbol{X\beta}) \tag{1-20}$$

在式(1-20)中，把$\boldsymbol{\beta}$看成变量，求$Q(\boldsymbol{\beta})$的最小值点，可以通过先求出其驻点，然后在驻点中找出最小值点，即可求出对应的参数估计$\hat{\boldsymbol{\beta}}$。式(1-20)可以用来衡量线性回归模型对样本值拟合的好坏程度，常被称为代价函数(Cost Function)。

根据式(1-20)，对$Q(\boldsymbol{\beta})$求$\boldsymbol{\beta}$的偏导，然后令偏导等于零，可得求驻点的方程为

$$\boldsymbol{X}'\boldsymbol{X\beta}=\boldsymbol{X}'\boldsymbol{y} \tag{1-21}$$

若进一步假设$\boldsymbol{X}$的秩为p(实际上当$\boldsymbol{X}$的秩小于p时，$\boldsymbol{\beta}$是不可估的)，则可以求得式(1-21)的解为

$$\hat{\boldsymbol{\beta}}=(\boldsymbol{X}'\boldsymbol{X})^{-1}\boldsymbol{X}'\boldsymbol{y} \tag{1-22}$$

式中，$(\boldsymbol{X}'\boldsymbol{X})^{-1}$是$\boldsymbol{X}'\boldsymbol{X}$的任一广义逆，可以证明式(1-22)所示的$\hat{\boldsymbol{\beta}}$可以使得式(1-20)的$Q(\boldsymbol{\beta})$取得最小值，也可以证明使$Q(\boldsymbol{\beta})$取得最小值的必是$\hat{\boldsymbol{\beta}}$[11]。

在现实中，使用最小二乘法求解线性回归模型参数估计问题时，为了防止过拟合或者满足实际求解的需要，往往需要对参数的可能取值进行一定的限制，即带约束的最小二乘法。加入约束条件后的参数估计过程如图1-7所示。

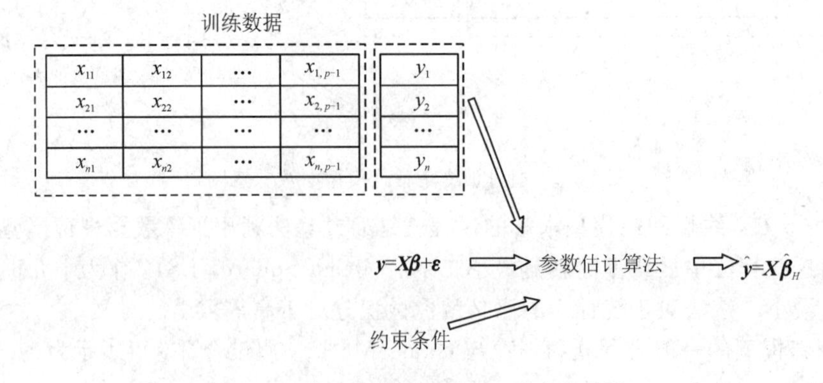

图1-7　带约束条件的最小二乘参数估计

由图1-7可知，带约束的最小二乘估计就是在满足约束条件的前提下寻找一组参数 $\hat{\boldsymbol{\beta}}_H$ 使得 $Q(\boldsymbol{\beta})$ 最小，因此 $Q(\hat{\boldsymbol{\beta}}_H) \geqslant Q(\hat{\boldsymbol{\beta}})$。一般的约束条件如式(1-23)所示，就是在这 k 个方程的约束下，找到使 $Q(\boldsymbol{\beta})$ 取最小值的参数 $\hat{\boldsymbol{\beta}}_H$。

$$\boldsymbol{h}_i'\boldsymbol{\beta} = d_i,\ i=1,\ 2,\ \cdots,\ k \tag{1-23}$$

寻找变量受条件限制的多元函数极值的常用方法是用拉格朗日乘子法(Lagrange Multiplier)构造辅助函数，即

$$F(\boldsymbol{\beta},\ \boldsymbol{\lambda}) = \|\boldsymbol{y} - \boldsymbol{X\beta}\|^2 + 2\sum_{i=1}^{k} \lambda_i(\boldsymbol{h}_i'\boldsymbol{\beta} - d_i) \tag{1-24}$$

式(1-24)对 $\boldsymbol{\beta}$ 求偏导并令其为0，得到求驻点的方程式(1-25)，与式(1-23)组成方程组，得到解 $\hat{\boldsymbol{\beta}}_H$，如式(1-26)所示。

$$\boldsymbol{X}'\boldsymbol{X\beta} = \boldsymbol{X}'\boldsymbol{y} - \boldsymbol{H}'\boldsymbol{\lambda} \tag{1-25}$$

$$\hat{\boldsymbol{\beta}}_H = (\boldsymbol{X}'\boldsymbol{X})^{-1}\boldsymbol{X}'\boldsymbol{y} - (\boldsymbol{X}'\boldsymbol{X})^{-1}\boldsymbol{H}'\hat{\boldsymbol{\lambda}}_H \tag{1-26}$$

其中，$\hat{\boldsymbol{\lambda}}_H = (\boldsymbol{H}(\boldsymbol{X}'\boldsymbol{X})^{-1}\boldsymbol{H}')^{-1}(\boldsymbol{H}\hat{\boldsymbol{\beta}} - d)$。可以证明，式(1-26)的解在满足约束的所有参数 $\boldsymbol{\beta}$ 中，$\|\boldsymbol{y} - \boldsymbol{X}\hat{\boldsymbol{\beta}}_H\|^2$ 最小。

式(1-24)实质上是在代价函数(式(1-20)所示)的基础上加入了一个惩罚项，使得算法在调整参数以使代价函数最小时兼顾约束条件。常用的最小二乘约束还有L1约束、L2约束，其本质都是在代价函数的基础上加入限制 $\boldsymbol{\beta}$ 取值范围的项，使得回归模型不至于过拟合。

1.2.2　回归方程选择

上一小节讲解了怎样进行回归参数估计，其前提是已经默认线性回归方程能够解决解释变量与响应变量间的关系问题。但在实际问题求解时并非如此，在构建线性回归模型之前要面临两个问题：① 这个问题能不能使用线性模型来求解？② 如果能用线性回归模型，应该将哪些解释变量引入线性回归方程中？

对于第一个问题，统计学上可以对变量进行线性检验。本节把求解的问题全部限定为适用于线性回归模型求解，只考虑解释变量的选择问题。

对于第二个问题，在数据分析前期，只能大概知道一些自变量的变化导致因变量的变化，在实验中需要记录所有可能的自变量和因变量，然后构建线性回归模型，如式(1-27)所示。

$$y = \beta_0 + \beta_1 x_1 + \beta_2 x_2 + \cdots + \beta_{p-1} x_{p-1} + \varepsilon \tag{1-27}$$

式(1-27)将所有可能的自变量都选入模型中做回归分析，得到的模型被称为全模型。随着研究的深入会发现一些自变量和因变量的相关性并不显著，会被排除，模型自变量变少，如式(1-28)所示。剔除了一部分自变量后得到的新模型被称为选模型。

$$y = \beta_0 + \beta_1 x_1 + \beta_2 x_2 + \cdots + \beta_{q-1} x_{q-1} + \varepsilon \tag{1-28}$$

到底是使用全模型好还是选模型好需要有一定的评价标准，而对于模型的评价标准又有两类：一是模型的精准度，二是模型的简洁性。模型的简洁性主要和模型中自变量的个数有关，显然选模型要比全模型简洁，但自变量变少往往伴随着拟合精准度的降低。

从模型预测效果的角度说，回归模型的预测值与真实值越接近越好，预测值与真实值的接近程度可以用线性模型的均方差（均方误差，简称均方差，Mean Square Error 或 MSE，式(1-29)所示）来表示，均方差越小，模型效果越好。

$$\mathrm{MSE}=\frac{1}{n}\sum_{i=1}^{n}(y_i-\hat{y}_i)^2 \tag{1-29}$$

此外，还需要知道因变量的变化有多少是由模型自变量的变化引起的，为此要使用判定系数来衡量。某一次观测值中的因变量 y_i 由两部分组成：

(1) 可以由线性回归模型解释的预测值$\hat{y}_i$；

(2) 残差项 ε。

综合整个训练样本，一个好的模型可解释部分应该占比越高越好。

因变量中可解释的部分定义为“可解释的变差平方和”或“回归平方和”，记为 SSR，计算公式为$\sum(\hat{y}_i-\bar{y})^2$，可以理解为因变量相对于平均值的变化中由模型中 $\boldsymbol{X}\hat{\boldsymbol{\beta}}$ 引起的那部分。

因变量中不能用线性回归方程解释的部分定义为“不可解释的变差”或“剩余平方和”，记为 SSE，计算公式为$\sum(y_i-\hat{y}_i)^2$，可以理解为因变量中由线性回归方程中没有引入解释变量的那部分自变量引起的变化，例如前面由父母身高预测子女成年后身高的例子中，由成长环境、营养摄入等决定的身高。

定义 SST=SSE+SSR 为总的变差平方，$\mathrm{SST}=\sum(y_i-\bar{y})^2$，其中$\hat{y}$ 为训练集中因变量的平均值。

判定系数 R^2 定义为

$$R^2=\frac{\mathrm{SSR}}{\mathrm{SST}}=1-\frac{\mathrm{SSE}}{\mathrm{SST}}=1-\frac{\sum(y_i-\hat{y}_i)^2}{\sum(y_i-\bar{y})^2} \tag{1-30}$$

R^2反映了回归方程的拟合效果，其值越接近 1，表示模型的拟合效果越好。式(1-30)的含义是，SSR 在 SST 中的占比越大模型拟合度越高，SSR 占比大意味着 $\boldsymbol{y}$ 中的可解释部分占比大，即$\hat{\boldsymbol{y}}$ 更接近 $\boldsymbol{y}$。

由式(1-30)还可知，分母$\sum(y_i-\bar{y})^2$与模型无关，要提高模型拟合精度只能尽可能多地引入自变量改变$\hat{y}_i$，而引入更多的自变量会牺牲模型的简洁性，因此在进行模型选择的时候需要综合考虑模型的精确度和简洁性。根据这一原则，在实际应用中可以将R^2 调整为

$$\bar{R}^2=1-\frac{\mathrm{SSE}}{\mathrm{SST}}\cdot\frac{n-1}{n-p-1} \tag{1-31}$$

式中，n 表示训练集的样本个数，p 表示模型中引入的自变量的个数。R^2调整前后与模型中自变量个数的关系如图 1-8 所示，经调整后，在选择模型时就不再一味追求加入更多的自变量来提升拟合精准度，如图 1-8(b)。

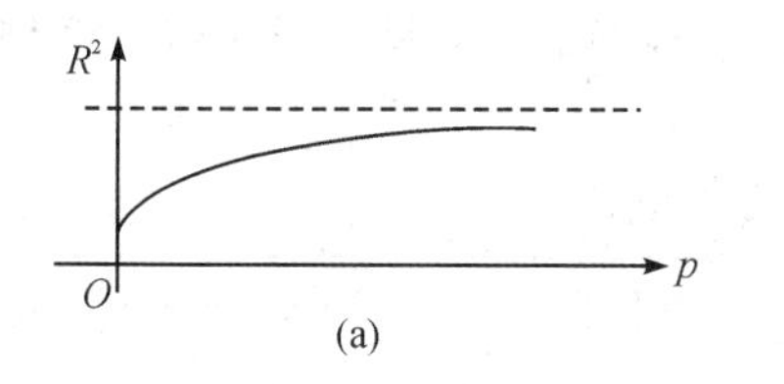

(a)

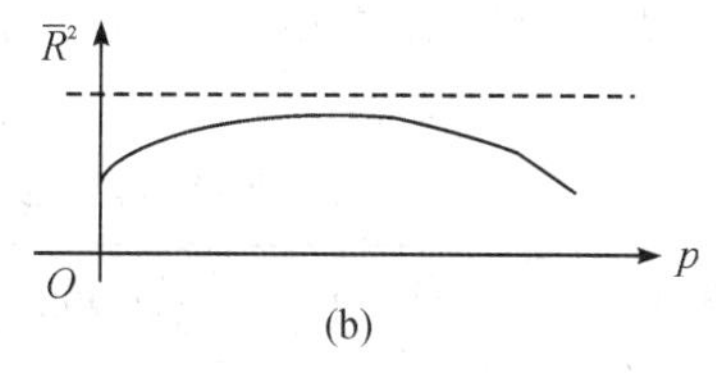

(b)

图 1-8 调整前后判定系数与 p 的关系

除此之外，在模型持久化之前(即模型用于实际的预测之前)还需要对其进行各种检验，包括回归系数显著性检验、模型线性关系显著性检验、模型稳定性检验、约束条件检验等等。

1.2.3 模型应用

应用线性回归模型解决数据挖掘问题的一般流程如图 1-9 所示。

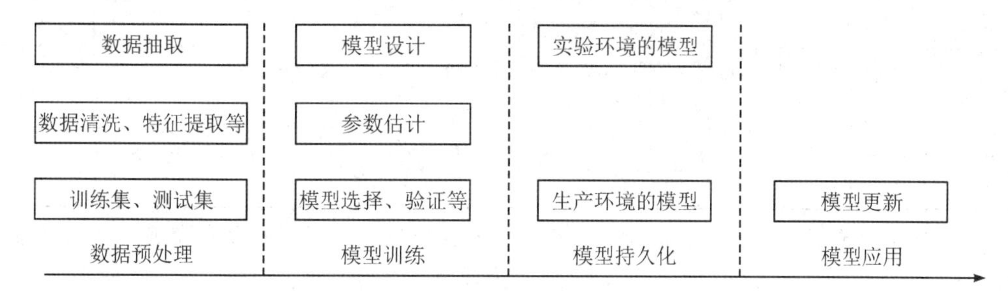

图 1-9 应用线性回归模型解决数据挖掘问题的一般流程

利用线性回归模型解决数据分析问题的流程大致上可分为四个阶段：

(1) 数据预处理。此阶段是训练数据集的准备阶段，会通过各种途径从已有的系统中抽取历史数据，然后通过数据清洗、标签处理、特征提取等预处理后将数据分成训练集、测试集以备后续环节使用。

(2) 模型训练。前面几个小节的内容都是应用于此阶段的，包括模型设计、参数估计、模型验证等工作。参数估计算法包括损失函数定义、损失函数最小化的参数求解算法等；模型验证又包括了线性验证、回归方程选择、回归系数显著性检验等。

(3) 模型持久化。前面两个阶段的编码工作是在实验环境下进行的，将模型应用于生产实践之前需要根据生产系统的运行环境进行模型持久化。比如实验阶段用 Python 或 Matlab 开发模型，而生产系统是 Java 环境的，那么训练后的模型可能还需要使用预测模型标记语言处理以方便 Java 环境下被调用。

(4) 模型应用。在模型应用一段时间后，系统积累了更全面、更具时效性的数据，这个时候就需要对模型进行更新以提高模型的各项性能指标。

可见，模型在数据挖掘系统中的应用是一个螺旋式上升的过程，整个流程会不断循环、不断更新，以保持模型对于所求解问题、所采集数据的时效性。

下面通过一个例子来加深对线性回归分析的认识。

例 1.3 现采集到了一些猕猴桃数据(如表 1-1 所示)，包括猕猴桃的长、宽和鲜重，目标是建立一个模型，能够通过长、宽来预测猕猴桃的鲜重，旨在通过这个案例来理解线性回归用于数据分析的流程。

表 1-1　猕猴桃训练数据

序号	鲜重/g	长/mm	宽/mm	序号	鲜重/g	长/mm	宽/mm
1	58.76	44	43	11	80.28	52	46
2	57.84	45	42	12	77.35	49	39
3	66.58	46	44	13	83.19	58	45
4	78.66	49	45	14	107.82	61	50
5	53.35	44	39	15	95.91	53	50
6	45.84	38	39	16	91.51	53	42
7	82.11	46	44	17	95.49	57	49
8	41.14	38	37	18	89.58	54	49
9	73.99	51	42	19	104.65	62	46
10	40.82	37	38	20	99.96	59	50

本例中有两个自变量(长 x_1、宽 x_2)，一个因变量(鲜重 y)，可以组合成 3 个线性回归方程，如式(1-32)～式(1-34)所示，分别记为模型Ⅰ、Ⅱ、Ⅲ。

$$y=\beta_0+\beta_1x_1+\varepsilon \tag{1-32}$$

$$y=\beta_0+\beta_2x_2+\varepsilon \tag{1-33}$$

$$y=\beta_0+\beta_1x_1+\beta_2x_2+\varepsilon \tag{1-34}$$

式(1-32)、式(1-33)为一元线性回归模型，绘制猕猴桃长、宽与鲜重关系的散点图分别如图 1-10(a)、(b)所示，从图中可以看出猕猴桃的鲜重与其长宽之间都有比较明显的线性相关性。

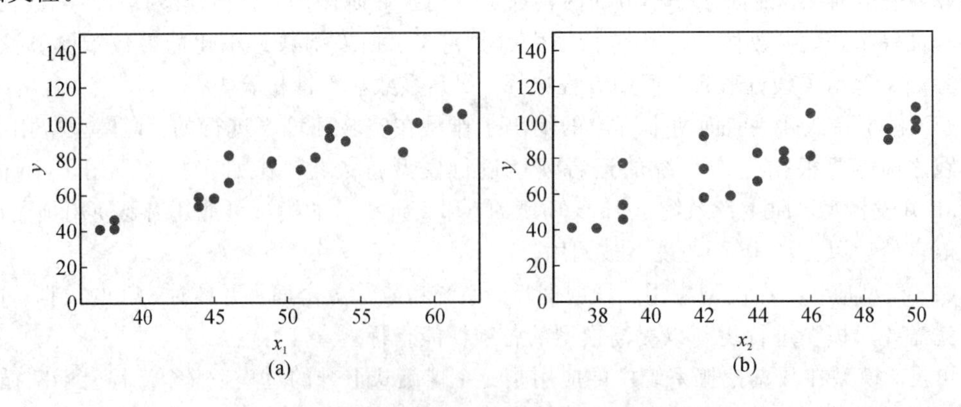

图 1-10　猕猴桃的长与鲜重、宽与鲜重散点图

模型Ⅲ对应两个自变量、一个因变量，其散点图在三维空间中，如图 1-11 所示。由图 1-11 可以看出，y 与 x_1、x_2 组成的散点图也在一个平面上下波动，呈比较明显的线性相关。

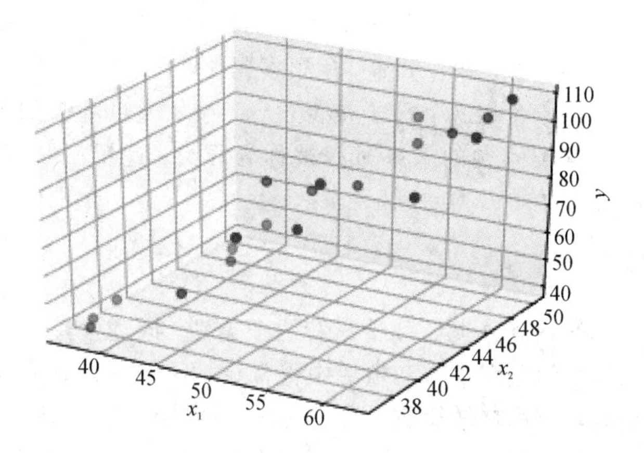

图 1-11 猕猴桃长、宽与鲜重三维散点图

使用最小二乘法估计式(1-32)～式(1-34)中的回归参数，可以得到经验回归方程分别如式(1-35)～式(1-37)所示。

$$\hat{y}=-54.5+2.62x_1 \tag{1-35}$$

$$\hat{y}=-108.7+4.2x_2 \tag{1-36}$$

$$\hat{y}=-80.1+2.1x_1+1.2x_2 \tag{1-37}$$

计算其R^2分别为0.90、0.73、0.92，依此可见模型Ⅲ的效果最好。

图1-12所示为模型Ⅰ、Ⅱ的拟合效果，为更醒目地显示β_0，图中将x坐标设置为从0开始显示。从图1-12可以看出，图(a)所展示的模型Ⅰ的线性拟合效果明显好于图(b)代表的模型Ⅱ，而模型Ⅰ的R^2也确实比模型Ⅱ的R^2更接近于1。读者可以尝试使用三维图形来展示模型Ⅲ的拟合效果。

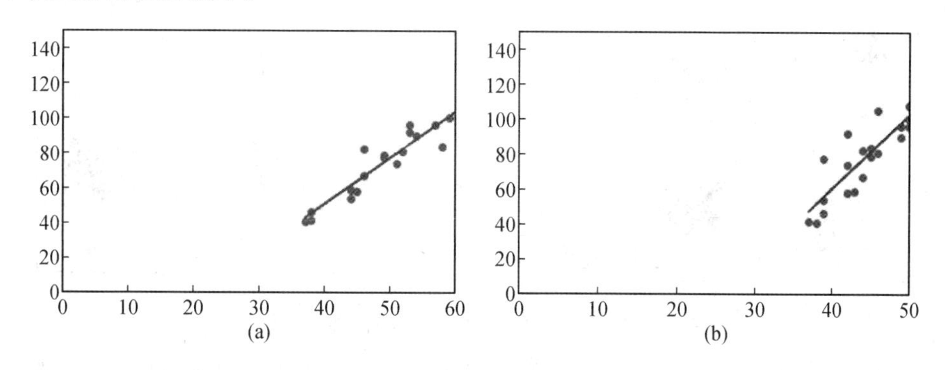

图 1-12 模型Ⅰ、Ⅱ的拟合效果

1.3 逻辑回归

上一节中，线性回归研究了如何使用线性模型确定自变量与因变量之间的关系，求解得到的线性回归模型可以用来通过因变量预测自变量，而这个预测过程是直接把自变量代入到模型公式中运算求得的，一般是连续的。

但是，现实中经常会碰到这样一类问题，即通过一个事物的若干属性值去判断这个事物从属于哪一类。例如：通过一封电子邮件的很多属性，判断这封邮件是否为垃圾邮件；通过一个孩子的身高、体重等判断这个孩子是否营养不良；通过肿瘤的各种检测值，判断它是良性还是恶性等等。这类问题的求解过程被称为分类，逻辑回归(Logistic Regression，LR)模型可以用来解决这样的分类问题。

1.3.1　二分类问题

所谓二分类问题，就是待分类任务中只有两个类别。同理，多分类问题就是待分类任务中有多个类别。二分类问题在工作和生活中很常见，且很多貌似更复杂的多分类问题也可以通过一对一、一对其余策略转换成二分类问题。如图 1-13 所示，狗、猫、鸡的多分类问题可以转成狗和猫、狗和鸡、猫和鸡的二分类问题，也可以转换成狗和非狗、猫和非猫的二分类问题。因此，很多分类算法都是针对二分类问题提出的。

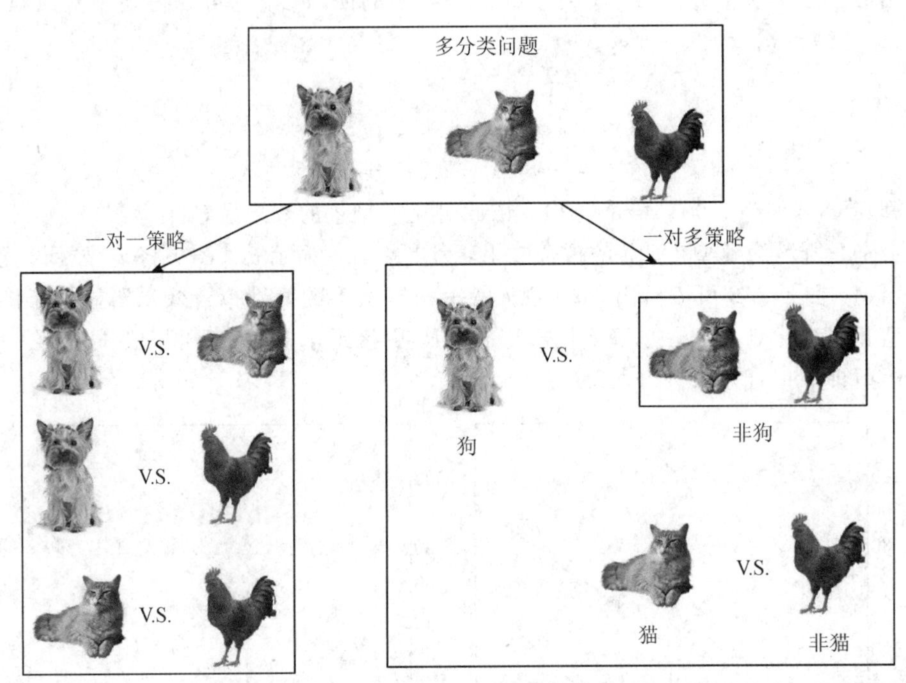

图 1-13　多分类与二分类的关系

二分类问题为什么不能用线性回归模型解决呢？下面通过一个例子来说明。假设通过某年龄段幼儿的身高判断其是否缺钙，若采集到两组训练样本，如图 1-14(a)、(b)所示。

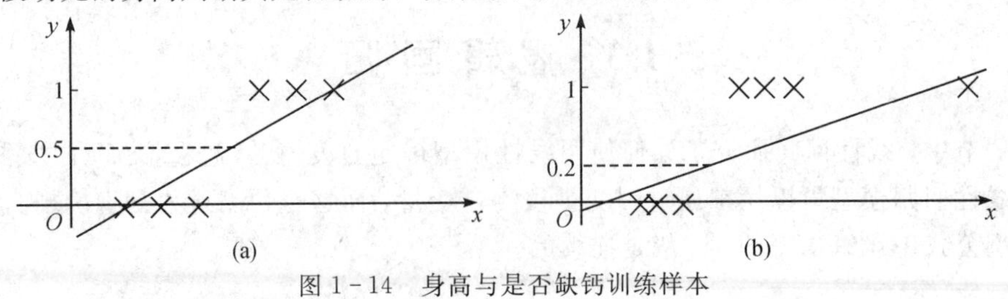

图 1-14　身高与是否缺钙训练样本

图1-14中，x 轴表示幼儿身高，y 轴表示是否缺钙(0表示缺钙，1表示不缺钙)。若使用线性回归模型进行求解，需要构建式(1-38)所示的模型公式，然后使用最小二乘法进行参数估计，两组训练样本会分别得到图1-14(a)、(b)所示的两条斜线。

$$y = \beta_0 + \beta_1 x_1 + \varepsilon \tag{1-38}$$

式(1-38)拟合得到的经验模型有什么问题呢？首先，拟合得到的是一条直线，用自变量求解因变量会是一个连续值，与因变量二分类的取值结果矛盾；其次，模型误差不服从正态分布，就不能对估计量采用精确正态分布进行统计推断，当然这一要求很多用线性回归求解的问题也难以满足。对于第一个问题，如果设置一个阈值，在 $\hat{y}$ 取值超过阈值时为1，低于阈值时为0可以吗？以图1-14为例，(a)中可以将阈值设为0.5，但如果如(b)中所示多了一个采样点就会使阈值大幅下降，这显然也不合理。

综上，对于二分类问题的模型，因其因变量 y 的取值应该只有两种可能(即0或1)，所以用线性回归的思想去解决分类问题不合适，而二分类的因变量会以一定的概率取0或1，如果是 n 组值，就是一个 n 重伯努利实验。因此，希望能构造一种模型函数，函数的取值空间为[0，1]，而自变量对应函数的取值能够反应这组自变量对应的因变量取值为1(二分类的一个结果)的概率。

1.3.2 逻辑回归模型

通过上一节分析可知，二分类问题实质上可以转换为给定一组自变量 $\boldsymbol{x}$ 预测因变量取值为1的概率 p(对应取值为0的概率即 $1-p$)的问题。线性回归模型(式(1-38)所示)因为取值连续不能很好地拟合孩子身高与是否缺乏营养之间的关系，因此使用式(1-39)作为二分类问题模型。

$$p(y \mid \boldsymbol{x}, \boldsymbol{\beta}) = \begin{cases} 1, & \boldsymbol{x\beta} + \varepsilon > 0 \\ 0.5, & \boldsymbol{x\beta} + \varepsilon = 0 \\ 0, & \boldsymbol{x\beta} + \varepsilon < 0 \end{cases} \tag{1-39}$$

式(1-39)是分段函数，它不可导，在使用训练样本进行最优参数估计时无法使用梯度下降一类的方法进行运算。另一方面，n 组训练样本的条件概率 $p(y|x, \theta)$ 是 n 重伯努利分布，属于指数分布族，根据广义线性模型[12]的假设可以构建如式(1-40)所示的函数作为二分类问题的模型。

$$p(y=1 \mid \boldsymbol{x}, \boldsymbol{\beta}) = \frac{1}{1 + \mathrm{e}^{-(\boldsymbol{x\beta}+\varepsilon)}} \tag{1-40}$$

若将式(1-40)中 $p(y=1|\boldsymbol{x}, \boldsymbol{\beta})$ 记为 y，则式(1-40)改写为

$$y = \frac{1}{1 + \mathrm{e}^{-(\boldsymbol{x\beta}+\varepsilon)}} \tag{1-41}$$

形如式(1-41)的函数为Sigmoid函数，形状如图1-15所示，Sigmoid函数将[$-\infty$，$+\infty$]的自变量映射到[0，1]区间，且自变量取值越大，函数值越接近于1，自变量取值越小，函数值越接近于0。而 y 的取值大小反映了在给定 $\boldsymbol{x}$、$\boldsymbol{\beta}$ 条件下其值取1的概率，y 取0和1的概率和为1，即：$p(y=1|\boldsymbol{x}, \boldsymbol{\beta}) + p(y=0|\boldsymbol{x}, \boldsymbol{\beta}) = 1$。

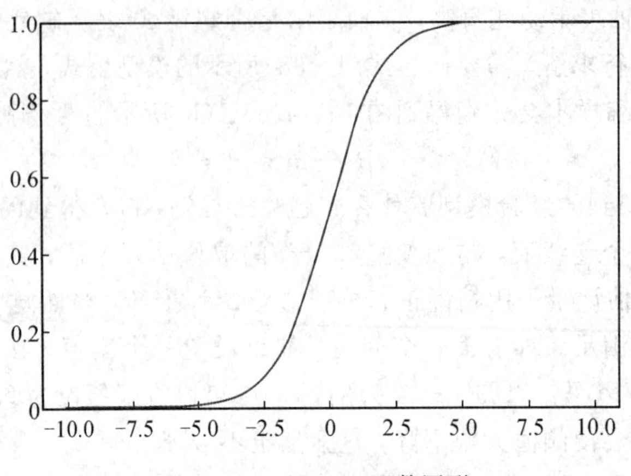

图 1-15　Sigmoid 函数图形

在前文幼儿身高与是否营养缺乏的例子中，若已求得模型参数估计，可得到经验方程为

$$\hat{y}=\frac{1}{1+\mathrm{e}^{-x\hat{\boldsymbol{\beta}}}} \tag{1-42}$$

式中，$\hat{\boldsymbol{x}}=[1, 幼儿身高]$，$\boldsymbol{\beta}=[\hat{\beta}_0, \hat{\beta}_1]^{\mathrm{T}}$，若将某幼儿身高代入经验方程中算得结果为 0.7，则该幼儿营养缺乏的概率为 0.7，营养正常的概率为 0.3。

式(1-41)变换可得式(1-43)，也就是说输出 $y=1$ 与 $y=0$ 比例的对数与自变量 $\boldsymbol{x}$ 是线性关系，这就是逻辑回归模型。

$$\ln\frac{y}{1-y}=\boldsymbol{x\beta}+\varepsilon \tag{1-43}$$

从式(1-41)、式(1-43)可以看出逻辑回归实际上是使用线性回归模型的预测值逼近训练样本的分类任务标记的对数几率比，这样做有两个明显的好处：① 不仅可预测出类别，还能得到该预测的概率，有利于利用概率辅助决策的任务；② 对数几率函数是任意阶可导的凸函数，许多数值优化算法可用于参数估计。

1.3.3　模型求解

二分类问题模型的训练样本是一组自变量 $\boldsymbol{x}$ 及其对应的因变量(取值为 0 或 1)，通过这一组训练样本拟合式(1-41)参数的过程为逻辑回归求解。类似线性回归模型求解，逻辑回归模型求解也需要先确定合适的代价函数，然后使用数值优化算法求出使代价函数取最优目标时的参数值。

逻辑回归中比较常用的参数估计是极大似然估计。其具体方法是设：

$$p(y=1 \mid \boldsymbol{x}, \boldsymbol{\beta})=p(\boldsymbol{x}) \tag{1-44}$$

则

$$p(y=0 \mid \boldsymbol{x}, \boldsymbol{\beta})=1-p(\boldsymbol{x}) \tag{1-45}$$

在此基础上假设样本相互独立，其似然函数为

$$L(\boldsymbol{\beta})=\prod\left[p(x_i)\right]^{y_i}\left[1-p(x_i)\right]^{1-y_i} \tag{1-46}$$

为求解方便，对式(1-46)等号两边同时进行对数变换，可得

$$\ln L(\boldsymbol{\beta})=\sum[y_i \ln p(x_i)+(1-y_i)\ln(1-p(x_i))] \tag{1-47}$$

进一步化简，可以得到对数似然函数为

$$\ln L(\boldsymbol{\beta})=\sum[y_i(x_i\boldsymbol{\beta}+\varepsilon)+\ln(1+e^{x_i\boldsymbol{\beta}+\varepsilon})] \tag{1-48}$$

对于一组训练集，式(1-46)中代入某一组参数 $\boldsymbol{\beta}$ 后，算得的结果值越大，说明模型求解的因变量取1或0的概率与训练集中对应因变量实际分类值越接近，即使得式(1-46)或式(1-48)取得最大值的一组参数 $\boldsymbol{\beta}$ 是最优的，这就是逻辑回归的极大似然估计。

类似线性回归中的损失函数，将上凸函数式(1-48)变形为下凹函数式(1-49)作为逻辑回归的损失函数，求使得似然函数极大的参数 $\boldsymbol{\beta}$ 等价于求使得损失函数最小的参数 $\boldsymbol{\beta}$，即

$$J(\boldsymbol{\beta})=-\frac{1}{N}\ln L(\boldsymbol{\beta}) \tag{1-49}$$

在参数 β 的求解空间中搜寻最优解，常用的算法有梯度下降法和牛顿迭代法，其中梯度下降法最容易理解。梯度下降法的思想是以一定的步长 λ(学习率)在梯度下降的方向上进行迭代寻优，参数迭代公式如下：

$$\beta_i^{(k+1)}=\beta_i^{(k)}-\lambda\Delta \tag{1-50}$$

式中，Δ 表示损失函数在该点处的梯度，其表达式为

$$\Delta=\frac{\partial}{\partial\boldsymbol{\beta}}J(\boldsymbol{\beta})=(p(x_i)-y_i)x_i \tag{1-51}$$

当相邻两次迭代之间损失函数减少的值小于某个事先设定的阈值后，认为已经找到最优解，停止迭代输出参数。当然，梯度下降求得的最优解有可能只是局部最优。

与线性回归类似，逻辑回归也存在过拟合问题，比如想对狗、猫进行分类，本来只要看爪子下面有无肉垫即可区分，但因为训练样本中恰好狗的身高都比猫高，所以引入身高这一自变量以更好地拟合训练样本，但这个更复杂的样本反而使得预测准确度降低，比如对泰迪分类，加入身高这个自变量反而会使预测为狗的概率降低。

避免陷入过拟合的通用方法有减少特征的数量和正则化两种。减少一些对因变量影响不大的自变量可以减少过拟合，1.2.2节中介绍的回归方程选择方法就属于减少特征的数量以防止过拟合的方法，这种方法在训练样本较少、自变量较多时常被采用；而正则化的基本思想是在求解损失函数的最优参数时对参数加入一些规则(限制)，以缩小参数的求解空间，从而减少过拟合的可能性。

换句话说，正则化是指在一定条件下尽可能采用简单的模型来提高泛化预测精度，这样可以降低特征的权重使得模型更为简单。在逻辑回归分析中常用L1范式或L2范式进行正则化，L1范式是指变量与0之间的曼哈顿距离，L2范式是指变量与0之间的欧氏距离，加入L1正则化的目标函数如式(1-52)所示，加入L2正则化的目标函数如式(1-53)所示。

$$J^*(\boldsymbol{\beta})=-\sum_i[y_i\ln p(x_i)+(1-y_i)\ln(1-p(x_i))]+\frac{1}{2b^2}\sum_j|\boldsymbol{\beta}_j| \tag{1-52}$$

$$J^*(\boldsymbol{\beta})=-\sum_i[y_i\ln p(x_i)+(1-y_i)\ln(1-p(x_i))]+\frac{1}{2\sigma^2}\boldsymbol{\beta}^{\mathrm{T}}\boldsymbol{\beta} \tag{1-53}$$

L1 和 L2 正则化都是在损失函数的基础上加入了惩罚项，对加入正则化项后的损失函数J^*进行最优求解，容易得到更简单的模型。一般 L1 正则化会比较容易得到稀疏解，即$\boldsymbol{\beta}$中 0 分量比较多，也就是会剔除掉一些不重要的自变量；而 L2 正则化得到的解比较平滑，即$\boldsymbol{\beta}$中一些分量绝对值比较小，也就是一些对因变量影响不大的自变量前的系数较小。

1.3.4　模型应用

例 1.4　建立一个逻辑回归模型来预测一个学生期末考试能否及格，即根据某个学生的平时表现和作业情况预测他在期末考试中能否及格。

学生学习本门课的历史数据如表 1 - 2 所示，表中X_1表示平时表现的分数，X_2表示作业的分数，Y表示是否及格(1 为及格，0 为不及格)，“序”表示训练样本的序号。

表 1 - 2　学生成绩训练数据

序	X_1	X_2	Y	序	X_1	X_2	Y	序	X_1	X_2	Y	序	X_1	X_2	Y
1	0.0	1.27	0	17	3.2	3.73	0	33	3.6	5.07	1	49	8.8	4.0	1
2	2.2	1.53	0	18	3.2	3.13	0	34	6.2	3.33	1	50	10.2	4.47	1
3	1.4	1.0	0	19	4.0	2.4	0	35	2.4	7.0	1	51	7.6	6.33	1
4	2.4	1.8	0	20	3.2	4.07	0	36	4.8	4.67	1	52	4.2	10.0	1
5	3.0	1.47	0	21	4.0	2.87	0	37	4.2	4.93	1	53	7.8	6.6	1
6	2.0	2.87	0	22	3.8	3.8	1	38	4.2	6.53	1	54	4.0	10.27	1
7	2.6	3.0	0	23	4.2	4.4	1	39	4.4	5.8	1	55	9.4	5.0	1
8	3.4	2.8	0	24	3.2	3.73	1	40	5.2	5.53	1	56	5.2	10.4	1
9	2.0	3.73	0	25	2.6	5.47	1	41	5.6	6.4	1	57	9.4	6.47	1
10	2.6	2.2	0	26	3.0	4.13	1	42	7.4	4.67	1	58	3.4	16.93	1
11	3.6	2.87	0	27	3.8	3.53	1	43	2.0	11.27	1	59	5.6	13.93	1
12	2.4	2.6	0	28	3.6	3.87	1	44	5.0	7.0	1	60	20.0	5.27	1
13	3.0	4.47	0	29	2.6	5.93	1	45	6.6	6.67	1	61	16.4	10.13	1
14	2.6	4.2	0	30	3.8	5.07	1	46	2.0	2.6	1				
15	3.6	3.13	0	31	6.0	3.53	1	47	3.8	9.13	1				
16	2.6	4.33	0	32	2.4	6.4	1	48	3.4	10.0	1				

表 1 - 2 中及格、不及格的成绩分布如图 1 - 16 所示，横坐标表示作业的成绩，纵坐标表示平时表现的成绩，而对应的点分别用点和叉表示及格、不及格。由图 1 - 16 可以看出，及格和不及格的点之间存在一个比较明显的分界，被称为决策边界。这个决策边界怎么来的呢？

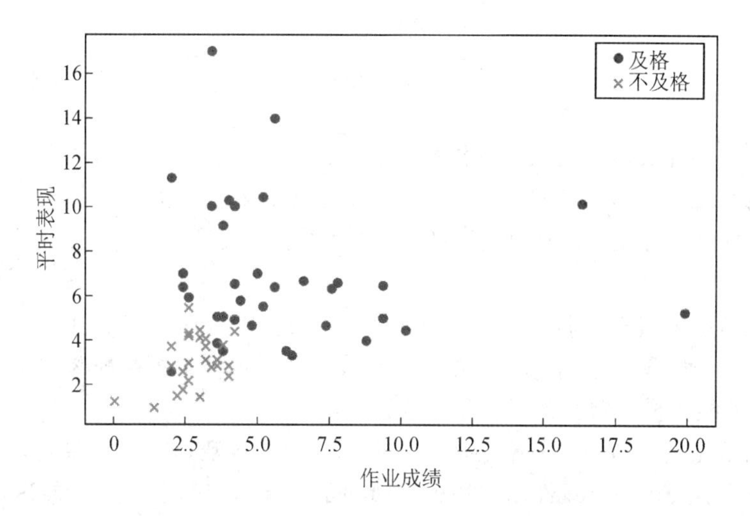

图 1-16 作业成绩及课堂表现与成绩是否及格示意图

逻辑回归的模型方程(式(1-41)所示)给出的是 $y=1$ 的概率 $p(y=1|\boldsymbol{x}, \boldsymbol{\beta})$，在利用这个模型进行二分类问题预测时，需要根据概率值大小确定因变量的分类，因此进一步得到式(1-54)所示的分类方程。

$$\hat{y}=\begin{cases}1, & p(\hat{y}=1 \mid \boldsymbol{x}, \hat{\boldsymbol{\beta}}) \geqslant 0.5 \\ 0, & p(\hat{y}=1 \mid \boldsymbol{x}, \hat{\boldsymbol{\beta}})<0.5\end{cases} \tag{1-54}$$

结合式(1-41)可得，当 $\boldsymbol{x}\hat{\boldsymbol{\beta}} \geqslant 0$ 时 $\hat{y}=1$，即 $\boldsymbol{x}\hat{\boldsymbol{\beta}}=0$ 是因变量取值为 1 还是 0 的分界线(面)，这就是逻辑回归的决策边界。

接下来，对训练集进行逻辑回归分析，以训练得到逻辑回归模型，实验过程使用 Python 编码实现。

第一步，将表 1-2 中的训练数据按一定比例随机划分为训练集和测试集两部分，方便进行交叉验证。训练集的随机划分使用 sklearn.model_selection 模块中的 train_test_split 实现。

第二步，使用 L2 正则化的损失函数进行模型训练，得到的模型结果如下：

$$\hat{y}=\begin{cases}1, & \dfrac{1}{1+\mathrm{e}^{8.17-1.00 \times x_1-1.02 \times x_2}} \geqslant 0.5 \\ 0, & \dfrac{1}{1+\mathrm{e}^{8.17-1.00 \times x_1-1.02 \times x_2}}<0.5\end{cases} \tag{1-55}$$

第三步，使用测试集验证逻辑回归模型训练的结果。使用模型对测试集的 y 进行预测，预测得到的结果与实际的 y 值比较，结果如表 1-3 所示。

表 1-3 预测结果与实际值比较情况

序号	34	8	1	60	35	24	40
y	1	0	0	1	1	0	1
$\hat{y}$	1	0	0	1	1	0	1

本章小结

本章介绍了一种最基本的数据分析算法模型：线性模型。

模型是指基于一定的目标对某个实际问题、现象、事物等的一种抽象表达，而在数据挖掘中，建立模型的目标通常是分类与预测、聚类分析、关联规则挖掘、时序模式分析、偏差检测等。

线性回归模型因其实现简单、可解释性好，在工程中应用广泛。回归分析着重分析响应变量(因变量)与解释变量(自变量)之间的函数关系，如果先将这种函数关系假设为线性的，寻找最优的线性模型参数的过程称为线性回归。

逻辑回归是在线性回归的基础上加了一个 Sigmoid 函数(非线性)映射，使得逻辑回归可以更好地解决分类问题。线性回归和逻辑回归都属于广义线性模型，但适用的问题场景不同，逻辑回归解决的是分类问题，输出的是离散值；线性回归解决的是回归问题，输出的是连续值。因为引入了 Sigmoid 函数，相对于线性回归，逻辑回归具备两个优点：① 线性回归是在实数域范围内进行预测，而分类范围只需要在[0，1]上预测，逻辑回归减少了预测范围；② 线性回归在实数域上敏感度一致，而逻辑回归在 0 附近敏感，在远离 0 点位置不敏感，模型更加关注决策边界，增加了鲁棒性。

思考题

1. 数据挖掘项目的一般流程是怎样的？
2. 数据挖掘建模的常用方法有哪些？
3. 线性回归模型训练的原理是什么？
4. 线性回归和逻辑回归有什么异同点？
5. 逻辑回归中，Sigmoid 函数的作用是什么？

参考文献

[1] 王松桂，陈敏，陈丽萍. 线性统计模型：线性回归与方差分析[M]. 北京：高等教育出版社，1999.

[2] GALTON F. Regression towards mediocrity in hereditary stature[J]. The Journal of the Anthropological Institute of Great Britain and Ireland，1886，15：246 - 263.

[3] FISHER R A. Studies in crop variation：An examination of the yield of dressed grain from Broadbalk[J]. The Journal of Agricultural Science，1921，11(2)：107 - 135.

[4] 陈平雁. 定量数据重复测量的方差分析[J]. 中华创伤骨科杂志，2003，5(1)：67 - 70.

[5] 高忠江，施树良，李钰. SPSS 方差分析在生物统计中的应用[J]. 现代生物医学进展，2008，8(11)：2116 - 2120.

[6] 吕栋雷，曹志耀，邓宝，等. 利用方差分析法进行模型验证[J]. 计算机仿真，2006，23

(8)：46－48.

[7] 杨小勇. 方差分析法浅析：单因素的方差分析[J]. 实验科学与技术，2013，11(1)：41－43.

[8] 董晓花，王欣，陈利. 柯布-道格拉斯生产函数理论研究综述[J]. 生产力研究，2008(3)：148－150.

[9] 马立平. 回归分析[M]. 北京：机械工业出版社，2014.

[10] STIGLER S M. The history of statistics：The measurement of uncertainty before 1900[M]. Cambridge：Harvard University Press，1986.

[11] 王松桂，史建红，尹素菊，等. 线性模型引论[M]. 北京：科学出版社，2004.

[12] 陈希孺. 广义线性模型(一)[J]. 数理统计与管理，2003，22(3)：54－61.

第2章　K近邻与K均值

第1章中利用逻辑回归，根据学生的作业成绩和平时表现来预测学生期末总评是否能及格，这样就可以提前给学生发出预警，类似这样用已知标签的训练集训练一种机器学习算法给某个个体打上类别标签的过程称为分类。还有一类问题，比如需要设计一套算法将学生按其特点归类以制定个性化的人才培养方案，但算法事先并不知道训练样本中学生具体的类标签，类似这类问题称为聚类。

分类是一种典型的有监督学习任务，其训练样本有自变量及与自变量对应的因变量，即根据一堆已经打上分类标签的训练数据寻找合适的分类算法；而聚类是一种典型的无监督学习任务，无监督学习的处理对象是一堆无标签的数据，算法需要从数据集中发现和总结模式或者结构来完成聚类任务。在众多分类算法中，K近邻(K-Nearest Neighbor，KNN)是一种简单有效的非参数统计方法。

聚类属于无监督学习算法，应用较广泛的就是K均值(K-Means)聚类。K-Means算法把一组个数为n的数据对象聚成K个簇($K<n$)，分簇的依据是每个数据点相对于K个簇中心的距离大小，每个数据对象都属于且只属于K个簇中的某一个(离簇中心最近的那个簇)。

虽然K近邻和K均值分别属于有监督和无监督学习算法，但因其实现原理有一定相似性，本书将此两种算法放在同一章节介绍。

2.1　分类与聚类的区别

所谓分类，就是从已知类别样本组成的样本集中训练出一种分类器，用这个分类器对未知类别的样本进行分类。分类算法的分类过程就是建立一种分类模型来描述预定的数据集或概念集，并通过分析由属性描述的数据库元组来构造模型。分类的目的就是使用分类对新的数据集进行划分，其主要涉及分类规则的准确性、过拟合和矛盾划分的取舍等，分类问题示意如图2-1所示。

“物以类聚，人以群分”，在一个空间中，如果两个样本距离较近，那它们同属一个类别的可能性也较高。根据这一思想，在对一个新的、未知类别的样本进行分类时可以参考与它距离较近的一些样本的类别，据此来对新样本进行分类表决，这就是K近邻分类的基本思想。

而聚类算法分为层次聚类、划分聚类两种。层次聚类初始阶段将每个样本点看成一类，然后再对这些类每次迭代的时候都进行两两合并，直到所有的类聚集完成；划分聚类首先指定类的个数K，然后将样本集随机分成K类，在每次迭代的时候对样本集进行重新优化组合成为新的K类，最后使得类内的相似度、类间的差异或迭代次数达到设定值。与分类

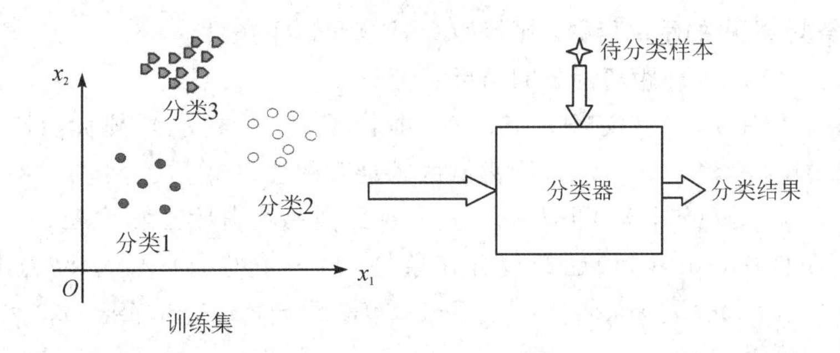

图 2-1　分类问题示意图

类似，聚类任务的流程也可划分为数据准备、特征选择、特征提取、聚类和聚类结果评估等几个阶段。

假设有一组样本如图 2-2(a)所示，事先不知道这些样本的具体类别，如果指定要分为两类($K=2$)，分类结果如图 2-2(b)所示，这就是划分聚类。各种划分聚类算法中，K 均值是最著名的一种。

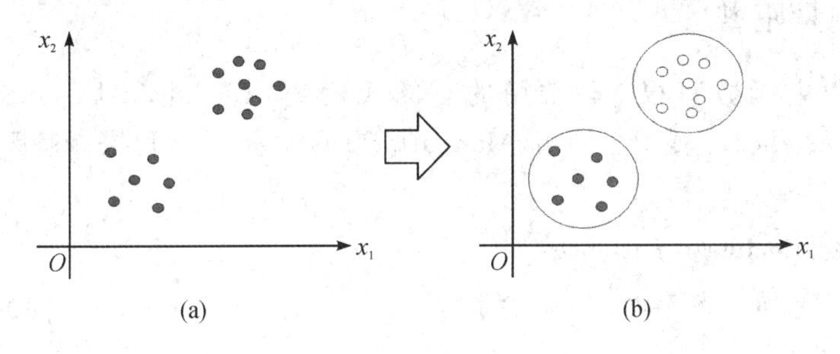

图 2-2　聚类示意图

K 均值聚类是一种迭代求解算法，首先，随机选取 K 个中心，计算样本点与 K 个中心的距离并将此样本点暂时归类为离它最近的那个中心，这样处理完每个样本点后就可以临时将样本空间分为 K 个类；然后，将这 K 个类的中心作为新的中心点，再重新按样本点与新的中心的距离来重新聚类一次；循环往复，直至达到循环结束条件。

K 近邻分类和 K 均值聚类算法的一个重要依据是距离。数据挖掘中的样本通常由一个多维度的向量表示，而样本的相似性大小的度量可以转化为对应向量之间距离的求解。

对于距离概念的深入理解，是掌握数据挖掘算法的必要前提。

2.2　距离度量问题

在数学中，距离是一个函数，可以将样本空间中的两个样本点映射为一个实数，即

$$\mathrm{dist}(x_1,\ x_2) \rightarrow r(r \in \mathbf{R}) \tag{2-1}$$

机器学习中可能用到的距离函数有很多，包括欧氏距离、曼哈顿距离、切比雪夫距离等。但一个距离函数又不是随意地将两个样本点映射为一个实数，此映射函数只有在满足一定前提条件后才能被当成距离函数使用。

下面介绍广义的距离函数。假设有一个 N 维空间 X，x_i 为空间中的任一点，若函数

$d(x_i, x_j)$为空间 X 中的距离函数，则函数 d 应满足以下条件：

(1) $d(x_i, x_j) \geqslant 0$（即距离函数的结果满足非负性）；

(2) $d(x_i, x_j)=0$，当且仅当 $x_i=x_j$ 时(即若两点间距离为 0，则此两点重合)；

(3) $d(x_i, x_j)=d(x_j, x_i)$（即距离函数满足对称性）；

(4) $d(x_i, x_j) \leqslant d(x_i, x_k)+d(x_k, x_j)$(即距离函数满足三角不等式)。

上述 4 个条件中，条件(1)已经包含在条件(2)～条件(4)中了。因为由条件(4)知 $d(x_i, x_j)+d(x_j, x_i) \geqslant d(x_i, x_i)$，又由条件(2)得 $d(x_i, x_j)+d(x_j, x_i)=2d(x_i, x_j)$，再加上条件(3)，可得 $2d(x_i, x_j) \geqslant d(x_i, x_i)=0$，即条件(1)。而条件(4)的含义是从一个点 A 到另一个点 B 的直接距离肯定小于等于从点 A 经过点 C 再到点 B 的距离之和，即两点之间直线距离最短。

描述样本点的向量的维度值有两类变量，即表示身高、体重这一类属性的数值型维度，以及表示性别、是否及格等的布尔型维度，根据向量的特点可以将距离函数分成数值向量距离和布尔向量距离两类，下面分别予以介绍。

2.2.1 数值向量距离

数值向量距离函数有很多，常用的有欧氏距离(Euclidean Distance)、马氏距离(Mahalanobis Distance)、曼哈顿距离(Manhattan Distance)、闵可夫斯基距离(Minkowski Distance)等。

1. 欧氏距离(Euclidean Distance)

如图 2-3 所示的二维平面，两个向量 $\boldsymbol{x}=(x_1, x_2)$ 和 $\boldsymbol{y}=(y_1, y_2)$间的欧氏距离可由勾股定理算出，即

$$d(\boldsymbol{x}, \boldsymbol{y})=\sqrt{(x_1-y_1)^2+(x_2-y_2)^2} \tag{2-2}$$

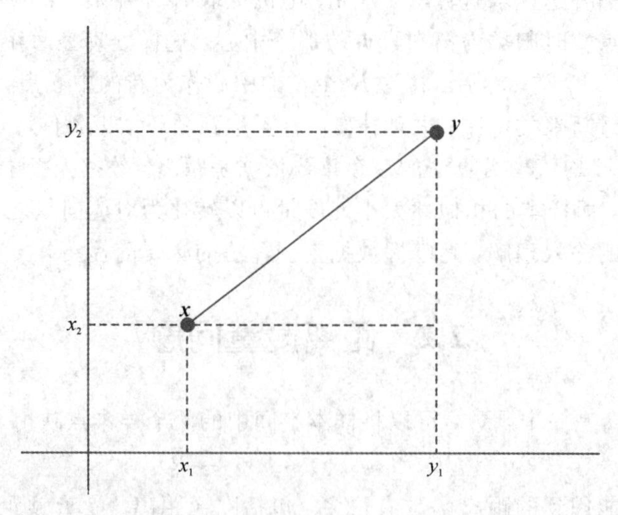

图 2-3　二维向量欧氏距离示意图

类似的，n 维向量的欧氏距离计算公式定义为

$$d(\boldsymbol{x},\ \boldsymbol{y})=\sqrt{\sum_{i=1}^{n}(x_i-y_i)^2} \tag{2-3}$$

欧氏距离简明易懂，但在数据挖掘算法中使用时存在明显缺陷：由欧氏距离的计算公式可知，它的结果与度量单位有关，这在实际应用时往往会与实际意愿相背离。例如，在教育数据挖掘项目中要计算两个学生的相似性，如果以米为单位，他们在身高这一维度上可能有 0.2 的差距，但如果以厘米为单位，这一差距就变成 20 了，这样和其他维度(比如体重)相结合计算两个学生的相似性就没有了一致性。

针对这一缺点，可以使用标准化欧氏距离，先将向量的各个维度的数值都投影到[0，1]区间再进行欧氏距离计算。

2. 标准化欧氏距离(Standardized Euclidean Distance)

标准化欧氏距离对所有维度分别进行以下处理：

$$x'_i=\frac{x_i-\mu_i}{\delta_i} \tag{2-4}$$

式中，μ_i 为样本向量第 i 维的均值，δ_i 为对应的方差。经过式(2-4)处理后，样本空间中样本向量的每个分量的均值都为 0，方差为 1。标准化后的样本，进行欧氏距离计算的公式如下：

$$d(\boldsymbol{x}',\ \boldsymbol{y}')=\sqrt{\sum_{i=1}^{n}\frac{(x_i-y_i)^2}{\delta_i^2}} \tag{2-5}$$

归一化后再进行欧氏距离计算，消除了各种维度间不同计量标准的差异问题，但是样本的分布情况也会影响个体间差异。例如，某样本集第一个维度上的方差为 0.1，而第二个维度上的方差为 10，显然同样是距离为 1，在第一个维度上是离群点的可能性更大。如图2-4所示，点 A 和点 B 离中心点的距离相等，但因为样本集在维度 1 上的方差更小，所以样本点 B 是离群点(即不属于这个类)的可能性更大，而这个问题是通过归一化也没法避免的。换句话说，在很多实际情况下，计算两个样本点的差距时，它在每个维度上的权重应该不同。

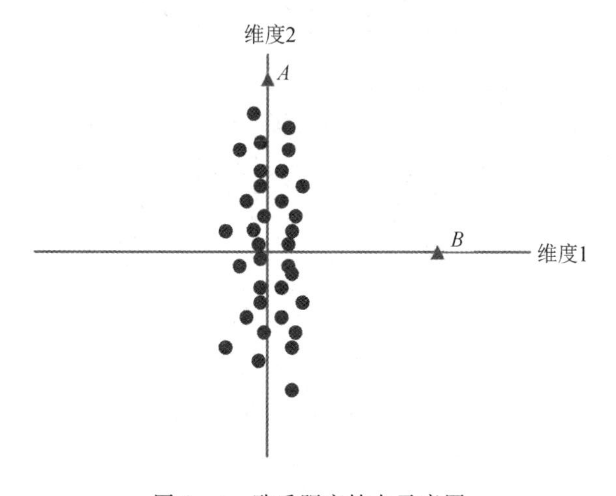

图 2-4　欧氏距离缺点示意图

3. 马氏距离(Mahalanobis Distance)

印度统计学家马哈拉诺比斯(P. C. Mahalanobis)提出了一种向量间的协方差距离[1]，

称为马氏距离，它是欧氏距离的一种修正，既考虑到了数据特征之间的联系，同时又独立于测量尺度。

马氏距离的定义是基于分布的，对于一个已知均值为 $\boldsymbol{\mu}$、协方差矩阵为 $\boldsymbol{\Sigma}$ 的多维度向量 $\boldsymbol{x}=(x_1, x_2, x_3, \cdots, x_p)^{\mathrm{T}}$，其马氏距离定义为

$$d_M(\boldsymbol{x})=\sqrt{(\boldsymbol{x}-\boldsymbol{\mu})^{\mathrm{T}}\boldsymbol{\Sigma}^{-1}(\boldsymbol{x}-\boldsymbol{\mu})} \tag{2-6}$$

式(2-6)定义了随机向量 $\boldsymbol{x}$ 与整个样本集的距离，即这个随机向量相对于样本中心的偏离程度。如果要衡量两个服从同一分布且协方差都为 $\boldsymbol{\Sigma}$ 的随机向量 $\boldsymbol{x}$ 和 $\boldsymbol{y}$ 的距离，则可以使用下式进行计算：

$$d_M(\boldsymbol{x}, \boldsymbol{y})=\sqrt{(\boldsymbol{x}-\boldsymbol{y})^{\mathrm{T}}\boldsymbol{\Sigma}^{-1}(\boldsymbol{x}-\boldsymbol{y})} \tag{2-7}$$

4. 曼哈顿距离(Manhattan Distance)

前面的欧氏距离是两点之间的直线距离，但在路径规划这一类实际问题中，两点之间很可能没有直线相连，曼哈顿距离的定义就考虑到了这种情况。

曼哈顿距离是由19世纪著名的德国犹太人数学家赫尔曼·闵可夫斯基(Hermann Minkowski)发明的。曼哈顿距离又称为城市区块距离，在欧几里得空间的固定直角坐标系上，两点间的曼哈顿距离是这两个点所形成的线段对坐标轴产生的投影的距离总和。如图2-5所示，假设 A、B 两点的坐标分别为(x_1, y_1)和(x_2, y_2)，则 A、B 两点的曼哈顿距离为

$$d(A, B)=|x_1-x_2|+|y_1-y_2| \tag{2-8}$$

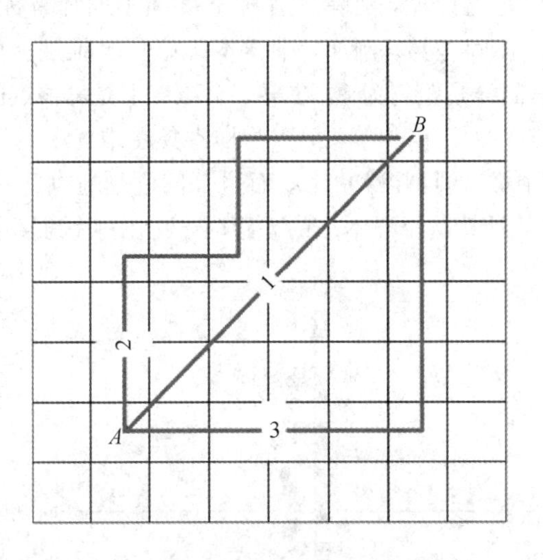

图2-5 曼哈顿距离示意图

图2-5所示的 A、B 两点间有三条连接线，线1是欧氏距离，线3是曼哈顿距离，而线2是与线3等效的一条曼哈顿距离。把式(2-8)从二维扩展到更多维度时，曼哈顿距离的计算方式类似，可表示为

$$d(\boldsymbol{x}, \boldsymbol{y})=\sum_{i=1}^{n}|x_i-y_i| \tag{2-9}$$

从式(2-9)可知，相对于欧氏距离，曼哈顿距离的求解只需要做加减法，不需要平方和开方运算，使得在计算效率提高的同时消除了开方运算的误差影响。

5. 闵可夫斯基距离(Minkowski Distance)

闵可夫斯基距离是欧氏距离、曼哈顿距离的一般形式。如果利用闵可夫斯基距离求解向量点 $\boldsymbol{X}=(x_1, x_2, \cdots, x_n)$ 和向量点 $\boldsymbol{Y}=(y_1, y_2, \cdots, y_n)$ 之间的距离，其求解公式如下所示：

$$d(\boldsymbol{X}, \boldsymbol{Y})=\left(\sum_{i=1}^{n} |x_i - y_i|^p\right)^{1/p} \tag{2-10}$$

式中，若取 $p=2$，就是欧氏距离；若取 $p=1$，就是曼哈顿距离。显然，闵可夫斯基距离也没有考虑样本各个维度的分布情况，有可能会过度放大某个维度的作用。

除了上述欧氏距离、马氏距离、曼哈顿距离和闵可夫斯基距离外，常用的数值向量距离函数还有余弦相似度距离、切比雪夫距离、加权闵可夫斯基距离等。

2.2.2　布尔向量距离

布尔向量又称逻辑向量，与数值向量不同，一个逻辑向量储存一组 TRUE 或 FALSE 值，即向量各个维度的取值只能是 0 或 1。例如图 2-6 所示的是一个手写“0”图像经过预处理后待识别的图，图中像素点的值全部是布尔值。

```
00000000000001111000000000000000
00000000000011111110000000000000
00000000001111111111000000000000
00000001111111111111100000000000
00000001111111011111100000000000
00000011111110000011110000000000
00000011111110000000111000000000
00000011111110000000111100000000
00000011111110000000011100000000
00000011111110000000011100000000
00000011111100000000011110000000
00000011111100000000001110000000
00000011111100000000001110000000
00000001111110000000000111000000
00000001111110000000000111000000
00000001111110000000000111000000
00000001111110000000000111000000
00000011111110000000001111000000
00000011110110000000001111000000
00000011110000000000011110000000
00000001111000000000001111000000
00000001111000000000011111000000
00000001111000000000111110000000
00000001111000000001111100000000
00000000111000000111111000000000
00000000111100011111110000000000
00000000111111111111110000000000
00000000011111111111110000000000
00000000011111111111100000000000
00000000001111111110000000000000
00000000000111110000000000000000
00000000000011000000000000000000
```

图 2-6　手写数字 0 的图像

常用的布尔向量函数包括汉明距离(Hamming Distance)、杰卡德距离(Jaccard Distance)、Dice系数(Dice Coefficient)等。

1. 汉明距离(Hamming Distance)

在信息论中，两个等长字符串之间的汉明距离是两个字符串对应位置的不同字符的个数，换句话说，它就是将一个字符串变换成另外一个字符串所需要替换的字符个数。

对两个布尔向量进行异或运算，结果中1的数目就是汉明距离，又称汉明权重。汉明距离在数据处理与挖掘领域应用非常广泛，如Google、Baidu等搜索引擎都推出了"以图搜图"的功能，这个功能的基本原理并不复杂，大致步骤如下：

第一步，缩小尺寸。将图片缩小到8×8的尺寸，总共64个像素，这样可以去除图片的细节，只保留结构、明暗等基本信息，摒弃不同尺寸、比例带来的图片差异，同时可以减少图片处理的复杂度。

第二步，简化色彩。将缩小后的图片转为64级灰度，进一步减少图像处理的运算量。

第三步，计算平均值。计算所有64个像素的灰度平均值。

第四步，比较像素的灰度。将每个像素的灰度与平均值进行比较，大于或等于平均值，记为1；小于平均值，记为0。经过此步运算后的结果变为布尔向量。

第五步，计算哈希值。前面几步完成后会得到一个64位的二进制数组，进一步将这个数组转为十六进制，就是计算的哈希值。

最后，将两张图片的比较结果组合在一起，就构成了一个64位的整数，这就是这张图片的指纹。组合的次序并不重要，只要保证所有图片都采用同样次序就行了。得到指纹以后，就可以对比不同的图片，看看64位中有多少位是不一样的。在理论上，这等同于计算"汉明距离"。如果不相同的数据位不超过5，就说明两张图片很相似；如果大于10，就说明这是两张不同的图片。

2. 杰卡德距离(Jaccard Distance)

要了解Jaccard距离，首先要知道Jaccard系数。给定两个集合A、B，Jaccard系数定义为A与B交集的大小与A与B并集的大小的比值，即

$$J(A, B)=\frac{|A \cap B|}{|A \cup B|}=\frac{|A \cap B|}{|A|+|B|-|A \cap B|} \tag{2-11}$$

当集合A，B都为空时，$J(A, B)$定义为1。

与Jaccard系数相关的指标叫作Jaccard距离，用于描述集合之间的不相似程度。Jaccard距离越大，样本相似度越低。Jaccard距离定义为

$$\begin{aligned} d_j(A, B) &= 1-J(A, B)=1-\frac{|A \cap B|}{|A \cup B|} \\ &= \frac{|A \cup B|-|A \cap B|}{|A \cup B|} \end{aligned} \tag{2-12}$$

那么如何使用Jaccard距离函数来计算布尔向量间的距离呢？给定两个n维布尔向量$\boldsymbol{X}$、$\boldsymbol{Y}$，分别定义M_{00}、M_{01}、M_{10}、M_{11}为两个向量在相同维度上取下标的值的维度数量之

和，具体示例如图 2－7 所示。如相同维度同时取 0 的个数为 3，则$M_{00}=3$。

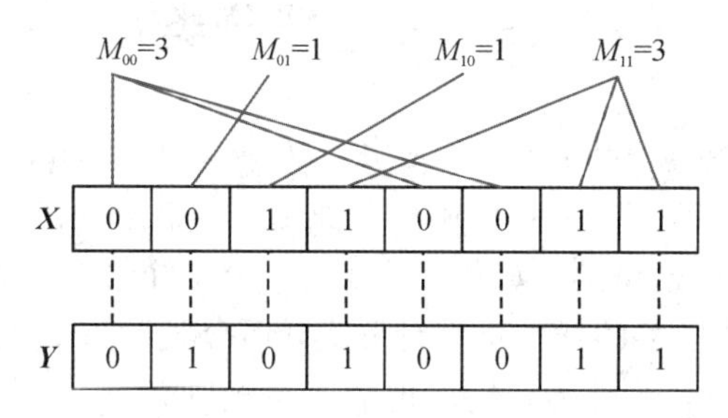

图 2－7　Jaccard 系数示例

由图 2－7 可知，M_{00}、M_{01}、M_{10}、M_{11}的和为向量的维度 n，由此给出两个维度相同的布尔向量的 Jaccard 系数为

$$J(\boldsymbol{X},\boldsymbol{Y})=\frac{M_{11}}{M_{01}+M_{10}+M_{11}} \tag{2-13}$$

则 Jaccard 距离为

$$d_j(\boldsymbol{X},\boldsymbol{Y})=1-J(\boldsymbol{X},\boldsymbol{Y})=\frac{M_{01}+M_{10}}{M_{01}+M_{10}+M_{11}} \tag{2-14}$$

Jaccard 距离的应用场景包括网页去重、考试防作弊系统、论文查重等，特别适用于“文章查重”一类的稀疏度过高的向量相似性求解的领域。

3. Dice 系数(Dice Coefficient)

与 Jaccard 系数类似，Dice 系数本质上也是一种集合相似度度量函数[2]，通常用于计算两个集合的相似度，计算方法为

$$\text{Dice}(\boldsymbol{X},\boldsymbol{Y})=\frac{2(\boldsymbol{X}\cap\boldsymbol{Y})}{|\boldsymbol{X}|+|\boldsymbol{Y}|} \tag{2-15}$$

Dice 系数也可以用来测量两个布尔型向量的相似性，其取值范围在 0～1 之间。更一般的情况，Dice 系数计算相似性的示意如图 2－8 所示。Dice 系数取值越大，表示两个被比较的对象越相似。

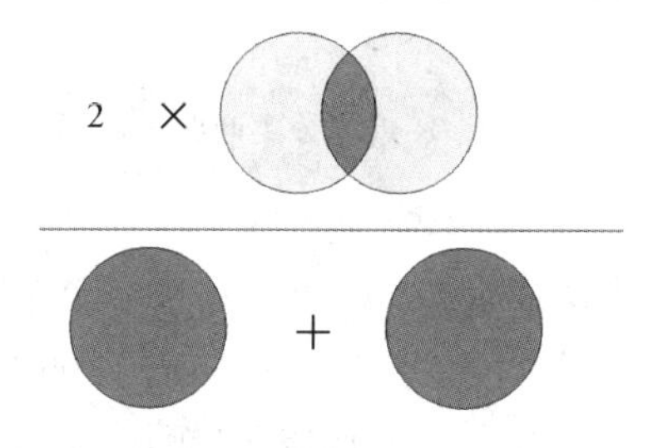

图 2－8　Dice 系数示意图

除汉明距离、杰卡德距离、Dice 系数外，常用的布尔型向量距离函数还有库尔辛斯基差异(Kulsinski Dissimilarity)、田本罗杰斯差异(Rogers-Tanimoto Dissimilarity)、拉塞尔差异(Russell-Rao Dissimilarity)、Yule 差异(Yule Dissimilarity)等。

2.3 K 近邻分类

K 近邻(K-Nearest Neighbor，KNN)是由 T. Cover 和 P. Hart 于 1967 年提出的一种既可用于分类又可用于回归的方法[3]，它在算法理论上较成熟，是最简单、最流行的机器学习算法之一。KNN 的基本思路是：如果已经有一个分类好的样本集，则可以用这个样本集去对一个新的、未知分类标签的样本点进行分类，而分类的方式就是在这个样本集中找到 K 个离新的样本最近的点，然后再利用一定的决策规则让这 K 个近邻去决定新样本点所属的类别。

在日常生活中，我们也会不自觉地使用 K 近邻法进行一些判断，例如我们无法直接判定一个人的品性，但可以通过观察与他交往最紧密的 K 个朋友的品性来获知结果。

KNN 算法既可以做分类也可以做回归，主要区别在于最后做预测时的决策方式不同。KNN 做分类预测时，一般是选择多数表决法，即训练集里和预测的样本特征最近的 K 个样本，预测为里面有最多类别数的类别；而 KNN 做回归时，一般是选择平均法，即把最近的 K 个样本的输出平均值作为回归预测值。KNN 做分类和回归的方法类似，本书只介绍 KNN 分类算法。

2.3.1 算法描述

KNN 是一种基于实例的算法，如图 2-9(a)所示，有一个已知每个样本所属类别的样本集，有了 KNN 算法就可以通过图 2-9(a)中的样本集来判断一个新加入的点属于哪一类。

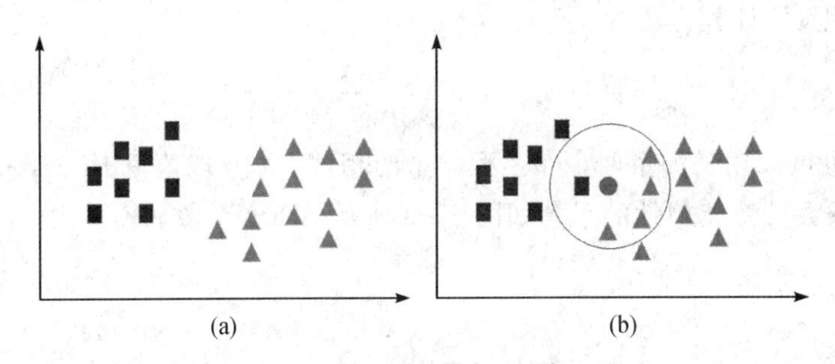

图 2-9 K 近邻分类问题示意图

1. KNN 的三要素

图 2-9(b)中，如果单看待识别点的一个最近邻点，可能并不能很准确地对它进行分类，因为最近的那个点有可能是噪声点，一般会选择 K 个点($K>1$)，然后让这 K 个最近邻的点进行投票，以决定这个待识别的点到底属于“矩形”类还是属于“三角形”类。

K 值的选择是由算法使用者自行决定的，像图 2-9 这样的两分类问题，K 应该选为奇数值，这样在进行投票的时候就不会出现两个类别得票相等的情况。由此可见，K 值的选取需要视实际情况而定。另外，大多数实际应用的场景中，样本点的近邻并不像图 2-9 所示的二维平面如此直观，而需要根据 2.2 节中介绍的距离计算方案来求与待分类点距离

最近的 K 个近邻。最后，看似民主地让 K 个近邻点具有相同的投票权利可能未必合理，在一些应用场景(比如图 2-9 中两个分类的边界区域上)需要设计更加合理的投票机制。

综上，K 近邻算法的三要素是：① K 值的选取；② 距离度量的方式；③ 分类决策规则。

K 值是待分类样本点在训练集中选择的近邻点的个数，理论上讲，K 越大则分类错误的可能性越小。但在工程实际中，K 值增加并不能持续地降低错误率，如图 2-10 所示，K 值在增加到一定程度后反而会使错误率变大[4]。合理的解释是，当 K 值选择过大时，将会引入和待分类点过远的点，而这些点和待分类点可能并没有什么关联，将过多的无关的点引入到投票中势必会对分类产生干扰。

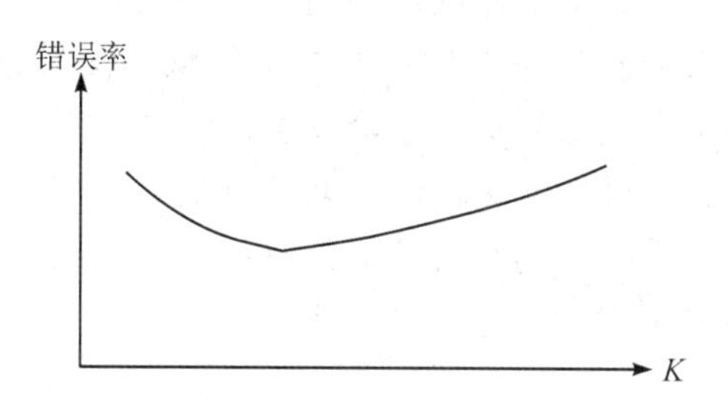

图 2-10　K 近邻分类问题示意图

另外，由 2.2 节可知，如果样本的维度选择不合理可能会使两个并不相似的点距离反而很小，而相似的点却距离很大，因此在使用 KNN 算法时需要慎重选择距离度量函数。

在图 2-11 中，使用的是 5 近邻分类器，按照民主投票规则，待分类点被分为矩形类。但是，直观上看，待识别点是三角形类的可能性更大。这是因为待识别点的最近 5 个近邻点中，3 个矩形点距离待识别点较远而 2 个三角形点距离较近。针对这一问题，在实际应用中 KNN 的决策规则多采用加权最近邻[5]。

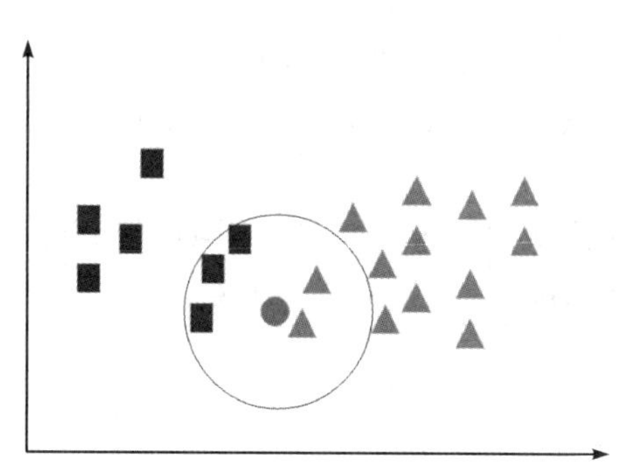

图 2-11　分类决策规则问题

所谓加权最近邻，就是所选择的 K 个近邻点的第 i 个点在进行投票决策时乘以类似式(2-16)所示的一个系数后再进行投票。

$$w_i=\frac{d_{\max}-d_i}{d_{\max}-d_{\min}} \tag{2-16}$$

式中，$d_{\max}$ 为 K 个近邻点中离待识别点的最远距离，$d_{\min}$ 为最短距离。当第 i 个点与待识别点的距离在 K 个近邻点中取得最大值时，权重为 0；当距离取得最小值时，权重为 1。所以，加权 K 近邻法的基本思想是距离待识别点越近的点在进行投票决策时的话语权越大。

2. 训练集对 KNN 的影响

前面关于 KNN 的讨论都没考虑样本训练集本身是否合理，实际上在使用 KNN 时其训练集的好坏也对 KNN 的实施效果有较大影响。因此，在使用 KNN 对待识别点进行分类时需要先对训练集进行预处理。

对样本训练集的预处理工作主要是对两类样本点的处理：① 对 KNN 的分类结果可能产生错误导向的样本点；② 虽然不会影响分类结果的正确性但是会降低分类效率的点，即移除这些点不会影响分类结果但是可以提高分类的速度。

第一类点如图 2-12 所示的 A、B 区域中的三角形点，A 区域中的三角形点被矩形点包围，B 区域中的三角形点处在三角形区域和矩形区域的交界处。A 区域中的三角形点，可能是由噪声引起的，也可能是在类别标签阶段误处理造成的；而 B 区域中的三角形点是比较敏感的，因为它某个(些)属性值的轻微变动都可能会改变这个样本点的类别。如果这两种类别的点被包含在 KNN 的 K 近邻点中，都有可能会对分类决策产生不好的影响，因此在进行训练样本集预处理时需要将这两类点剔除。

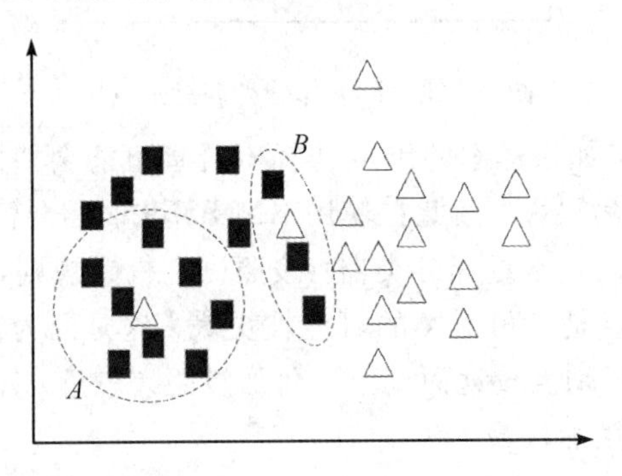

图 2-12 KNN 有害样例点示意

进行样本集中有害样例点剔除的第一步是要找出这些点，具体的有害样例点检测算法请见 2.3.2 节的介绍。

第二类点如图 2-13 中虚线圆框内的圆点，求圆形待识别点的 K 近邻点，就需求解本集中所有点与待识别点的距离，运算量较大。而且，如果将虚线圆框中的矩形点减少并

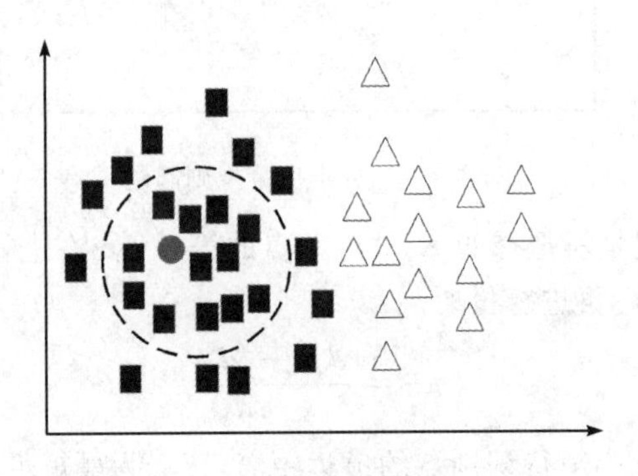

图 2-13 KNN 多余样例点示意

不会影响待识别点的分类结果。有一些训练样本点，如果剔除它们不会影响分类结果的正确性，而且能降低计算复杂度，类似这样的点就是多余点，在训练样本集预处理时也要剔除。

2.3.2 算法实现

从前面介绍可知，若要通过 KNN 算法进行分类，需要经过两大步骤：第一步，需要准备合适的已知分类标签的训练样本集；第二步，将待识别点输入训练集用 KNN 算法进行分类。具体流程如图 2-14 所示。

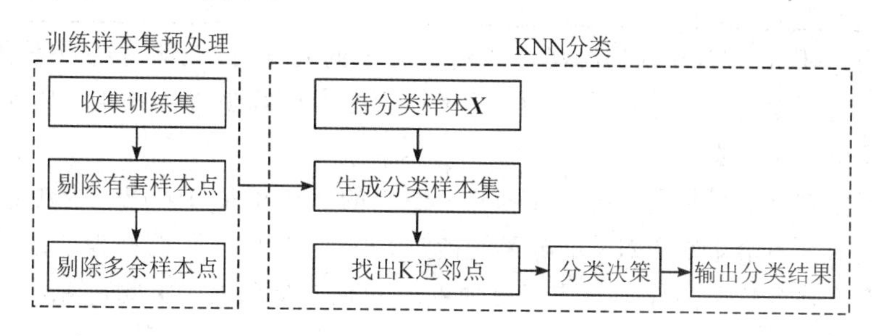

图 2-14　KNN 算法分类示意图

图 2-14 右侧 KNN 分类有两个关键问题：① 在分类样本集中找出 **X** 的 K 个最近邻点；② 分类决策的实现。

寻找 K 近邻点容易想到的方法是：计算所有样本点与输入实例 **X** 的距离，再取 K 个距离最小的点作为 K 近邻点，但当训练集很大时这种方法计算非常耗时。为提高搜索效率，常用的办法是先构建数据索引，即通过构建树对输入空间进行划分，KD 树就是常用的算法[6-7]。

找到待分类样本 **X** 的 K 个近邻之后的分类决策算法一般由用户自行指定，最简单的办法就是将 **X** 归类为 K 近邻点中最多点的那个类别。伪代码如表 2-1 所示。

表 2-1　最简单的 KNN 分类决策

假设需要对 **X** 进行分类： (1) 在训练样本中，找 **X** 的 K 个最近邻； (2) 假如 K 近邻点中 c_i 类别的点最多； (3) **X** 的类别为 c_i。

图 2-14 左侧是对训练样本集预处理的流程，其关键步骤是：① 剔除有害点(即剔除容易使 KNN 分类结果出错的点)；② 剔除多余点(即剔除不影响 KNN 分类结果的点)。

剔除有害点的第一步当然是要先把有害点检测出来，一种常用的办法是通过托梅克(Tomek)连接技术来检测有害点。所谓托梅克连接，是指样本集中的两个样本点 A 和 B，如果同时满足两个条件：① A 和 B 互为最近邻点；② A 和 B 的类别不同，那么 A 和 B 之间就构成了托梅克连接。由图 2-12(KNN 有害样例点示意图)可知，噪声点、分界点有较大可能存在托梅克连接点。通过托梅克连接剔除有害点的算法如表 2-2 所示[4]。

表 2-2　通过托梅克连接剔除有害点的算法

输入样例数为 N 的训练集：
(1) 令 $i=1$，T 为空集；
(2) 令 $\boldsymbol{x}$ 是第 i 个训练样例，$\boldsymbol{y}$ 是 $\boldsymbol{x}$ 的最近邻；
(3) 如果 $\boldsymbol{x}$ 和 $\boldsymbol{y}$ 是同一个类别，则转到(5)；
(4) 如果 $\boldsymbol{y}$ 是 $\boldsymbol{x}$ 的最近邻，且不同类别，则令 $T=T\cup\{\boldsymbol{x}, \boldsymbol{y}\}$；
(5) 令 $i=i+1$，若 $i\leqslant N$，转到(2)；
(6) 从训练集中将所有在 T 中的样例点剔除。

由图 2-13 可知，KNN 的训练集可能会有大量的冗余点(删除这些点不影响 KNN 分类的性能)，而这些冗余点的存在使得 K 近邻点的搜索运算量大大增加。那如何将训练集中的冗余点找出并剔除呢？

剔除多余样例点的目标是：对于训练样本全集的一个子集 T，用一个比它样本点数更少的子集 S 替换，不会影响 KNN 的分类性能。子集 S 和子集 T 被称为一致子集，剔除多余样例点的工作就等价于为样本集构建更少点的一致子集问题。由此，剔除多余样例点的算法如表 2-3 所示。

表 2-3　剔除二分类训练集中多余样例点的算法

(1) 使得 S 包含训练样本全集 T 中的一个正类样例和一个负类样例；
(2) 基于 S 中的样例，用 KNN 对 T 中的样例重新分类，假设此时被错误分类的样例的集合为 M；
(3) 将 M 中的样例复制到 S 中；
(4) 如果 S 中的元素没有变化，则结束算法，否则转到(2)。

K 近邻算法自被提出以来，因其简单、易解释等优点在机器学习领域得到广泛应用。对于 KNN 的改进主要包括：① 对三要素的升级，包括 K 值选择算法、距离度量算法、分类决策算法的改进；② 对训练样本集的优化处理，包括样本属性的预处理、有害样本点和多余样本点的预处理等。

2.3.3　应用案例

例 2.1　对用户手写的数字进行识别。如图 2-15 所示，计算机采集到用户手写的图片，能够将其识别为数字“8”。

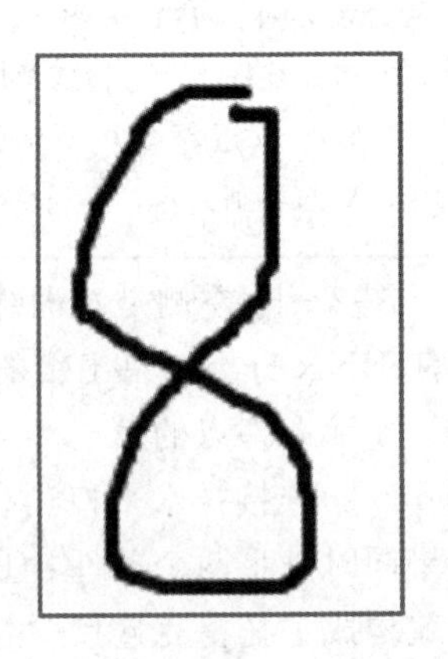

图 2-15　手写体“8”

1. 问题分析

根据前面对 K 近邻分类算法的介绍，使用 K 近邻分类进行手写体数字识别的本质是将用户手写的数字在 0～9 这十个类别上进行分类。而训练样本集是很多已经处理好的手写数字向量，每个向量的数字类别是已知的，待识别的手写数字就是待分类的向量，将此向量放到训练集中寻找与之最近的 K 个点，最后根据制定好的决策规则来对待识别向量进行分类。流程如图 2-16 所示。

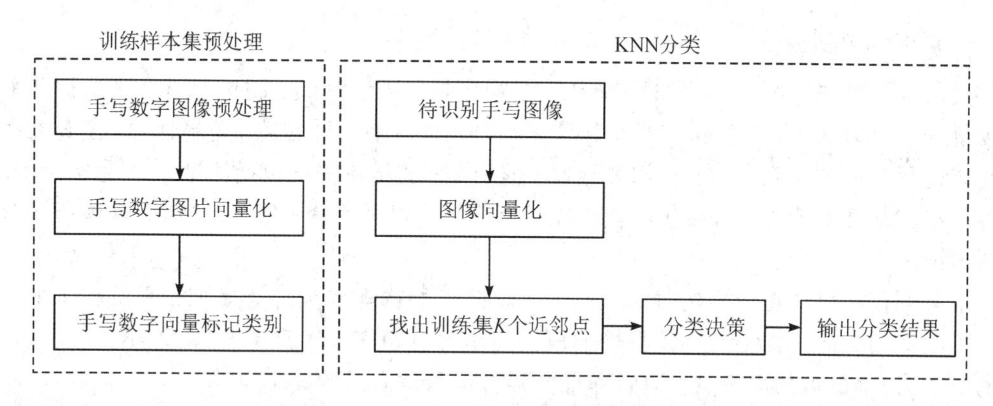

图 2-16　K 近邻法识别手写体数字流程图

训练集中图像的预处理包括大小统一、二值化处理、平滑去噪等。最终目标是将每一张已知数字的手写体照片转变成形状相等的布尔向量，将这些向量存为训练集。

待识别的图像需要经过类似处理，成为与训练集中等长的布尔向量后才能进行 K 近邻法识别。

2. 训练集构建

从 0～9 这十个阿拉伯数字，每个数字采集若干张(200 张左右)图片，然后将每张图片都进行图像缩放、二值化和去噪处理。简单起见，可将二值化后的向量存储为文本文件，文本命名为“数字_编号”的样式，如图 2-17 所示。

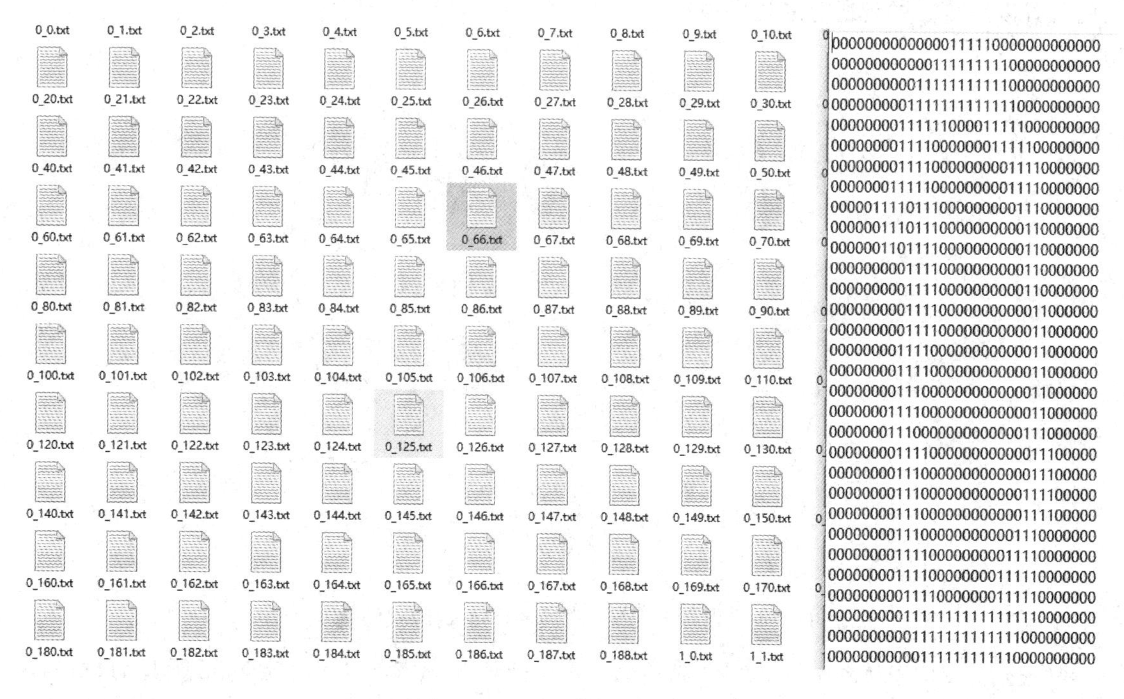

图 2-17　手写体“0”的训练集

3. K 近邻识别测试

机器学习算法的测试需要注意的内容主要包括：属性测试、测试组件、测试流程和应用场景等几个方面。属性测试包括机器学习算法的正确性、健壮性、公平性等；测试组件包括测试过程中需要用到的数据、学习程序、框架等；测试流程则包括测试结果生成、测试评估等工作；应用场景则是机器学习算法在自动驾驶、机器翻译、OCR 识别等具体应用场景中的测试。

本案例仅对算法正确性进行测试，测试数据集的构建和训练集类似，测试集中的每一张手写数字图片向量都要与训练集中的所有向量计算距离，然后找出 K（取 K 为 3 或 5 一类的奇数值）个最近的向量点，最后进行投票决定测试向量的数字。

2.4　K 均值聚类

“K 均值聚类(K-Means Clustering)”一词于 1967 年被 J. B. Macqueen 首次使用[8]，算法的目的是把 n 个未标记类别标签的点(可以是样本的一次观察或一个实例)划分到 K 个聚类中，使得每个点都属于离它最近的均值(即聚类中心)对应的聚类，以之作为聚类的标准。K 均值是一种无监督学习算法，它与 K 近邻是两种不同的机器学习算法。

例 2.2　快递员设置自助取货点问题。假设某快递员负责几个挨着的农村(共 1000 户)的送货任务，快递员要设置 4 个自助取货点，如图 2-18 所示，请问如何较好地设置取货点的位置以尽量照顾到所有的村民呢?

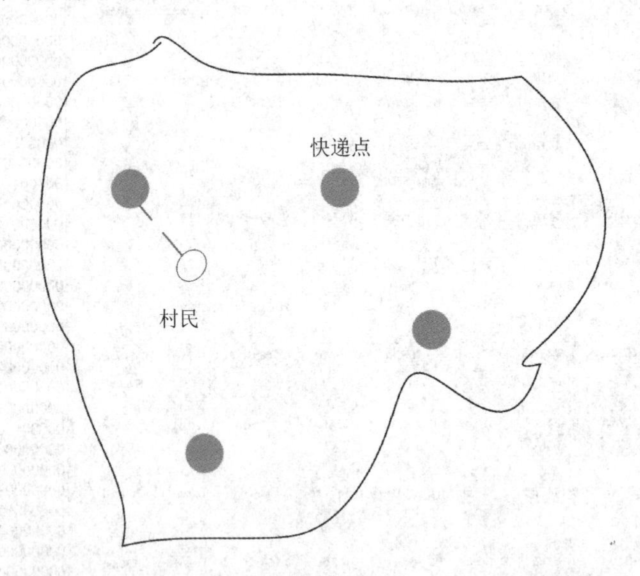

图 2-18　快递点每次更新时村民都自动选择离自己最近的点

一开始，快递员随意选了 4 个取货点，并且把这几个点的位置公告给了所有的村民，于是每个村民到离自己家最近的取货点取货。一些村民觉得距离太远，经常投诉，于是快递员统计到各取货点取货的村民的地址，然后将取货点位置搬到对应的村民地址的中心位置，并且再公告给所有村民。

快递点的位置更新后，所有村民重新选择离自己最近的快递点。然后，又有村民投诉快递点较远，快递点重新更新位置。就这样，快递点每更新一次自己的位置，村民根据自己的情况重新选择快递点，直到最终稳定下来。

2.4.1　算法描述

假设由 n 个 d 维向量组成一个集合 $S=\{\boldsymbol{x}_1, \boldsymbol{x}_2, \cdots, \boldsymbol{x}_n\}$，需要把这个集合分成 K 个子集 $S=\{S_1, S_2, \cdots, S_K\}$，分类完成后子集内部的点尽量紧密、不同子集之间距离尽量大。若假设 $\boldsymbol{\mu}_i$ 为第 i 个子集的均值向量，则理想的分类是使得式(2-17)取得最小值。

$$E=\sum_{i=1}^{K}\sum_{x\in S_i}\|\boldsymbol{x}-\boldsymbol{\mu}_i\|_2^2 \tag{2-17}$$

式(2-17)中子集的均值向量 $\boldsymbol{\mu}_i$ 又被称为质心，每次迭代都需要重新计算质心的位置；$\boldsymbol{x}$ 为集合 S 中落入 S_i 中的向量。因此，对于 K 均值聚类算法只需要找到 K 个合适的质心就可以将 n 个点分成 K 个满足条件的类。K 均值聚类算法的实现过程如图 2-19 所示，该图展示了如何将一个未知类标签的集合通过不停优化两个质心的位置而分成两个类的过程($K=2$)，由图中看出 K 均值聚类是一种启发式的迭代方法。

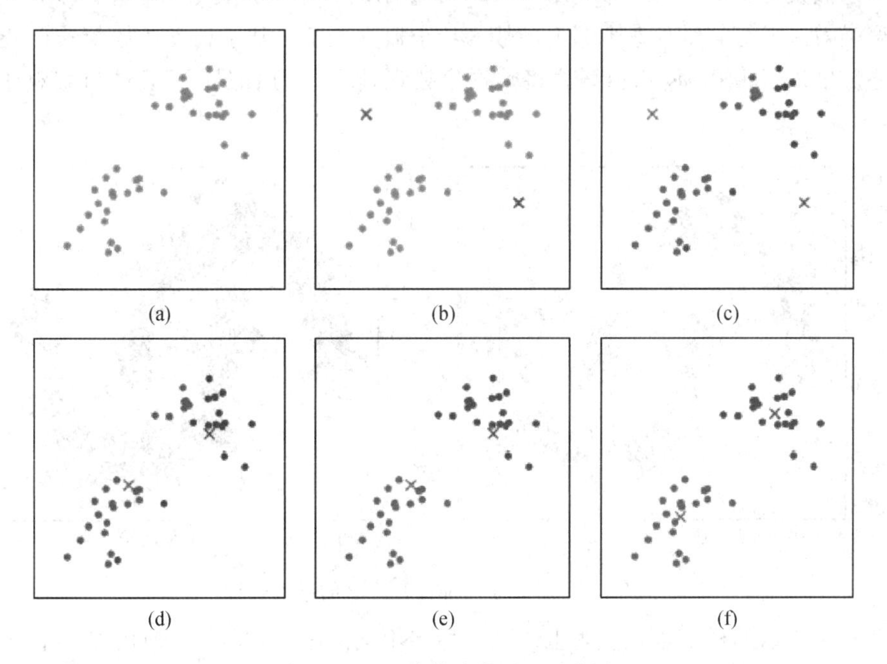

图 2-19　K 均值聚类过程示意图

对于 K 均值聚类算法，首先要注意的是 K 值的选择，一般根据对数据的先验经验选择一个合适的 K 值，如果没有什么先验知识，则可以通过交叉验证选择一个合适的 K 值。在确定了分类个数 K 后，需要选择 K 个初始化的质心，可以采用随机质心。因为是启发式算法，K 个初始化质心的位置选择对最后的聚类结果和运行时间都会产生影响，因此这些质心不应太近，更一般地，K 均值聚类算法描述如表 2-4 所示。

表 2-4　K 均值聚类算法

输入样例个数为 m 的集合 S，需要分成 K 个类，设定最大迭代次数为 N：
(1) 从数据集 S 中随机选择 K 个样本作为初始质心向量：$\{\boldsymbol{\mu}_1, \boldsymbol{\mu}_2, \cdots, \boldsymbol{\mu}_K\}$；
(2) 对于 $n=1, 2, \cdots, N$：
① 初始化各分类子集为空集 $S_t = \varnothing$，$t = 1, 2, \cdots, K$；
② 对于 $i = 1, 2, \cdots, m$，计算样本 $\boldsymbol{x}_i$ 和各个质心向量 $\boldsymbol{\mu}_j$（$j = 1, 2, \cdots, K$）的距离 d_{ij}，将 $\boldsymbol{x}_i$ 标记为最小的 d_{ij} 所对应的类别 λ_i，此时更新 $S_{\lambda_i} = S_{\lambda_i} \cup \{\boldsymbol{x}_i\}$；
③ 对于 $j = 1, 2, \cdots, K$，对 S_j 中所有的样本点重新计算新的质心 $\boldsymbol{\mu}_j = \dfrac{1}{\mid S_j \mid}\sum\limits_{x \in S_j}\boldsymbol{x}$；
④ 如果所有的 K 个质心向量都没有发生变化，则转到步骤(3)；
(3) 输出分类结果 $S=\{S_1, S_2, \cdots, S_K\}$。

从上述算法过程可知，使用 K 均值对集群进行聚类时做了一些假设：① 数据集由 K 个聚类组成；② 数据集是一个凸数据集，即聚类结果内任意两点的连线上所有点都在数据集内，否则聚类效果差；③ 每个聚类中的元素个数几乎一样。

第 2 条假设指 K 均值对类似于图 2-20 中所示的数据集聚类效果较差，即 K 均值对球状簇的聚类效果较好，而对基于邻近的簇、基于概念的簇、基于密度的簇等非凸集的聚类效果较差。图 2-20 中，K 均值算法将数据集错误地聚类为右图所示，这与直观印象极度不符。

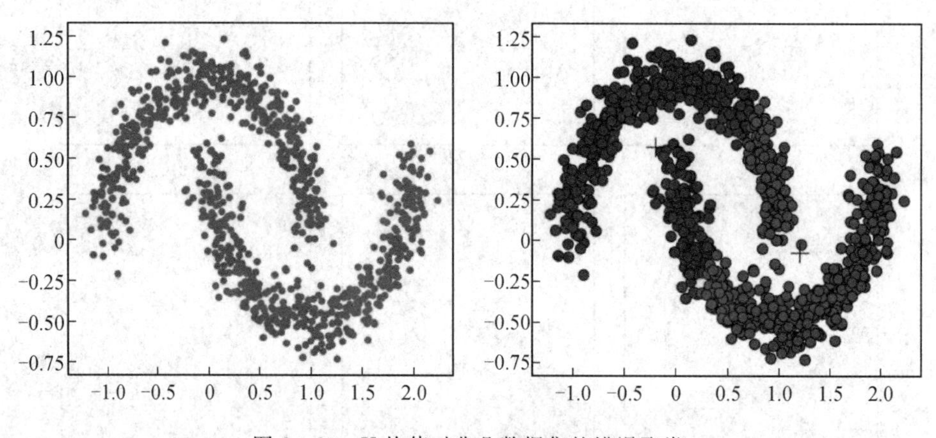

图 2-20　K 均值对非凸数据集的错误聚类

图 2-21 所示的样本集在直观上表现为稀疏不同的三个球状簇，使用 K 均值聚类得到了数量相似的三个簇，不满足第 3 条假设；同时，左上方子类的质心明显偏离了实际的左上方子类的中心位置。

总之，传统 K 均值是个简单实用的聚类算法，具有以下优点：① 原理比较简单、实现容易；② 收敛速度快；③ 算法的可解释度比较强。同时，它也有几个比较明显的缺点：① K 值不好选取；② 采用迭代方法得到的结果容易陷入局部最优；③ 对噪声和异常点比较敏感；④ 无法完成对非凸数据集的聚类。

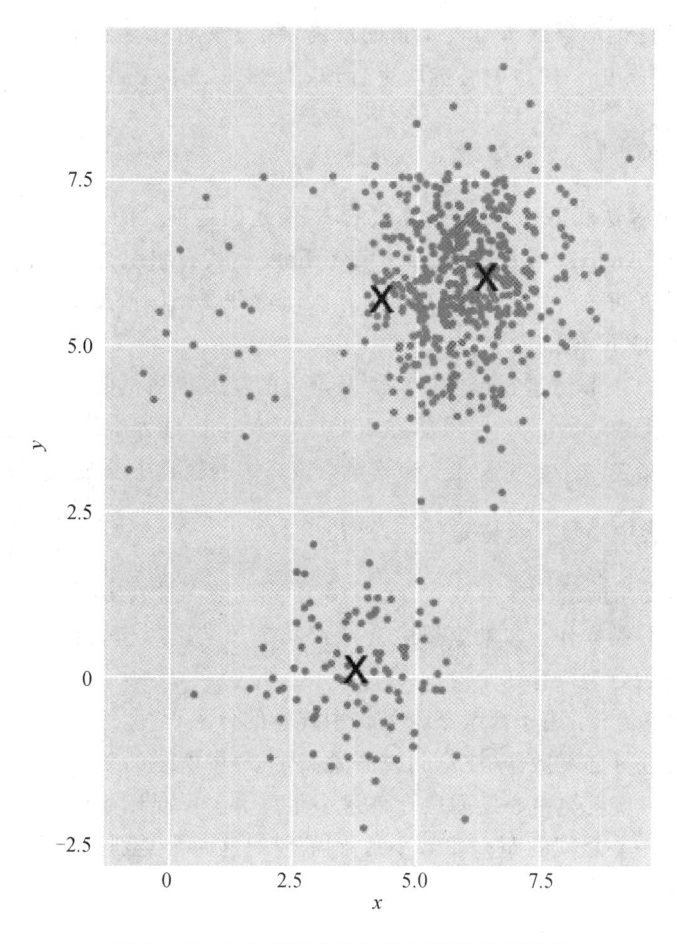

图 2-21　K 均值对非均匀数据集的错误聚类

2.4.2　算法优化

不少研究人员对经典 K 均值算法提出了改进，比较典型的两种改进算法为 K-Means++[9] 和 ISODATA。

1. K-Means++

初始质心的选取对 K 均值聚类结果影响较大，K-Means++ 的主要改进就在于初始质心的合理选择，其他步骤和经典 K-Means 算法相同。整个算法的描述如表 2-5 所示。

表 2-5　K-Means++ 算法

输入样例个数为 m 的集合 S，需要分成 K 个类，设定最大迭代次数为 N：
(1) 随机选取一个样本作为第一个聚类中心 C_1；
(2) 计算每个样本与当前已有聚类中心的最短距离(即与最近一个聚类中心的距离)，用 $D(\boldsymbol{x})$表示，这个值越大，表示被选取作为新聚类中心的概率较大，最后，用轮盘法选出下一个聚类中心；
(3) 重复步骤(2)，直到选出 K 个聚类中心；
(4) 初始中心选定后的步骤和表 2-4 相同。

K-Means++算法能显著改善分类结果的最终误差。尽管计算初始点时花费了额外的时间，但在迭代过程中，由于初始中心选取更合理，使得算法本身能快速收敛，因此算法实际上降低了计算时间。

2. ISODATA

经典 K-Means 算法和 K-Means++算法的 K 值是固定不变的，而 ISODATA(Iterative Selforganizing Data Analysis Techniques Algorithm，迭代自组织数据分析算法)，可以根据分类情况自动调整 K 值的大小。ISODATA 算法通过分裂操作增加 K 值，通过合并操作来减少 K 值，以此调整 K 值的大小。

在使用 ISODATA 算法进行聚类时，需要给定的输入包括：

(1) 预期的聚类中心数目 K_0：虽然在 ISODATA 运行过程中聚类中心数目是可变的，但还是需要由用户指定一个参考标准。事实上，该算法的聚类中心数目变动范围也由 K_0 决定，最终输出的聚类中心数目范围是 $\left[\frac{K_0}{2}, 2K_0\right]$。

(2) 每个类所要求的最少样本数目 $N_{\min}$：用于判断当某个类别所包含样本分散程度较大时是否可以进行分裂操作。如果分裂后会导致某个子类别所包含样本数目小于 $N_{\min}$，就不会再对该类别进行分裂操作。

(3) 最大方差 Sigma：用于衡量某个类别中样本的分散程度。当样本的分散程度超过这个值时，则有可能进行分裂操作(注意同时需要满足(2)中所述的条件)。

(4) 两个类别对应聚类中心之间所允许最小距离 $d_{\min}$：如果两个类别靠得非常近(即这两个类别对应聚类中心之间的距离非常小)，则需要对这两个类别进行合并操作，是否进行合并的阈值就是由 $d_{\min}$ 决定的。

ISODATA 算法如表 2-6 所示。

表 2-6　ISODATA 算法

输入样例个数为 m 的集合 S，初始预期聚类个数 K_0，类最少样本数目 $N_{\min}$，最大方差 Sigma，类中心最小距离 $d_{\min}$，最大迭代次数 N：
(1) 随机选取 $K=K_0$ 个样本作为初始聚类中心，令 $S=\{S_1, S_2, \cdots, S_K\}$；
(2) 计算 S 中每个样本到各个聚类中心的距离，并将该样本分到距离最小的聚类中心对应的类中；
(3) 判断每个聚类中元素数目是否小于 $N_{\min}$，如果小于 $N_{\min}$ 则丢弃该类，令 $K=K-1$，并将该类中的样本按步骤(2) 重新聚类；
(4) 针对每个聚类 S_i，计算新的聚类中心 $C_i=\frac{1}{\mid S_i \mid}\sum_{x \in S_i} \boldsymbol{x}$；
(5) 若 $K \leqslant \frac{K_0}{2}$，则聚类太少，分裂；
(6) 若 $K \geqslant 2K_0$，则聚类太多，合并；
(7) 若达到最大迭代数，终止，否则，转到步骤(2)。

表 2-6 中，合并操作是指首先计算聚类中心两两之间的距离，对于小于最小距离 $d_{\min}$ 的两个类进行合并，并按照算法中步骤(4)计算合并后的聚类中心；分裂操作则需要计算每个聚类下所有样本在每个维度下的方差，判断每个类别中最大方差是否大于输入的聚类最

大方差 Sigma，若大于则进行分裂操作，即令 $K=K+1$，再重新聚类。

由前面介绍可知，ISODATA 算法的运算量较大，也因此出现了一些改进型快速收敛的 ISODATA 算法[10-11]。

2.4.3 应用案例

例 2.3 通过地理位置对城市群进行聚类。城市群是工业化、城市化进程中区域空间形态的高级现象，能够产生巨大的集聚经济效益，是国民经济快速发展、现代化水平不断提高的标志之一。城市群是在特定的区域范围内云集形成的、以一个或两个特大城市为中心、依托一定的自然环境和交通条件构成的一个相对完整的城市"集合体"。

1. 解题思路

为使问题简化，本例只研究省会城市，并以经纬度为城市坐标，另外仅将所有城市聚成两类，如表 2-7 所示。

表 2-7　全国主要省会城市经纬度

城市名	经度	纬度	城市名	经度	纬度
北京	E116°28′	N39°54′	上海	E121°29′	N31°14′
天津	E117°11′	N39°09′	重庆	E106°32′	N29°32′
哈尔滨	E126°41′	N45°45′	长春	E125°19′	N43°52′
沈阳	E123°24′	N41°50′	呼和浩特	E111°48′	N40°49′
石家庄	E114°28′	N38°02′	太原	E112°34′	N37°52′
济南	E117°	N36°38′	郑州	E113°42′	N34°48′
西安	E108°54′	N34°16′	兰州	E103°49′	N36°03′
银川	E106°16′	N38°20′	西宁	E101°45′	N36°38′
乌鲁木齐	E87°36′	N43°48′	合肥	E117°18′	N31°51′
南京	E118°50′	N32°02′	杭州	E120°09′	N30°14′
长沙	E113°	N28°11′	南昌	E115°52′	N28°41′
武汉	E114°21′	N30°37′	成都	E104°05′	N30°39′
贵阳	E106°42′	N26°35′	福州	E119°18′	N26°05′
台北	E121°31′	N25°03′	广州	E113°15′	N23°08′
海口	E110°20′	N20°02′	南宁	E108°20′	N22°48′
昆明	E102°41′	N25°	拉萨	E91°10′	N29°40′
香港	E114°10′	N22°18′	澳门	E113°5′	N22°2′

2. 算法

使用经典 K-Means 算法进行聚类分析，由题意知 $K=2$，以欧氏距离作为距离函数，算法描述如表 2-8 所示。

表 2-8　基于 K 均值城市聚类算法

输入 34 个城市名及其经纬度坐标，需要分成两个类，设定最大迭代次数为 100：

(1) 从城市群 S 中随机选择 2 个样本作为初始中心；

(2) 对于 $n = 1:100$：

① 初始化各分类子集为空集 $S_t = \varnothing$，$t = 1, 2$；

② 对于 $i = 1, 2, \cdots, 34$，计算样本 $\boldsymbol{x}_i$ 和各个质心向量 $\boldsymbol{\mu}_j (j = 1, 2)$ 的距离 d_{ij}，将 $\boldsymbol{x}_i$ 标记为最小的 d_{ij} 所对应的类别 λ_i，此时更新 $S_{\lambda_i} = S_{\lambda_i} \cup \{\boldsymbol{x}_i\}$；

③ 对于 $j = 1, 2$，对 S_j 中所有的样本点重新计算新的质心 $\boldsymbol{\mu}_j = \dfrac{1}{|S_j|}\sum_{x \in S_j} \boldsymbol{x}$；

④ 如果 2 个质心向量都没有发生变化，则转到步骤(3)；

(3) 输出分类结果 $S = \{S_1, S_2\}$。

3. 效果

以经度作为横轴、以纬度作为纵轴，将城市散点图绘制到一个直角坐标系，并将每个散点代表的城市进行标注，如图 2-22 所示。

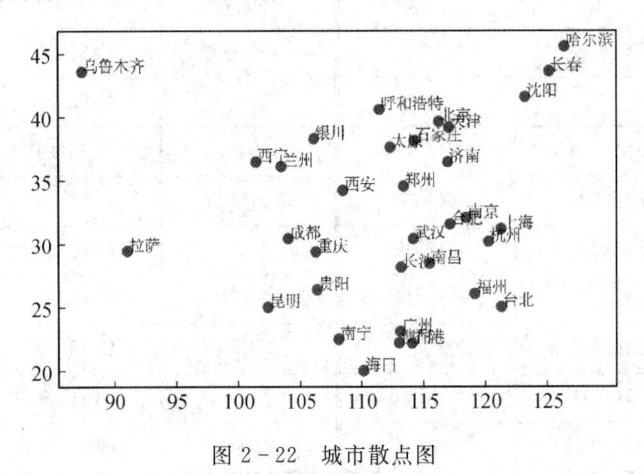

图 2-22　城市散点图

使用 K-Means 算法对城市进行聚类后的结果如图 2-23 所示。由图中可知，仅按照地

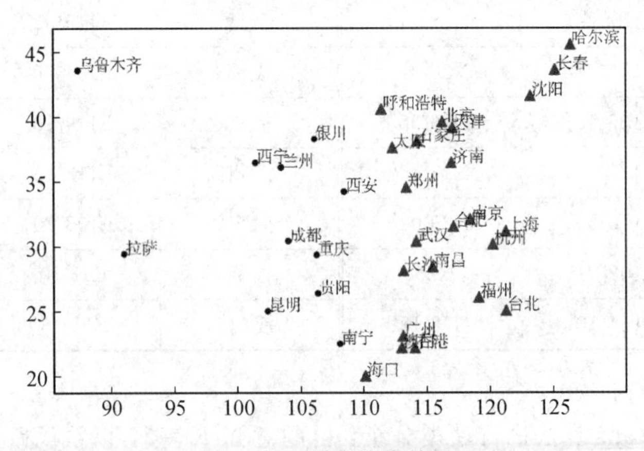

图 2-23　城市聚类结果

理位置对城市进行聚类，效果并不理想。在使用 K-Means 解决实际问题时，待聚类点的变量选择、K 值选择等对结果的影响很明显，这要在实际应用场景中进行多次尝试。

本章小结

本章介绍了 KNN 和 K-Means 算法，但它们是有本质区别的：KNN 是有监督学习，而 K-Means 是无监督学习；KNN 是分类算法，而 K-Means 是聚类算法；KNN 中的 K 是待分类点进行类别决策时参与投票的最近邻点个数，而 K-Means 中的 K 是聚类算法将输入样本集聚成的类别个数。

KNN 的特点：① 一种监督学习算法，训练样本集中的样本点带有分类信息；② 算法简单易实现，可解释性强；③ 结果受到 K 值的影响，K 一般不超过 20；④ 计算量大，需要计算与样本集中每个样本的距离；⑤ 训练样本集不平衡容易导致结果不准确。

经典 K-Means 算法的特点：① 原理简单，易实现；② 需要调参的主要参数较少(K)；③ K 值选取困难；④ 使用迭代方法，容易得到局部最优解；(5) 对噪声和异常点敏感。

另外，本章介绍的 K-Means 聚类算法是“硬聚类”算法，即数据集中每一个样本都是被百分百确定分到某个类别中，而与之相对的“软聚类”可以理解为每个样本都是以一定的概率被分到某一个类别中。

思考题

1. 距离和相似性有什么区别与联系？
2. 分类任务和聚类任务有什么区别？
3. Dice 系数满足广义距离函数的条件吗？
4. 使用 KNN 算法解决分类问题时 K 值应该怎么选择？
5. KNN 中的 K 和 K-Means 中的 K 有什么区别？
6. 各举一个例子说明 K-Means 适用和不适用的聚类场景。
7. 经典 K-Means、K-Means^{++} 和 ISODATA 算法的输入分别是什么？
8. 除了 K-Means^{++}、ISODATA 算法，还有哪些改进型的 K-Means 算法？
9. 将例 2.3 中的 K 设置为 4，查看聚类结果。

参考文献

[1] MAESSCHALCK de R，JOUAN-RIMBAUD D，MASSART D L. The Mahalanobis distance[J]. Chemometrics and Intelligent Laboratory Systems，2000，50(1)：1－18.

[2] Dice Lee R. Measures of the amount of ecologic association between species[J]. Ecology，1944，26(3)：297－302.

[3] COVER T，HART P. Nearest neighbor pattern classification[J]. IEEE Transactions on Information Theory，1967，13(1)：21－27.

[4] KUBAT M. An Introduction to Machine Learning[M]. Cham, Switzerland: Springer International Publishing, 2017.

[5] 陈振洲，李磊，姚正安. 基于SVM的特征加权KNN算法[J]. 中山大学学报(自然科学版), 2005, 44(1): 17-20.

[6] FINLEY A O, MCROBERTS R E. Efficient K-nearest neighbor searches for multi-source forest attribute mapping[J]. Remote Sensing of Environment, 2008, 112(5): 2203-2211.

[7] GROTHER P J, CANDELA G T, BLUE J L. Fast implementations of nearest neighbor classifiers[J]. Pattern Recognition, 1997, 30(3): 459-465.

[8] MACQUEEN J B. Some methods for classification and analysis of multivariate observations[C]. Proceedings of the Fifth Berkeley Symposium on Mathematical Statistics and Probability, 1967: 281-297.

[9] ARTHUR D, VASSILVITSKII K-means: The Advantages of Careful Seeding[R]. Stanford, 2006.

[10] MEMARSADEGHI N, MOUNT D M, NETANYAHU N S, et al. A fast implementation of the ISODATA clustering algorithm[J]. International Journal of Computational Geometry & Applications, 2007, 17(1): 71-103.

[11] VENKATESWARLU N, RAJU P. Fast ISODATA clustering algorithms [J]. Pattern Recognition, 1992, 25(3): 335-342.

第3章 决 策 树

树状结构(Tree Structure)或称树状图(Tree Diagram)是一种以图像方式表现的层级结构，它以树的象征来表现构造之间的关系，它在图像的呈现上是一个倒立的树，其根部在上方，叶子在下方。树状结构多以递归形式表示，树状结构只是一个概念，可以用许多种不同形式来展现。

决策树也是一种树状结构，在1963年由Morgan和Sonquist提出[1]，决策树上的节点代表某个属性，边代表属性取值，整棵决策树就可以表示决策的全过程[2]。因为树状结构易于理解且可解释性强，因此在规则可视化、回归问题、分类问题等领域都有较多应用。

本章将详细介绍数据挖掘与机器学习中的决策树及其相关的基本概念，以及常用的决策树生成算法ID3、C4.5、CART等。

3.1 初识决策树

决策树是一种比较特殊的树状结构。本节首先介绍一般树的概念，然后引出决策树的概念。

3.1.1 一般树简介

树和图一样都是非线性结构，树是$n(n>0)$个节点和$n-1$条边共同组成的有限集合。特殊的，当树的节点$n=0$时，称这棵树为空树。非空树有以下特征：① 有且仅有一个称为根的节点(Root Node)；② 如果$n>1$，除根节点以外，其他节点可以分为$m(m>0)$个不相交的子集T_1，T_2，…，T_m，其中每一个集合都是一棵树，称为子树(Subtree)，如图3-1所示。

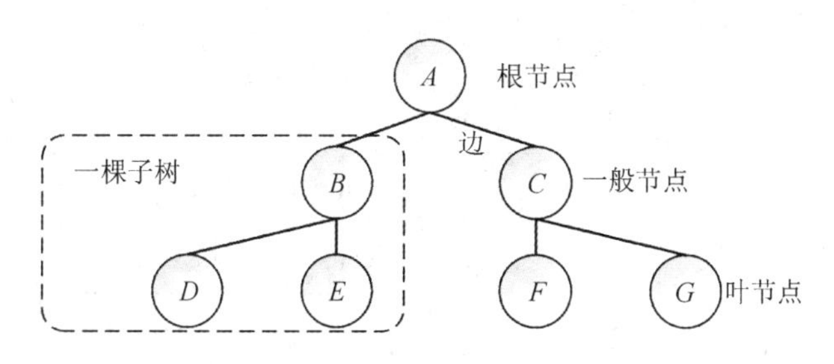

图3-1 一般树示意图

在图3-1所示的树中，各个节点通过边相连，由于每个节点所处位置不同，故被分成不同的节点。如：A节点为整棵树的根节点，同时A节点又是B、C节点的父节点(或称为双亲节点，Parent Node)，相应的，B、C节点为A的子节点，而一个节点的子节点的个数称为这个节点的度，而树的度被定义为整棵树中度最大的那个节点的度。

由图 3-1 中可知，整棵树中只有根节点 A 没有父节点，而 D、E、F、G 这四个节点没有子节点(即度为 0)，树中度为 0 的节点被称为叶节点(Leaf Node)，或称终端节点(Terminal Node)。像 B、C 节点这种具有同一个父节点的互为兄弟节点。此外，树还有明显的层级结构，根为第 1 层，其子节点为第 2 层，以此类推。如何定位一个节点的层级呢？如果从根节点开始算，则用深度来表示；如果从叶节点开始算，则用高度来表示。

如果是由多棵树组成一个集合，则该集合称为森林，如图 3-2 所示。由森林的定义可知，任意一棵树删除掉根节点都会变成森林。

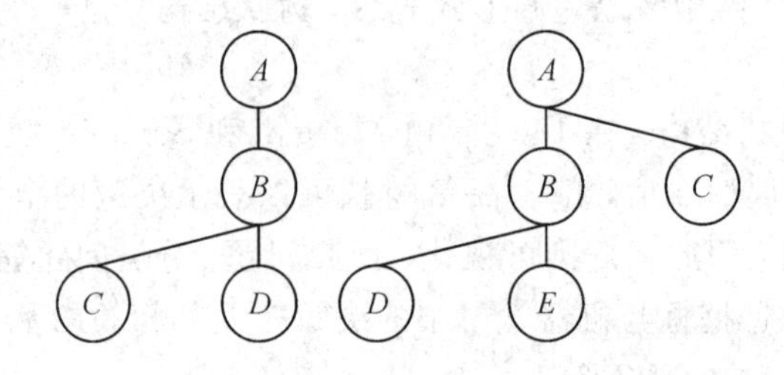

图 3-2　森林示意图

3.1.2　决策树简介

在机器学习中，决策树是一个预测模型，它代表对象属性与对象值之间的一种映射关系，如图 3-3 所示为根据天气情况决定是否去室外打篮球的决策树。树中每个节点表示一个对象，每个分叉路径代表一个可能的属性值，而每个叶节点都可以找到一条从根节点到该叶节点的路径，这条路径表示从根节点开始一直到该叶节点所经历的各种属性及其取值。更详细的内容将在 3.3 节介绍。

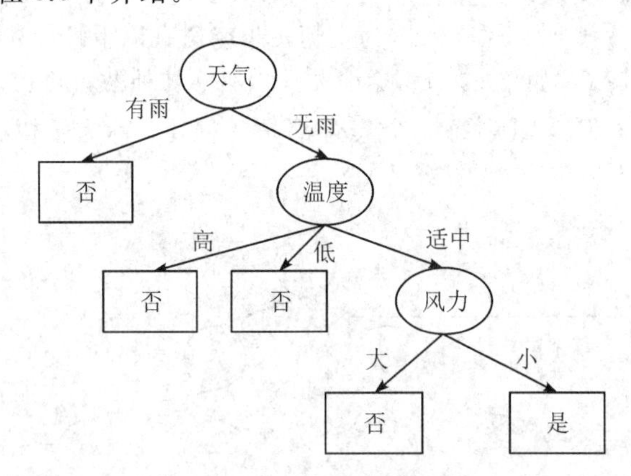

图 3-3　决策树案例

在数据挖掘中，决策树是一种经常要用到的技术，根据所解决问题(输出结果)的不同可分为回归树和分类树。回归树叶节点输出为实数，而分类树输出为分类信息。

3.2　信息熵与信息增益

决策树绘制的依据是什么呢？与前面两章介绍的机器学习算法类似，决策树也是根据训练样本集得到的。如图3-3所示的决策树是由类似表3-1所示的训练数据得到的，表3-1是对某人或某些人以往是否去室外打篮球与当天天气情况的记录。

表3-1　根据天气情况决定是否去室外打篮球数据样本

天气	温度	风力	是否去室外打篮球
有雨	低	大	否
有雨	适中	大	否
有雨	适中	小	否
无雨	低	大	否
无雨	高	小	否
无雨	适中	大	否
无雨	适中	小	是

由表3-1绘制图3-3时会碰到一个问题，该选哪一个属性作为根节点呢？根节点确定后第2层的子节点又如何确定呢？一种较常用的办法就是观察属性的熵值，并依此制定属性选择策略。本节主要介绍熵和信息增益的概念。

3.2.1　信息熵

熵的概念最早在物理中使用，是描述"能量退化"的物质状态参数之一，在热力学中应用广泛。1948年，香农将统计物理中熵的概念引入到信道通信的过程中，从而开创了信息论，信息论中的熵被称为信息熵(或香农熵)。

从常识上讲，一条信息的不确定性越大，则预测它的价值也就越大。例如，如果一个算法能够预测某只股票的涨跌情况，那么这个算法就非常有价值；但预测早上太阳从哪边升起的算法，其价值为0。在香农提出信息熵理论之前，信息的价值很难量化。信息熵第一次用数学语言定量描述了信息与概率之间的关系，其定义如式(3-1)所示，熵的单位为比特(bit)。

$$H(X)=-\sum_{x}p(x)\mathrm{lb}\,p(x)=-\sum_{i=1}^{n}p(x_i)\mathrm{lb}\,p(x_i) \tag{3-1}$$

式中，X是随机变量，其可能取值的个数为有限数n，概率分布密度为$P(X=x_i)=p(x_i)$；$H(X)$为随机变量X的熵，表示随机变量不确定的度量，是对所有可能发生的事件产生的信息量的期望。由式(3-1)可知，随机变量的不确定性越大，熵越大。由定义式可知，信息熵具有非负性，它的取值范围为$0\leqslant H(X)\leqslant \mathrm{lb}\,n$，且当$p(x_i)=\dfrac{1}{n}$时熵取得最大值$\mathrm{lb}\,n$。进一步推导可知，信息熵还具有唯一性、可加性、等概单增(对于等概率分布的随机变量，信息熵随其取值可能性的增加而单调递增)等属性[3]。

例 3.1 随机变量 X 服从伯努利分布，求其参数 p 和熵的关系曲线。

随机变量服从参数为 p 的伯努利分布是指，随机变量 X 分别以概率 p 和 $1-p$ 取 1 或 0 值。代入式(3-1)，求得其熵为

$$H(X)=-p\operatorname{lb}p-(1-p)\operatorname{lb}(1-p). \tag{3-2}$$

式(3-2)的函数曲线如图 3-4 所示。

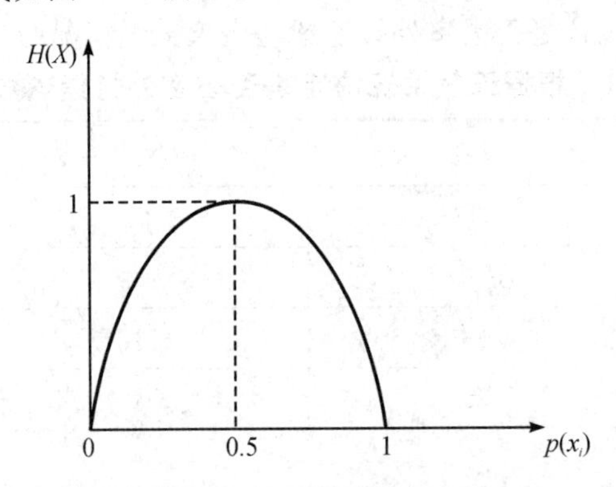

图 3-4 伯努利分布概率与熵的关系

由图 3-4 可知，当 $p=0$ 或 $p=1$，即随机变量没有不确定性时，熵 $H(X)=0$；当 $p=0.5$，即随机变量不确定性最大时，熵取得最大值 $H(X)=1$。

若将一维随机变量推广到二维(X, Y)，定义联合熵为

$$H(X, Y)=-\sum_{x, y}p(x, y)\operatorname{lb}p(x, y)=-\sum_{i=1}^{n}\sum_{j=1}^{m}p(x_i, y_j)\operatorname{lb}p(x_i, y_j) \tag{3-3}$$

对于两个不相关的随机变量 X、Y，其概率满足公式 $p(X, Y)=p(X)p(Y)$，因此 $H(X, Y)=H(X)+H(Y)$，即两个完全不相关的事件同时发生要比单个事件发生的随机性更大，它们的信息熵也就更大，其值为各自发生时单个随机变量的信息熵之和。

3.2.2 条件熵

现实世界中，经常需要通过某个事件已经确定出现的结果去预测另一个事件将要出现某种结果的可能性。例如，已经知道明天天气无雨、温度适中、风力小，预测某个人在明天这样的天气状况条件下，是否会去室外打篮球？

条件熵 $H(Y|X)$ 就用来定量描述在已知随机变量 X 的条件下随机变量 Y 出现的不确定性。条件熵 $H(Y|X)$ 定义为

$$H(Y\mid X)=\sum_{x}p(x)H(Y\mid X=x) \tag{3-4}$$

结合信息熵定义式(3-1)可得

$$H(Y\mid X)=-\sum_{x, y}p(x, y)\operatorname{lb}p(y\mid x) \tag{3-5}$$

可以证明，条件熵 $H(Y|X)$ 相当于联合熵 $H(X, Y)$ 减去条件变量单独的熵 $H(X)$，即 $H(Y|X)=H(X, Y)-H(X)$。条件熵的含义是，在某个随机变量的条件下另一个随机变量的信息熵要小于两个随机变量的联合信息熵。

举个例子，明天温度升高还是降低和明天是否下雨组成联合概率分布 $P(X, Y)$，这两

个事件的联合熵 $H(X, Y)$ 要大于条件熵 $H(Y|X)$，因为下雨会较大概率使温度降低，因此在下雨与否已知的条件下温度升降的信息熵要比两个变量都未知的联合熵要小，即在已知阴晴的条件下温度的随机性变小了。由条件熵和联合熵的大小关系可知，将多个关联的随机变量放在一起研究是有意义的。

3.2.3　信息增益

两个关联的随机变量 X、Y，已知 X 的取值情况会使 Y 的不确定性减少，而这个减少程度的度量就靠信息增益。表 3－1 记录了一组样本集合 D，如果将“是否去室外打篮球”这一列的标签值视为随机变量，就可以计算出一个熵 $H(D)$（定义为集合 D 的经验熵）。如果某列特征 a（如天气）给定，就可以计算出条件熵 $H(D|a)$。由前面分析可知，条件熵不大于经验熵，将经验熵与条件熵的差值定义为特征 a 对训练数据集 D 的信息增益 $\text{gain}(D, a)$，即

$$\text{gain}(D, a) = H(D) - H(D \mid a) \tag{3-6}$$

计算信息增益的算法如表 3－2 所示[4]。

表 3－2　信息增益算法

输入训练数据集 D 和特征 a，求特征 a 对训练集的信息增益 $\text{gain}(D, a)$： (1) 计算数据集 D 的经验熵 $H(D)$； (2) 计算特征 a 对数据集 D 的经验条件熵 $H(D\|a)$； (3) 计算信息增益。

表 3－2 中，计算训练集 D 的经验熵 $H(D)$ 的公式为

$$H(D) = -\sum_{k=1}^{K} \frac{|C_k|}{|D|} \text{lb} \frac{|C_k|}{|D|} \tag{3-7}$$

式中，假设集合 D 的标签有 K 种取值可能，并根据 K 种取值将 D 分为 K 个子集 $\{C_1, C_2, \cdots, C_K\}$，$|D|$ 为训练集的样本总数，$|C_k|$ 为样本第 k 个标签的总数，样本集总共有 K 个标签，因此 $\sum_{k=1}^{K} |C_k| = |D|$。

计算特征 a 对数据集 D 的经验条件熵 $H(D|a)$ 的公式如式为

$$H(D \mid a) = \sum_{i=1}^{n} \frac{|D_i|}{|D|} H(D_i) = -\sum_{i=1}^{n} \frac{|D_i|}{|D|} \sum_{k=1}^{K} \frac{|D_{ik}|}{|D_i|} \text{lb} \frac{|D_{ik}|}{|D_i|} \tag{3-8}$$

式中，根据特征 a 的取值（假设共有 n 种取值）将训练集划分成 n 个子集 $\{D_1, D_2, \cdots, D_n\}$，$|D_i|$ 表示第 i 个子集的样本个数；将子集 D_i 中属于 C_k 的样本的集合记为 D_{ik}，即 $D_{ik} = D_i \cap C_k$，$|D_{ik}|$ 为集合 D_{ik} 的样本个数。

将式(3－7)、式(3－8)代入式(3－6)，即可计算信息增益。

例 3.2　计算表 3－1 中特征“天气”对整个训练集的信息增益。

计算整个训练集 D 的经验熵：

$$H(D) = -\frac{1}{7} \text{lb} \frac{1}{7} - \frac{6}{7} \text{lb} \frac{6}{7} \tag{3-9}$$

以 a 表示天气，则天气对训练集的信息增益为

$$g(D, a)=H(D)-\left[\frac{4}{7}H(D_1)+\frac{3}{7}H(D_2)\right] \tag{3-10}$$

其中：

$$H(D_1)=0 \tag{3-11}$$

$$H(D_2)=-\frac{3}{4}\operatorname{lb}\frac{3}{4}-\frac{1}{4}\operatorname{lb}\frac{1}{4} \tag{3-12}$$

由式(3-9)～式(3-12)可求得天气对于训练集的信息增益。

如果将所有特征对训练集的信息增益都算出来并进行比较，就可以得出最优特征(信息增益最大的特征)。最优特征的含义是，该特征可以使得标签项的随机性得到最大程度的降低。

由信息增益的计算公式可知，如果某个特征的取值可能较多，其信息增益一般也会较大，但研究较多取值可能的特征并不会使问题求解变得简单多少。因此，在信息增益的基础上又定义了信息增益率，由信息增益率来进行最优特征选取会更加合理。

特征 a 对训练集 D 的信息增益率 $\text{gain}_R(D, a)$的定义为

$$\text{gain}_R(D, a)=\frac{\text{gain}(D, a)}{H_a(D)} \tag{3-13}$$

式中，$H_a(D)=-\sum_{i=1}^{n}\frac{|D_i|}{|D|}\operatorname{lb}\frac{|D_i|}{|D|}$，$n$ 为特征 a 的取值个数。

3.3 决策树生成

决策树既可以用以解决分类问题，也可以解决回归问题。为便于展开讨论，本节主要讨论分类决策树。

3.3.1 基本概念

用来描述对实例进行分类的决策树被称为分类决策树。决策树由节点、有向边两部分组成，节点又分为内部节点和叶节点，内部节点表示特征(或称属性)，叶节点表示一个分类。

决策树的画法有多种，有从左到右的横向分布和从上到下的纵向分布两种，其中以从上到下的纵向分布为主。决策树的内部节点一般由圆或圆角矩形表示，叶节点一般由矩形或三角形表示，节点属性的取值(有向边)一般由有向线段表示，如图 3-5 所示为较常见的决策树画法。

图 3-5 中，每个叶节点都可以通过一条支路追溯到根节点，而由根节点到每个叶节点的路径都可以较容易地简化成 IF-THEN 规则。路径上内部节点的特征对应规则的条件，有向边对应条件的取值，而叶节点对应规则的结论。在一个完整的决策树中，样本集中的每一个实例都有且仅有一条路径(或者说规则)覆盖。由此可见，决策树实际上是一个由若干 IF-THEN 规则组成的集合。

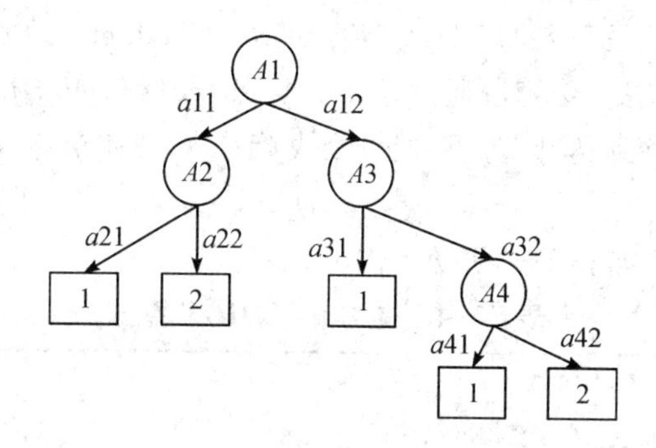

图 3－5　决策树模型

而在实际应用中，很容易将规则集转为等效的 IF-THEN-ELSE 嵌套规则，如图 3－5 所示的分类决策树可以转化为表 3－3 所示的 IF-THEN-ELSE 嵌套规则。

表 3－3　决策树转化为 IF-THEN-ELSE 嵌套规则

```
If(A1==a11)
    If A2==a21:
        #属于类 1
    else:
        #属于类 2
else:
    if A3==a31:
        #属于类 1
    elif A4==a41:
        #属于类 1
    else:
        #属于类 2
```

3.3.2　TDIDT 算法

决策树容易理解、易于使用，数据挖掘中使用决策树算法的关键工作是决策树的构建。由训练集构建一个决策树需要做哪些事呢？

决策树生成一般包括三个步骤：

(1) 特征选择。数据挖掘工作中碰到的数据大多是凌乱的、特征较多，但一般并不需要把所有的特征都绘入决策树中，需要对这些特征进行选择，即只选择那些跟分类结果相关度较高的特征。常用的特征选择参考指标包括信息增益、信息增益率、基尼指数等。

(2) 生成决策树。生成决策树工作的本质是对内部节点按照重要性进行排序，通过计算特征信息增益或其他指标，选择最佳特征。从根节点开始，递归地产生决策树，再不断选取局部最优的特征，将训练集分割成能够基本正确分类的子集，最终生成整棵决策树。

(3) 对决策树进行剪枝操作。通过步骤(2)产生的决策树容易产生过拟合，需要再对其进行修剪去掉部分分支，以对抗过拟合。

通过前面对决策树生成的分析，自然能够想到可以从选择根节点开始逐步向下直到叶节点来生成决策树，这就是著名的 TDIDT(Top-Down Induction of Decision Trees，决策树的自顶向下归纳生成)算法。该算法通过递归分裂(Recursive Partitioning)方法反复根据属性值进行分裂，直到最终到达叶节点形成一个决策分支。3.4 节将要介绍的 ID3、C4.5 算法都属于 TDIDT 算法。

基本的 TDIDT 算法如表 3-4 所示。

表 3-4 基本的 TDIDT 算法

```
输入一个训练集，生成一个决策树：
    IF 所有的特征对应的分类标签相同
        THEN 生成一个叶节点，结束本决策分支
    ELSE
          (1) 选择一个待分裂的特征
          (2) 按照特征的取值将训练集分成对应子集
          (3) 为(2)中的每个非空子集在决策树上生成一个分支
              IF 分支的分类标签相同
                  THEN 生成一个叶节点，结束本决策分支
              ELSE 回到(1)
    递归算法，直到遍历整个训练集
注意：每个属性在一条决策分支上最多只能被选择一次。
```

表 3-4 所示的 TDIDT 算法，在每个非叶节点(即分类标签不同的子集)上都需要再选择属性进行分裂，所选择的属性任意，但某个属性在同一分支中最多只能选择一次。因为训练集中属性的个数、每个属性的取值个数都是有限的，所以算法是可以终止的。

但是，表 3-4 所示的算法没有涉及属性选择的顺序、分支的后续处理等工作，因此该算法在实际数据挖掘工作中使用较少。

3.4 ID3 算法与 C4.5 算法

最常用的 TDIDT 算法是 ID3 算法和 C4.5 算法，这两种算法的最大区别在于它们选择最优特征的参考标准不同，ID3 算法以最大增益选择最优特征，C4.5 算法以最大增益比选择最优特征。

本节依次对 ID3 算法、C4.5 算法进行介绍。

3.4.1 ID3 算法

ID3(Iterative Dichotomiser 3，迭代二叉树 3 代)算法是由 Quinlan 发明的一种用于决策树生成的贪心算法[5]。受奥卡姆剃刀定律启发，ID3 算法的指导思想是小型的决策树优于大的决策树。

ID3 算法根据特征的信息增益来选择属性分裂的走向，每次选择信息增益最大的特征作为决策分支的分裂标准，如表 3-5 所示。

表 3-5 ID3 算法伪代码

```
输入：带有属性和类标签样本组成的训练集 D，假设属性集合为 A={a1, a2, …, an}
输出：决策树
ID3TreeGenerate(D, A){
    生成节点 node
    IF D 中样本全属于同一类别 C
       THEN 将 node 标记为 C 类叶节点
       RETRUN
    END IF
    IF A 为空或者 D 中样本在 A 上类标签相同
       THEN 将 node 标记为叶节点，其类别标记为 D 中样本数最多的类
       RETURN
    END IF
    从 A 中选择最优特征 a*
    FOR a* 的每一值 a[i] DO
        为 node 生成一个分支
        令 Dv 表示 D 中在 a* 上取值为 a[i]的样本子集
        IF Dv 为空 THEN
            将分支节点标记为叶节点，其类别为 D 中样本最多的类
            RETURN
            ELSE
                以 ID3TreeGenerate (Dv, Av) 为分支节点
            END IF
        END FOR
    }
```

表 3-5 所示的 ID3 算法伪代码中，最关键的步骤是最优特征的选择，ID3 算法最优特征选取的标准是信息增益，即以信息增益最大的特征为最优特征，然后递归。由此可知，ID3 算法是一种贪婪算法，是 TDIDT 算法中的一种。

例 3.3 使用 ID3 算法，根据表 3-6 所示的训练集生成决策树。

表 3-6 根据天气情况决定是否去室外打篮球

天气	温度	湿度	是否有风	是否去室外打篮球
晴	热	高	无	否
晴	热	高	有	否
阴	热	高	无	是
雨	适中	高	无	是
雨	冷	正常	无	是
雨	冷	正常	有	否

续表

天气	温度	湿度	是否有风	是否去室外打篮球
阴	冷	正常	有	是
晴	适中	高	无	否
晴	冷	正常	无	是
雨	适中	正常	无	是
晴	适中	正常	是	是
阴	适中	高	是	是
阴	热	正常	无	是
雨	适中	高	是	否

表 3-6 所示训练集中，有 4 个特征“天气”“温度”“湿度”“是否有风”，分类标签是“是否去室外打篮球”。根据 ID3 算法，本例决策树生成的步骤为：① 首先根据信息增益找到 4 个特征中的最优特征，然后按最优特征的取值将训练集划分成若干子集；② 在上一步分解的各个子集中继续使用 ID3 算法进行属性分裂。此处只示例如何计算“天气”这一特征的信息增益，决策树生成的其他工作由读者自行完成。

由表 3-6 可知，训练集中有 14 个样本，标签为“是”的有 9 个，标签为“否”的有 5 个，因此训练集的经验熵为

$$H(D)=-\frac{9}{14}\operatorname{lb}\frac{9}{14}-\frac{5}{14}\operatorname{lb}\frac{5}{14}=0.940286 \tag{3-14}$$

接下来以表中的“天气”特征作为分支标准，根据“晴”“阴”“雨”这三个特征取值可将训练集分为三类，如图 3-6 所示。

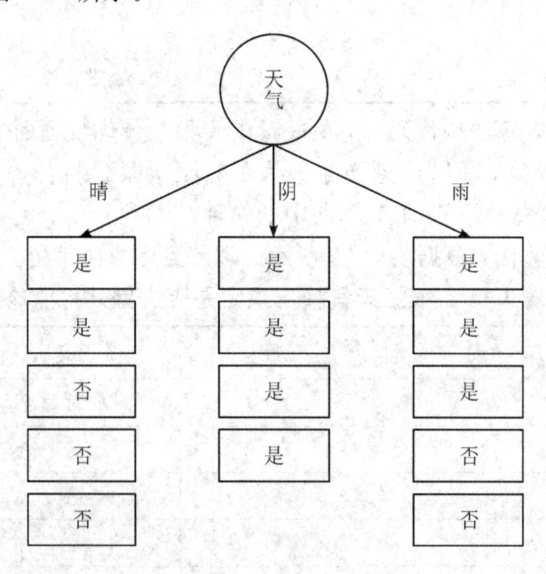

图 3-6　“天气”特征的属性分裂

根据“天气”特征的值将训练集分裂成 3 个子集 $D=\{D_{晴}, D_{阴}, D_{雨}\}$，计算各子集的经验熵分别为

$$H(D_{晴})=-\frac{2}{5}\,\mathrm{lb}\,\frac{2}{5}-\frac{3}{5}\,\mathrm{lb}\,\frac{3}{5}=0.970951 \tag{3-15}$$

$$H(D_{阴})=-\frac{4}{4}\,\mathrm{lb}\,\frac{4}{4}=0 \tag{3-16}$$

$$H(D_{雨})=-\frac{3}{5}\,\mathrm{lb}\,\frac{3}{5}-\frac{2}{5}\,\mathrm{lb}\,\frac{2}{5}=0.970951 \tag{3-17}$$

继续计算“天气”特征的条件熵

$$H(D\mid 天气)=\frac{5}{14}H(D_{晴})+\frac{4}{14}H(D_{阴})+\frac{5}{14}H(D_{雨})=0.693536 \tag{3-18}$$

因此，“天气”特征带来的信息增益为

$$\mathrm{gain}(D,\,天气)=H(D)-H(D\mid 天气)=0.24675 \tag{3-19}$$

同理可以算出“温度”“湿度”“是否有风”的信息增益，然后找到信息增益最大的那个特征作为最优特征。另外，由前面的计算结果可知，“天气”特征的“阴”这一取值可以生成一个叶节点，而另外两个取值需要继续分裂。

ID3 算法的基本思想是：首先计算出原始数据集的信息熵，然后依次将数据中的每一个特征作为分支标准，并计算其相对于原始数据的信息增益，选择最大信息增益的分支标准来划分数据。因为信息增益越大，区分样本的能力就越强，该特征就越具有代表性，所以ID3 算法是一种典型的自顶向下的贪心策略。

3.4.2　C4.5 算法

C4.5 算法也是 TDIDT 算法的一种，和 ID3 算法一样，它也是由 Ross Quinlan 开发的，该算法是对 ID3 算法的改进。该算法被排在《数据挖掘十大算法》(*Top 10 Algorithms in Data Mining*)书中第一位[6]，此书出版后 C4.5 算法得到了更广泛使用。

相对于 ID3 算法，C4.5 算法做了两方面的改进：① 给出了连续型特征值的处理方法；② 在决策树生成中的最优特征选取、剪枝等具体方法上做了改进。

前面讲解过程中默认特征取值是离散型的，即特征的取值可能是有限的，如表 3-6 中的“天气”“是否有风”这两个特征，但像“温度”“湿度”这一类的特征值，它们实际上是数值型变量，其取值是连续的，C4.5 算法将这些连续型特征值离散化后再进行决策树学习。C4.5算法的伪代码如表 3-7 所示[6]。

表 3-7　C4.5 算法伪代码

```
输入：训练样本集 D；候选特征集 A
输出：决策树
C4.5TreeGenerate(D, A){
  创建空树 Tree={}
  IF D 都属于同一类 C OR 其他结束条件满足 THEN
    终止
  ENDIF
  FOR ALL a in A：
    计算信息增益率
```

```
    ENDFOR
    根据信息增益率找到最优特征 a_best
    为a_best 创建一个节点
    根据a_best 的取值对 D 进行分割
    FOR 前面分割的所有 D 的子集 D_v
        Tree_v = C4.5TreeGenerate(D_v, A_v)
        将 Tree_v 接入到 Tree 中
    ENDFOR
    返回 Tree
}
```

表 3-7 中的伪代码未涉及连续特征的离散化处理，默认在进行 C4.5 决策树学习之前已经将连续特征离散化了。为什么要对连续属性进行离散化呢？以温度为例，可能的取值是“12℃”“13℃”“12.5℃”等，在进行决策树学习的时候这些值如果不进行预处理会被看成不同的值，而这些精准值出现得可能很少或者只出现一次，直接使用这些值进行决策树学习的意义不大，而且，在一些实际应用中分类结果对这些连续值的差异并不敏感，因此需要对连续特征值进行离散化处理。

常用的处理方法是将连续特征值拆分为多个非重叠的范围，如图 3-7 所示。图中，处在离散区间连接处的值被称为切割值或切割点。类似的方法可以将很多连续特征离散化，比如将年龄离散化为“婴儿”“儿童”“成年”“中年”“老年”。

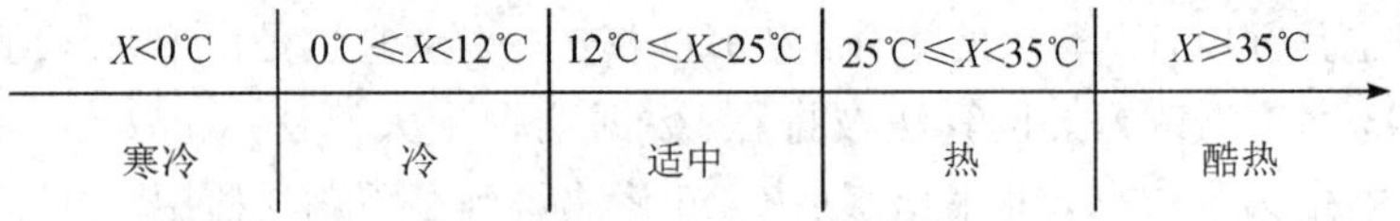

X<0℃	0℃≤X<12℃	12℃≤X<25℃	25℃≤X<35℃	X≥35℃
寒冷	冷	适中	热	酷热

图 3-7　“温度”特征的离散化

像温度、年龄、身高这一类连续特征值，可以根据常识设置切割点；还有一类工业或专有行业的连续特征值，可以根据一些行业标准等设置切割点。另外，还有很多连续特征值没有可参照的切割点设置标准，针对这类连续特征常用的切割点设置方法有“等宽区间法”和“等频区间法”两种。

等宽区间法是指根据需要在连续特征值的最大取值和最小取值之间等比例地设置若干区间，这种切割点设置方法简单易用，但是却存在明显问题：① 具体切割成几个区间很难有令人信服的方案；② 很多值可能会拥挤在一个小的区间内，样本在这个特征值上并不是均匀分布的。

等频区间法不是按取值进行切割，而是根据样本在这个特征值上的分布进行等频切割。比如训练集中有 100 个样本点，在某个连续特征值上从小到大排列，然后按每 25 个点进行切割，最后切割成 4 个区间，也就意味着将这个连续的特征值离散化为 4 个数值中的某个值。

等频区间法和等宽区间法都存在相同的问题，即切割点附近的样本点较难处理。以年龄为例，如果将超过 35 岁的人定义为中年人，那 35 岁生日这一天的前后被切割为不同的离散值是比较没有说服力的。

连续特征值的离散化操作在整个决策树学习过程中的进行方式也有两类：一种是在决策树学习的各个阶段分批进行，即在决策树节点分裂的时候才对相应的连续特征进行切割，被称为“局部离散化”；另一种是在决策树学习的主体进行之前一次性地将连续特征转换为离散特征，被称为“全局离散化”。

除了连续属性外，决策树学习还有一个可能碰到的问题被我们刻意回避了，即训练集中可能会存在这样的多个样本点，它们各种特征的取值相同但是分类却不同。造成这种冲突的原因有两种：① 可能是一些样例的特征值或分类标签出错；② 训练集的数据是正确的，但只靠现有的特征还不足以对样本进行分类。

决策树学习中常见的冲突点的处理方法有：① 删除有冲突的分支，如图 3-8 所示，很明显这种处理方法可能会导致一些决策分支缺失，在实际应用中可能会出现欠拟合；② 采用类似 K 近邻算法的多数表决策略。

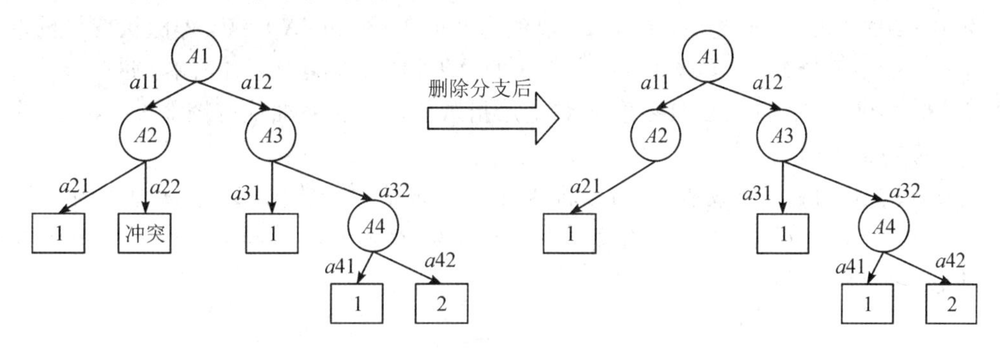

图 3-8 删除冲突分支前后对比图

决策树算法的另外一个常见问题是过拟合。TDIDT 算法递归地生成决策树，直到不能继续分裂为止，用这样的算法生成的决策树在训练集上表现良好，但在测试数据分类的准确率上往往不理想，这就是所谓的过拟合现象。解决决策树过拟合的有效方法是对决策树进行简化，删除不必要的子树或叶节点，这一过程被称作剪枝(Pruning)[7-8]。

3.5 CART 算法

CART(Classification And Regression Tree，分类回归树)算法既可以用于创建分类树，也可以用于创建回归树。

CART 算法的实现过程也分成决策树创建、决策树剪枝两大步骤。CART 算法将样本集拆分成训练集、验证集两部分。在决策树创建阶段，根据训练集生成尽量大的决策树；在剪枝阶段，用验证集对第一步生成的决策树进行剪枝，去除不必要的分支，剪枝的目标是使得决策树在验证集上的损失函数最小。

此外，CART 假定决策树是二叉树。所谓二叉树，是指决策树的每个节点最多有左、右两个子节点。因此，CART 创建的决策树内部节点的特征取值为“是”和“否”(左分支为“是”，右分支为“否)，在每次判断过程中，都是对样本数据进行二分。CART 算法本质上是一种二分递归分割技术，即把当前样本划分为两个子样本，使得生成的每个非叶节点都有两个分支，因此CART算法生成的决策树是结构简洁的二叉树，即使一个特征有多个取值，也把它分为两部分。

相对于ID3算法和C4.5算法，CART算法使用基尼指数(Gini Index)作为特征选取的指标，减少了对数运算。

3.5.1 基尼指数

不管是ID3算法中使用的信息增益，还是C4.5算法中使用的信息增益率，都存在大量的对数运算，效率较低，CART算法采用基尼指数作为分裂规则，提高了运算效率。

基尼指数又称为基尼不纯度(Gini Impurity)，将式(3-1)中的对数项进行泰勒展开并忽略高次项，可以将信息熵的计算公式简化为

$$\text{gini}(X)=\sum_{x}p(x)[1-p(x)]=\sum_{i=1}^{n}p(x_i)[1-p(x_i)] \tag{3-20}$$

由(3-20)可知，与熵类似，在 $p(x)$ 取值为0或1时 $\text{gini}(X)=0$，即随机变量的取值完全确定时的基尼指数为0，这和熵的定义式的效果相似，但运算更加简单。进一步分析可知，服从伯努利分布的随机变量参数 p 和基尼指数之间的关系曲线与图3-4类似，也在 $p=0.5$ 时取得最大值。

如果针对 X 的某一个取值 x，可以将 X 的所有取值进行转化，X 取 x 值时为"1"，否则为"0"，那么 X 就可以转化为二分类问题。再假设 $P(X=0)=p$，$P(X=1)=1-p$，则 X 的基尼指数为

$$\text{gini}(X)=p(1-p)+(1-p)p=-2p^2+2p \tag{3-21}$$

可见其是一个开口向下、在 $p=0.5$ 处取得最大值的抛物线。

从另一个角度说，基尼指数取值越小，随机变量取一种值的可能性就越大，即纯度越高，预测成功的可能性越大。因此，基尼指数也叫基尼不纯度，基尼指数取值越高越难预测。

既然基尼指数越小，越容易预测成功，那么在使用基尼指数作为最优特征选取指标时就应优先选特征对于训练集的基尼指数最小的。假设特征 a 共有 V 种取值可能，那它对于训练集 D 的基尼指数定义为

$$\text{gini}(D,a)=\sum_{v=1}^{V}\frac{|D_v|}{|D|}\text{gini}(D_v) \tag{3-22}$$

式中，$|D_v|$ 为特征 a 取第 v 个值时对应的分类标签的取值个数，$|D|$ 为训练集总的分类标签取值个数，$\text{gini}(D_v)$ 为特征 a 取第 v 个值时切分的训练子集的基尼指数。

3.5.2 生成决策树

CART算法生成决策树有三个步骤：分裂、剪枝和树选择。算法的伪代码如表3-8所示。

CART算法的决策树分裂过程是二叉递归划分的，特征和预测目标既可以是连续的，也可以是离散的。在树的生成阶段，CART算法会生成一棵最大尺寸的树，然后使用专门的测试数据对生成的最大树进行测试并剪枝。另外，CART算法生成回归树和决策树的算

法在具体处理步骤上有所不同。

表 3-8　CART 算法伪代码

```
输入：训练样本集 D；候选特征集 A
输出：决策树
CARTTreeGenerate (D, A){
  根据最小基尼指数找到最佳的待分裂特征
  IF 该节点不能再分 THEN
     将该节点存为叶节点
  执行二元切分
  在右子树调用 CARTTreeGenerate ( )方法
  在左子树调用 CARTTreeGenerate ( )方法
}
```

1. CART 生成分类树

CART 生成分类决策树要解决的关键问题是：① 选择最优特征；② 如果最优特征的取值多于两个，需要选择最优二值切分点使这个特征节点只生长出左右两个分支。这两个问题的解决都依赖于前面介绍的基尼指数。算法如表 3-9 所示[4]。

表 3-9　CART 分类树生成算法

输入：训练样本集 D；候选特征集 A；停止条件

输出：CART 决策树

CARTClassTreeGenerate (D, A){

(1) 对 A 中的每个特征 A_i 的每个可能取值 a，根据样本点 A_i 等于 a 和不等于 a 两种情况，将 D 分割成 D_1、D_2，按式(3-22)计算 $A_i=a$ 时的基尼指数。

(2) 在所有可能的特征及它们的切分点中，选择基尼指数最小的特征及其对应的切分点作为最优特征及其最优切分点。依照最优特征与最优切分点，从现节点生成两个子节点，将训练数据集依特征分配到两个子节点中。

(3) 对两个子节点递归地调用(1)、(2)，直到满足停止条件。

(4) 生成 CART 决策树。

}

CART 分类树生成算法的递归停止条件一般有三个：① 节点中的样本个数小于设定值；② 样本子集的基尼指数小于设定值；③ 特征集中的特征已被用完。

2. 回归树生成

CART 回归树算法预测对象为连续型数据，输出的是一棵回归树，但不管是回归树还是分类树，其特征值都可能是连续的或离散的，即区分回归树和决策树的标准是预测对象而不是特征值。不管是回归树还是分类树，决策树的实质是将特征空间上的一个划分映射到某个叶节点上，如图 3-9 所示。

假设输入向量为 $\boldsymbol{x}$，输出向量为 $\boldsymbol{y}$，训练集中输入向量 $\boldsymbol{x}_i$ 对应的输出向量为 $\boldsymbol{y}_i$，而决策树对应的输出为 $f(\boldsymbol{x}_i)$，用式(3-23)所示的均方误差和来判断某个决策路径的划分效果，一个好的划分会使该式取得最小值。

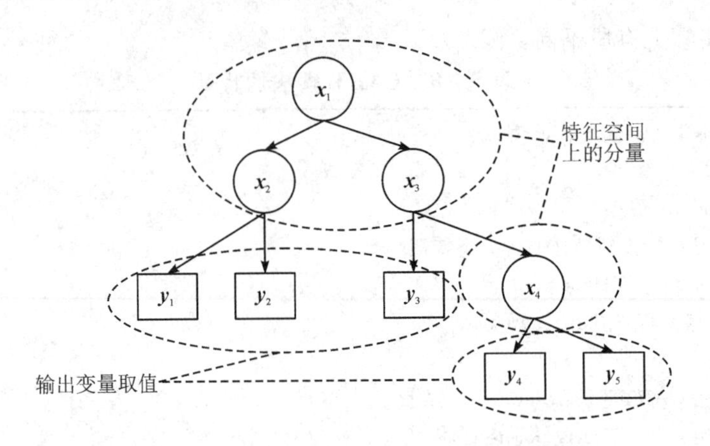

图 3-9　决策树输入和输出的映射关系示意图

$$\mathrm{MSE}=\frac{1}{N}\sum_{i=1}^{N}\left|\boldsymbol{y}_i-f(\boldsymbol{x}_i)\right|^2 \tag{3-23}$$

式(3-23)中，决策树在某条决策路径上的输出 $f(\boldsymbol{x}_i)$ 的计算方法需要根据实际问题进行设计，一般会使用这条决策路径上的训练样本子集上值的均值作为预测值。

接下来的问题是如何确定决策路径，即解决两个问题：① 选择最优特征；② 找到最优特征的最优切分点。由于回归树的输出为连续型变量，因此在回归树生成过程中选择最优特征、最优切分点时不能再使用基尼指数。

假设所有的 j 为最优特征，该特征的最优切分点为 s，则训练样本集被分成两个子集，其中一个子集满足 $R_{\text{left}}=\{x \mid x^{(j)}\leqslant s\}$、另一个子集满足 $R_{\text{right}}=\{x \mid x^{(j)}>s\}$，取这两个子集上各自输出变量的均值向量 $\boldsymbol{c}_{\text{left}}$、$\boldsymbol{c}_{\text{right}}$ 作为 R_{left}、R_{right} 的预测值，则 (j, s) 应使得式(3-24)取得最小值。

$$\frac{1}{|R_{\text{left}}|}\sum_{x\in R_{\text{left}}}\left|\boldsymbol{y}_i-\boldsymbol{c}_{\text{left}}\right|^2+\frac{1}{|R_{\text{right}}|}\sum_{x\in R_{\text{right}}}\left|\boldsymbol{y}_i-\boldsymbol{c}_{\text{rigt}}\right|^2 \tag{3-24}$$

在每个区域上遍历所有输入变量，找到使得式(3-24)取得最小值的划分，就可以递归地生成一个最小二乘回归树。CART 回归树生成算法如表 3-10 所示。

表 3-10　CART 回归树生成算法

输入：训练样本集 D
输出：CART 回归树
CARTRegTreeGenerate (D, A) {
(1) 将训练集划分成两个子区域，构建二叉决策树；
(2) 选择最优特征和该特征的最优切分点使得式(3-24)最小；
(3) 用(2)中选定的最优特征及其切分点生成内部节点，并确定左右分支的输出变量取值；
(4) 是否满足结束条件，满足转向(5)，不满足转向(1)；
(5) 输出决策树。
}

3.5.3　缺失值处理

实际的数据挖掘任务中，训练集在某些特征上可能会有缺失，如果存在缺失值的样本点过多，就需要有一套有效的缺失值处理算法。

训练集或测试集的数据缺失存在两种情况：① 特征值的缺失；② 目标值的缺失。决策树生成过程中的缺失值处理工作同样也有两个：① 选择最优特征时对缺失值的处理；② 需要对有缺失值的特征节点进行分裂时的处理。

CART 算法最优特征选择问题的本质是特征对于训练集的基尼指数的计算问题。假设特征集 A 中的某个特征 a 在训练集中的某些样本中这个属性的取值缺失了，这时计算属性 a 对 D 的基尼指数就有两种处理方案：① 直接将有缺失的样本点剔除，用剩下的训练集生成决策树；② 把所有 a 这个特征没有缺失的那一部分样本都提出来，假设新的样本集为 $D_a(D_a \subset D)$，然后计算特征 a 在 D_a 上的基尼指数 $\mathrm{gini}(D_a, a)$，由 $\mathrm{gini}(D_a, a)$乘以一个系数来近似 $\mathrm{gini}(D, a)$，比如如果有 20%的样本点在该属性上存在缺失值，那么这个系数可以是 0.8 或 0.9(即 1－20%或 1－10%)。

此外，CART 是二叉递归的，在一个节点上会按照属性的取值情况将所有对应的训练样本点分成两个集合，若这个属性在某个点上的取值缺失了，该把这个点分到左边还是右边呢？

CART 算法的机制是为树的每个节点都找到“代理分裂器”，无论在训练数据上得到的树是否有缺失值都会这样做。在代理分裂器中，特征的分值必须超过默认规则的性能才有资格作为代理(即代理就是代替缺失值特征作为划分特征的另一个特征)。当 CART 树中遇到缺失值时，这个实例划分到左边还是右边取决于其排名最高的代理，如果这个代理的值也缺失了，那么就使用排名第二的代理，以此类推；如果所有代理值都缺失，那么默认规则就是把样本划分到较大的那个子节点。代理分裂器可以确保无缺失训练数据上得到的树可以用来处理包含缺失值的新数据。

例如，假设我们有一组学生成绩的数据，使用 CART 算法将这组数据生成一个决策树，并在“高等数学”这门课(一个特征)的成绩处进行分裂，但是某个学生如果“高等数学”的成绩缺失，我们就可以使用“线性代数”“概率与数理统计”等课程成绩作为“高等数学”的代理。

3.5.4　剪枝

CART 算法生成了最大的决策树，但存在过拟合的风险，即过于复杂的决策树在训练集上表现很完美但在测试集上表现却很差。CART 算法的解决办法是在生长阶段生成足够大的结果树，以此为素材进行剪枝，并在剪枝的结果树中提取最优树作为最终的决策树。

过于复杂、过于简单的决策树都不具有良好的泛化能力，这时就需要一个函数来定量描述决策树的复杂度，此函数应该能够在决策树复杂度适中的时候取得最小值，这种函数常被称为决策树的代价复杂度。代价复杂度的定义为

$$\mathrm{Ra}(T) = R(T) + \alpha |T| \tag{3-25}$$

式(3-25)由预测误差和惩罚项两部分组成。式中，T 表示要衡量的决策树，$R(T)$为决策树对于训练集的预测误差(可以使用基尼指数)，$|T|$为决策树的叶节点数目，α 为惩罚因子($\alpha \geqslant 0$)。由式(3-25)可以看出，算法生成的决策树越复杂，$R(T)$就越小，但复杂的决策树叶节点数目也会增加，若 $\alpha > 0$ 则惩罚项也会增加，即复杂的决策树在降低训练集的

预测误差的同时会增加惩罚项，只有树的复杂度适中才能使得代价复杂度取得最小值。

式(3-25)中，α 取值不同会得到不同的最优决策树，而所有这些最优决策树都是CART 算法生成的最大树的子树。当 $\alpha=0$ 时，没有惩罚项的最大树为最优树；当 $\alpha\to\infty$ 时，只有一个根节点的树为最优树，即当 α 足够大时，剪掉所有子节点的树为最优树。因此，α 值从 0 开始增加到一定值会得到一系列与之对应的最优子树，在这些子树的集合中找到在训练集上预测误差最小的那一棵树作为最终的输出结果。

那么 α 序列该怎么取值呢？假设生成的最大树为 T_0，α 取 0 值时 T_0 不需要剪枝代价复杂度就已经是最低了；增加 α 到某个值的时候 T_0 必须剪掉一些节点才能使得代价复杂度最低(假设剪枝后的决策树为 T_1)；在 T_1 的基础上，继续增加 α 到必须对 T_1 继续剪枝才能得到代价复杂度最低的决策树(假设为 T_2)；依此类推，直到将 α 增加到必须将决策树简化为一个节点才能得到代价复杂度最低的决策树(假设为 T_n)。这样就得到了一个树的集合$\{T_0, T_1, \cdots, T_n\}$，而且集合中的子树是嵌套的(即 T_{i+1} 是 T_i 的子树)。

为了在剪枝得到的这些子树集中寻找最优决策树，应当在起始阶段就对样本集进行拆分，拆成训练集、交叉验证集、测试集三部分。决策树生长阶段，使用训练集生成最大树；然后，将最大树进行剪枝得到一个决策树集合；再使用交叉验证集对上一步的决策树集进行验证找到最优决策树；最后，使用测试集测试结果树的效果。流程示意如图 3-10 所示。

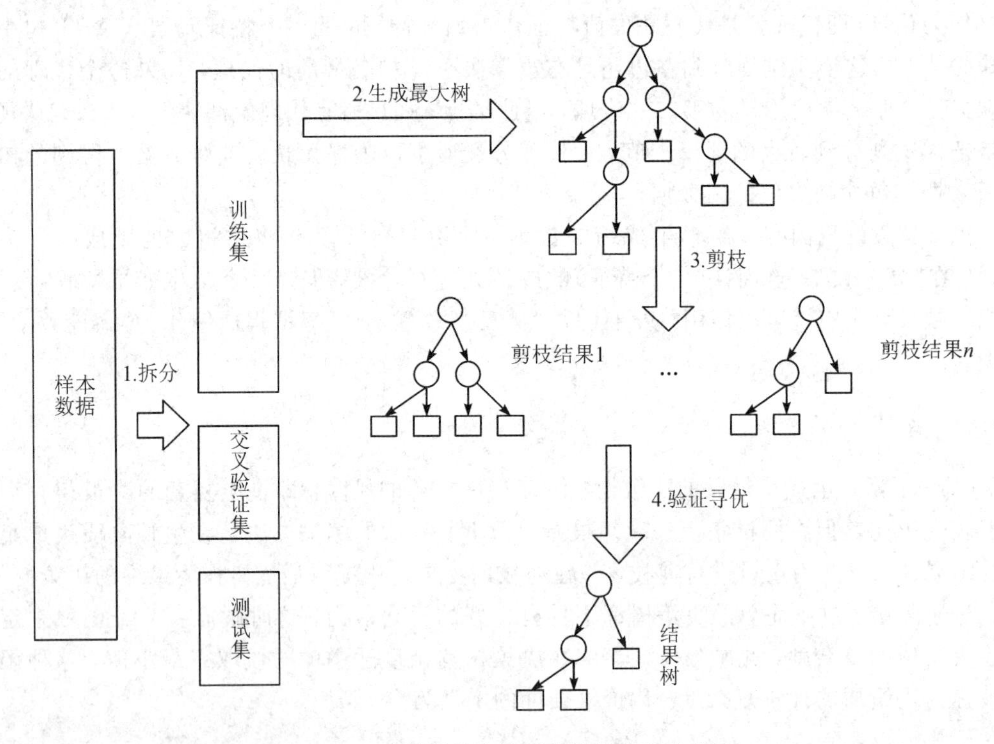

图 3-10　决策树从生长到剪枝的流程示意图

3.5.5　应用案例

例 3.4　根据表 3-11 中的数据，使用 CART 算法生成分类决策树。

表 3-11　训练数据表

A_1	A_2	A_3	Y
1	0	125	0
0	1	100	0
0	0	70	0
1	1	120	0
0	2	95	1
0	1	60	0
1	2	220	0
0	0	85	1
0	1	75	0
0	0	90	1

表 3-11 中，有 A_1、A_2、A_3 三个特征，A_1、A_2 为离散值特征，A_3 为连续特征，分类结果为 Y。

由表 3-8 所示的 CART 算法伪代码可知，CART 算法生成决策树的关键是基尼指数的计算，此处只示例如何计算训练数据的基尼指数，具体的决策树生成、剪枝等操作留给读者练习。

首先，计算 A_1 的基尼指数。$A_1=1$ 的样本数为 3，所有样本的 Y 都为 0；$A_1=0$ 的样本数为 7，其中 $Y=0$ 的样本数为 4，$Y=1$ 的样本数为 3。所以对应的基尼指数的计算公式为

$$\text{gini}(A_1=1)=\frac{3}{3}\left(1-\frac{3}{3}\right)+\frac{0}{3}\left(1-\frac{0}{3}\right)=0 \tag{3-26}$$

$$\text{gini}(A_1=0)=\frac{3}{7}\left(1-\frac{3}{7}\right)+\frac{4}{7}\left(1-\frac{4}{7}\right)=\frac{24}{49} \tag{3-27}$$

$$\text{gini}(D, A_1)=\frac{3}{10}\text{gini}(A_1=1)+\frac{7}{10}\text{gini}(A_1=0)=\frac{24}{70} \tag{3-28}$$

计算另一个离散特征 A_2 的基尼指数。A_2 的取值有三种可能，对应的也就有三种二分裂可能。需要分 $A_2=2$ 和 $A_2\neq 2$，$A_2=1$ 和 $A_2\neq 1$，$A_2=0$ 和 $A_2\neq 0$ 三种情况计算其基尼指数。

$A_2=2$ 和 $A_2\neq 2$：

$$\text{gini}(A_2=2)=\frac{1}{2}\left(1-\frac{1}{2}\right)+\frac{1}{2}\left(1-\frac{1}{2}\right)=\frac{1}{2} \tag{3-29}$$

$$\text{gini}(A_2\neq 2)=\frac{6}{8}\left(1-\frac{6}{8}\right)+\frac{2}{8}\left(1-\frac{2}{8}\right)=\frac{3}{8} \tag{3-30}$$

$$\text{gini}(D, A_2)=\frac{2}{10}\text{gini}(A_2=2)+\frac{8}{10}\text{gini}(A_2\neq 1)=\frac{2}{5} \tag{3-31}$$

$A_2=1$ 和 $A_2\neq 1$：

$$\text{gini}(A_2=1)=\frac{3}{6}\left(1-\frac{3}{6}\right)+\frac{3}{6}\left(1-\frac{3}{6}\right)=\frac{1}{2} \tag{3-32}$$

$$\text{gini}(A_2\neq 1)=\frac{4}{4}\left(1-\frac{4}{4}\right)+\frac{0}{4}\left(1-\frac{0}{4}\right)=0 \tag{3-33}$$

$$\text{gini}(D,A_2)=\frac{6}{10}\text{gini}(A_2=1)+\frac{4}{10}\text{gini}(A_2\neq 1)=\frac{3}{10} \tag{3-34}$$

$A_2=0$ 和 $A_2\neq 0$：

$$\text{gini}(A_2=0)=\frac{5}{6}\left(1-\frac{5}{6}\right)+\frac{1}{6}\left(1-\frac{1}{6}\right)=\frac{10}{36} \tag{3-35}$$

$$\text{gini}(A_2\neq 0)=\frac{2}{4}\left(1-\frac{2}{4}\right)+\frac{2}{4}\left(1-\frac{2}{4}\right)=\frac{1}{2} \tag{3-36}$$

$$\text{gini}(D,A_2)=\frac{6}{10}\text{gini}(A_2=0)+\frac{4}{10}\text{gini}(A_2\neq 0)=\frac{11}{30} \tag{3-37}$$

因此，A_2 最优切分方法为 $A_2=1$ 和 $A_2\neq 1$。

剩下一个连续特征 A_3，该特征基尼指数计算的关键是找到使得 $\text{gini}(D, A_3)$ 取得最小值的分裂点，把 A_3 从小到大重新排列并在相邻两个取值之间设置分裂点，从而得到的各种分裂方案的基尼指数如表 3-12 所示。

表 3-12　连续特征分裂点及对应基尼指数表

<table>
<tr><td>A_3</td><td>60</td><td colspan="2">70</td><td colspan="2">75</td><td colspan="2">85</td><td colspan="2">90</td><td colspan="2">95</td><td colspan="2">100</td><td colspan="2">120</td><td colspan="2">125</td><td>220</td></tr>
<tr><td>分裂值</td><td colspan="2">65</td><td colspan="2">72</td><td colspan="2">80</td><td colspan="2">87</td><td colspan="2">92</td><td colspan="2">97</td><td colspan="2">110</td><td colspan="2">122</td><td colspan="2">172</td></tr>
<tr><td>分裂关系</td><td>≤</td><td>></td><td>≤</td><td>></td><td>≤</td><td>></td><td>≤</td><td>></td><td>≤</td><td>></td><td>≤</td><td>></td><td>≤</td><td>></td><td>≤</td><td>></td><td>≤</td><td>></td></tr>
<tr><td>$Y=1$ 个数</td><td>0</td><td>3</td><td>0</td><td>3</td><td>0</td><td>3</td><td>1</td><td>2</td><td>2</td><td>1</td><td>3</td><td>0</td><td>3</td><td>0</td><td>3</td><td>0</td><td>3</td><td>0</td></tr>
<tr><td>$Y=0$ 个数</td><td>1</td><td>6</td><td>2</td><td>5</td><td>3</td><td>4</td><td>3</td><td>4</td><td>3</td><td>4</td><td>3</td><td>4</td><td>4</td><td>3</td><td>5</td><td>2</td><td>6</td><td>1</td></tr>
<tr><td>基尼指数</td><td colspan="2">0.400</td><td colspan="2">0.375</td><td colspan="2">0.343</td><td colspan="2">0.417</td><td colspan="2">0.400</td><td colspan="2">0.300</td><td colspan="2">0.343</td><td colspan="2">0.375</td><td colspan="2">0.400</td></tr>
</table>

由表 3-12 知，A_3 的最优切割点为 97，此时 $\text{gini}(D, A_3)=0.3$ 取得最小值。

由三个特征的基尼指数找到最优特征作为树的根节点，类似方法继续递归分裂得到整棵树，然后再进行剪枝和最优验证等操作得到最优决策树。

本章小结

本章介绍了两个主要内容：信息熵和决策树。

信息熵是随机信号信息量的一种定量度量方式，熵值越大信息的随机性越大，也就越难预测。在信息熵的基础上介绍了条件熵和信息增益的概念，条件熵、信息增益使得通过一个随机变量研究另一个随机变量成为可能，也是很多决策树算法进行节点选取和分裂的基础。

在介绍决策树基本概念的基础上重点讲解了 ID3、C4.5、CART 三种决策树生成算法，在其中穿插讲解了连续型特征的处理方法、决策树剪枝、交叉验证集等决策树学习中必须要掌握的知识。

思 考 题

1. 一个节点数为 n 的决策树共有多少条边？构造一棵决策树一般需要哪些操作？

2. 计算表 3-1 所给训练数据集所有特征的信息增益。

3. 决策树是否会出现过拟合？如果会的话，如何避免过拟合？

4. 设计一种连续属性离散化算法，写出算法实现的伪代码。

5. 比较 ID3 和 C4.5 算法，说明它们各自具有什么特点，了解算法提出的背景及其适用场景。

6. 完善例 3.4 的后续步骤，通过 CART 算法画出分类决策树。

参考文献

[1] MORGAN J N，SONQUIST J A. Problems in the analysis of survey data，and a proposal [J]. Journal of the American Statistical Association，1963，58(302)：415-434.

[2] QUINLAN J R. Induction of decision tree[J]. Machine Learning，1986，1(1)：81-106.

[3] 张继国，SINGH V P. 信息熵：理论与应用[M]. 北京：水利水电出版社，2012.

[4] 李航. 统计学习方法[M]. 2版. 北京：清华大学出版社，2019.

[5] QUINLAN J R. Induction of decision trees[J]. Machine Learning，1986，1：81-106.

[6] WU X，KUMAR V，QUINLAN J R，et al. Top 10 Algorithms in data mining[J]. Knowledge and Information Systems，2008，14(1)：1-37.

[7] 李道国，苗夺谦，俞冰. 决策树剪枝算法的研究与改进[J]. 计算机工程，2005，31(8)：19-21.

[8] 魏红宁. 决策树剪枝方法的比较[J]. 西南交通大学学报，2005，40(1)：44-48.

第4章 提升算法

英文“Boost”有“增加、提升”的意思，机器学习中“Boost”的意思是将多个较弱的算法集成在一起形成更强的算法。以决策树为例，单棵决策树学习易于实现和解释，但单棵树的效果往往不理想，这时就可以考虑通过改变学习过程中的权重等方法生成多棵随机树再组成随机森林，以此来对算法能力进行提升(Boosting)。

近几年，在Kaggle、阿里云天池等数据挖掘竞赛中，XGBoost算法特别受参赛选手青睐，取得过不俗战绩。XGBoost是Boost算法家族中的一员，它是梯度提升决策树(Gradient Boosted Decision Tree，GBDT)的一种高效实现[1]，是本章的重点内容。

本章将在Boosting、AdaBoost、XGBT等算法基础上，详细介绍XGBoost算法的原理和特点，并通过一个实际案例讲解XGBoost的应用方法。

4.1 三种常用的弱学习器集成方法

机器学习中，集成学习的思路是通过训练样本集训练出多个(弱)学习器，然后将这些弱学习器集成为一个更强的学习器，如图4-1所示。

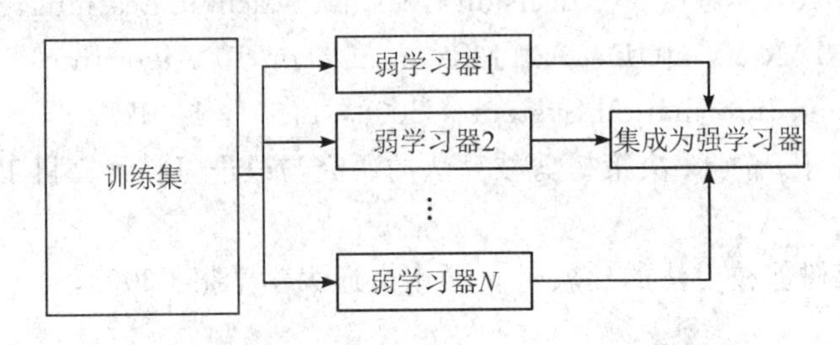

图4-1 集成学习示意图

因此集成学习算法主要解决两个问题：① 由训练集训练出多个弱学习器；② 将多个弱学习器集成为一个强学习器。

弱学习器和强学习器分别是什么意思呢？以分类器为例，弱学习器和强学习器的区别主要是学习后分类结果的正确率不同，如果仅略高于随机猜测的正确率则为弱学习器，如果分类的正确率很高则为强学习器。

在多个弱学习器的训练阶段，训练集较大时可以将训练集分成若干子集分别训练生成弱学习器然后再集成；当训练集较小时可以进行有放回的抽取再进行模型训练得到多个弱学习器再集成。

被集成的多个弱学习器，可能是同一种算法的不同训练参数生成的，像这样的多个弱学习器被称为是“同质”的；如果被集成的多个弱学习器是不同学习算法训练生成的，这些弱学习器被称为“异质”的。

集成方法不是某一种具体的机器学习算法，而是指训练多个模型后以什么样的方法将它们集成在一起。常见的集成方法有三种：装袋法(Bagging)、提升法(Boosting)、堆叠法(Stacking)。

4.1.1　装袋法(Bagging)

Bagging 是 Bootstrap Aggregating(引导聚集)算法的缩写，集成算法初始阶段会通过有放回随机采样(装袋法名字的由来)的方式创建 K 个数据集；由这 K 个子训练集训练出 K 个模型(生成这 K 个模型的具体算法不做限制)；然后将得到的 K 个弱学习器模型整合成一个强学习器模型。Bagging 算法提升效果的本质是人为引入样本扰动，通过增加样本随机性，达到降低方差的效果，以避免过拟合发生。Bagging 算法过程示意如图 4－2 所示。

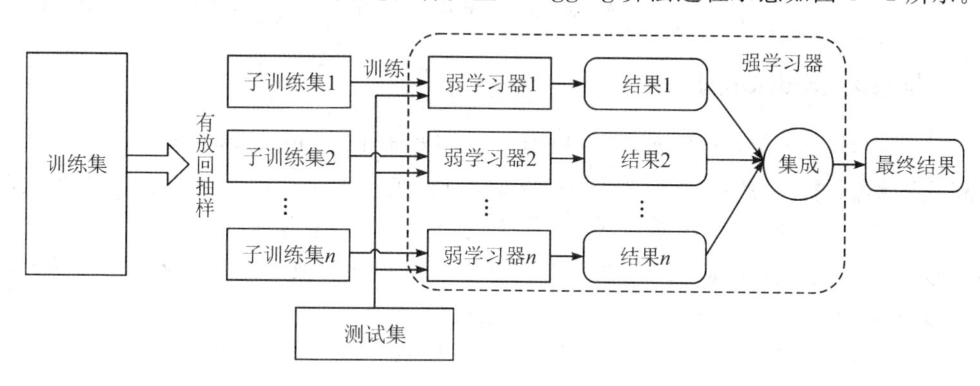

图 4－2　Bagging 算法示意图

图 4－2 中，Bagging 算法可分成 4 个步骤：① 有放回抽样，得到 n 个训练子集；② 每个训练子集都训练出一个学习器；③ 测试样本输入每个弱学习器都得到一个预测结果；④ 将所有弱学习器的预测结果集成得到一个结果，即为此 Bagging 算法得到的强学习器的输出结果。对于结果的集成，可以采用民主投票机制，即 n 个弱学习器对某个测试样本的预测结果进行民主投票，得票数最多的那个结果作为集成后的强学习器的预测结果。

4.1.2　提升法(Boosting)

初始阶段，Boosting 对于样本的采样逻辑与 Bagging 一致，但是 Boosting 的 K 个弱学习器并不是同时训练的，而是串行训练的，当前弱学习器的效果会用来更新下一个弱学习器的学习权重，当全部训练完成后再将所得到的所有弱学习器集成，过程示意如图4－3所示。

Boosting 算法的基本思想有两个重点：① 提高那些在前一轮被弱分类器错误分类的样例的权值，减小前一轮被正确分类的样本的权值，让被错误分类的样本在后续受到更多的关注；② 使用一定策略将弱分类器进行组合，比如 AdaBoost 通过加权多数表决的方式，即增大错误率小的分类器的权值、减小错误率较大的分类器权值的方法进行组合。

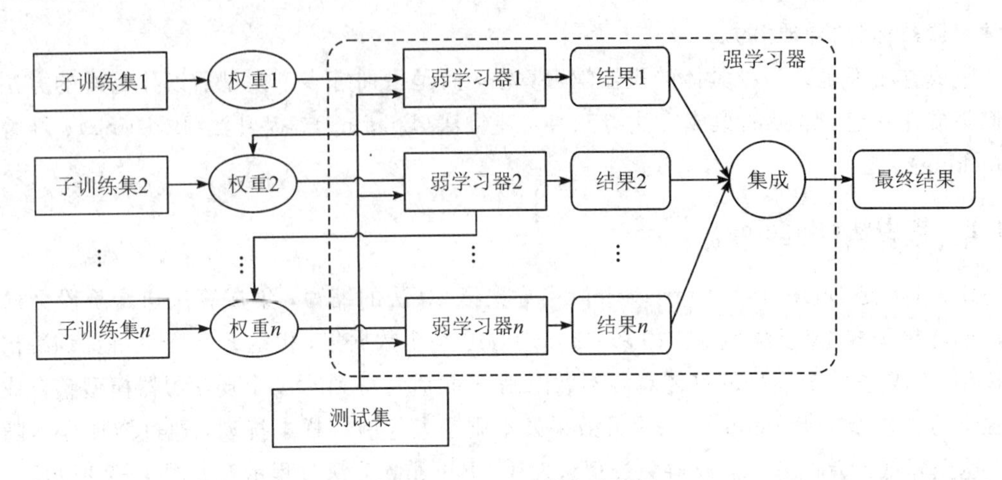

图 4-3　Boosting 算法示意图

4.1.3　堆叠法(Stacking)

在弱学习器的集成策略方面，Stacking 算法相对于 Bagging 算法和 Boosting 算法更进一步，它既不使用民主投票也不使用加权求和，而是使用一个专门的学习器(称为次级学习器或元学习器)来将前面的弱学习器(被称为初级学习器)的结果集成在一起，也就是说 Stacking 算法由若干个初级学习器和一个次级学习器共同构成，其中次级学习器的作用类似于 Bagging 和 Boosting 方法中弱学习器的表决机制。

假设 Stacking 算法有 4 个初级学习器，分别为 M1、M2、M3、M4，有一个次级学习器 M。初级学习器 M1～M4 训练完成后，分别对每个样本点的特征(X)进行预测并各自得到一个标签 $Y1$～$Y4$，然后将 $Y1$～$Y4$ 作为次级学习器的特征(X')，以各样本点的实际标签作为Y'对次级学习器进行训练。也就是说，每个初级学习器的预测输出作为次级学习器的一个特征来使用，初级学习器和次级学习器一起构成了一个两层的 Stacking 算法集成网络。

Stacking 算法对单个初级学习器的训练过程示意如图 4-4 所示(以 M1 为例)。首先将训练集分成 5 个子集，各取 4 个子集作为训练集，剩下一个作为验证集，训练出 5 个 M1 学习器 M1_1～M1_5，然后分别用这几个 M1 学习器对应它剩下的那个验证子集进行预测得

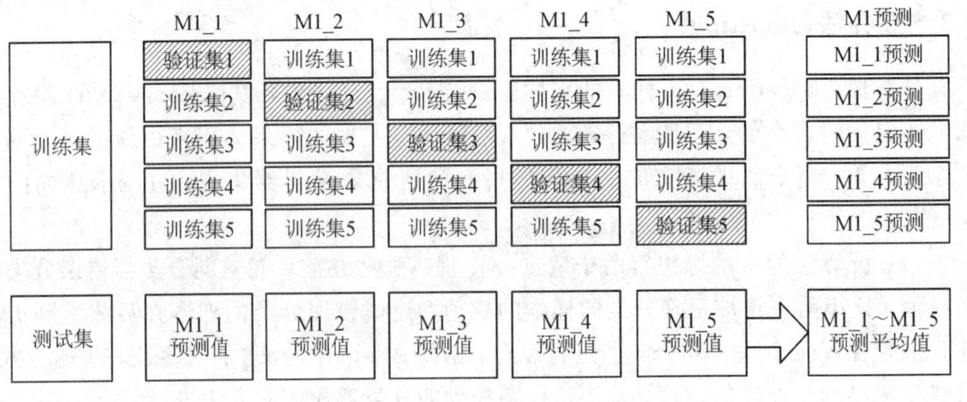

图 4-4　Stacking 训练 M1 过程示意图

到验证集中各个样本点的预测值，这个预测值是由 M1 学习器给出的，这就构成了次级学习器的第一个特征。次级学习器测试集的第一个特征的处理与前述方法类似，使用 5 个 M1 学习器分别进行预测，然后取预测的平均值作为次级学习器的测试集的第一个特征。

类似 M1 的方法训练另外 3 个初级学习器，就得到了次级学习器 M 的训练集上所有样本点对应的特征，如图 4-5 所示。

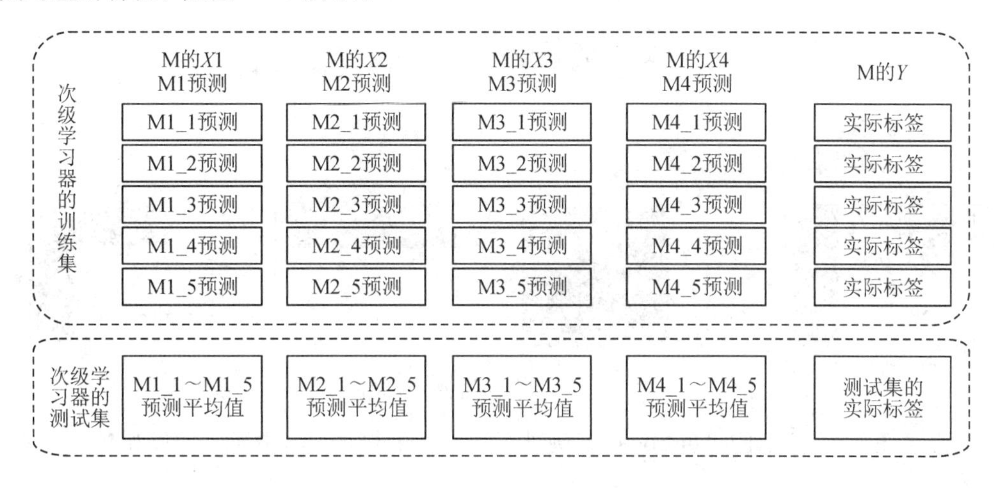

图 4-5　Stacking 次级学习器 M 的训练与测试集构成示意图

总结下来 Stacking 算法分三步：① 训练各个初级学习器，把初级学习器对验证子集的预测结果作为次级学习器的特征，验证子集的实际标签值作为 Y 值得到次级学习器的训练样本集；② 把各个初级学习器对测试集的预测作为特征，测试集的实际标签作为 Y 得到次级学习器的测试集；③ 训练并测试次级学习器。

4.2　AdaBoost 算法与 GBDT 算法

4.2.1　AdaBoost 算法

AdaBoost(Adaptive Boosting)算法是 Boosting 算法的一种，由 Y. Freund 和 R. Schapire 提出，是第一种具备实用性的 Boosting 算法[2]。AdaBoost 算法是一种迭代算法，其核心思想是针对同一个训练集训练不同的弱学习器，然后把这些弱学习器集合起来，构成一个强学习器。

图 4-6 所示为一个简单的 AdaBoost 集成算法示例。首先，由原始训练集得到一个弱学习器 M1；然后，M1 在原始训练集中错误标记的点在下一次训练时得到加权，训练得到弱学习器 M2；再然后，将 M2 标记错误的点继续加权，用加权后的训练集得到弱学习器 M3；最后，将 M1、M2、M3 各自乘以一个系数后再相加得到组合后的强学习器 M。

从图 4-6 可以看出 AdaBoost 是一种自适应算法，每次由训练集生成一个弱学习器后都会根据当前弱学习器的表现对训练集重新进行调整，由调整后的训练集生成一个新的弱学习器。

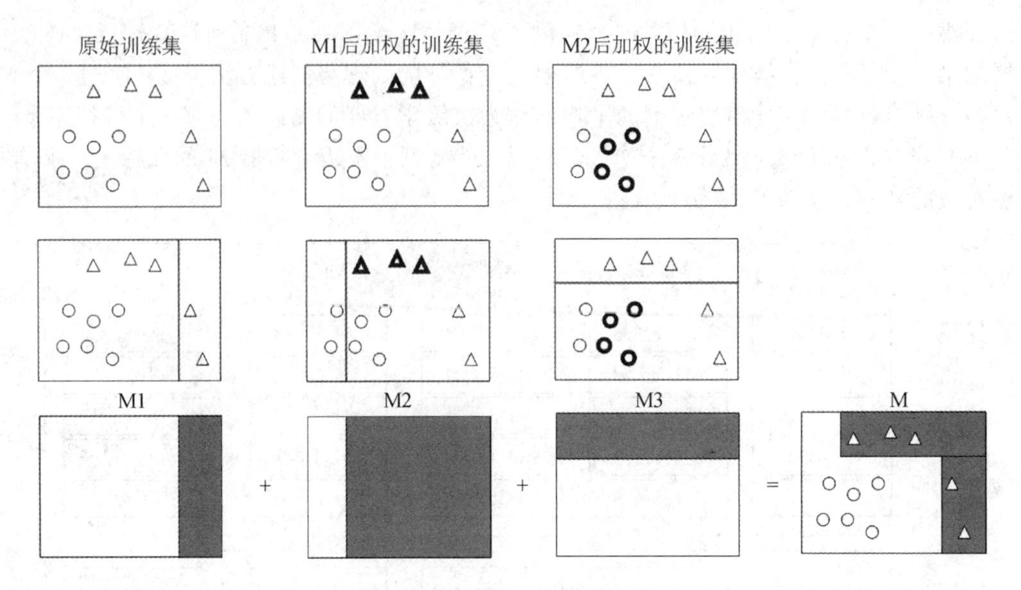

图 4-6　AdaBoost 算法示例

下面对图 4-6 所示的 AdaBoost 案例进行更严谨的描述。图中所示的原始训练集 D 可以描述为

$$D=\{(\boldsymbol{x}_1, y_1), (\boldsymbol{x}_2, y_2), \cdots, (\boldsymbol{x}_N, y_N)\} \tag{4-1}$$

图 4-6 中，要解决的是二分类问题，所以式(4-1)中 y_i 的取值为 1 或 -1，而 $\boldsymbol{x}_i$ 则是由每个样本点的 n 个特征值构成的一个向量点($\boldsymbol{x}_i \in \chi \subseteq \mathbf{R}^n$)。算法的目标是通过训练集 D 训练出若干个分类器 $h_m(\boldsymbol{x})$:$\chi \rightarrow \{-1, +1\}$，并将这些分类器进行组合得到一个新分类器，使这个新分类器对训练集的分类误差达到最小。

由前面介绍可知，AdaBoost 算法生成强学习器有两个主要问题需要解决：① 弱学习器迭代训练过程中，样本点的权重更新方法；② 最后生成的各个弱学习器如何集成到一起。

以图 4-6 所示的分类任务为例，训练集中样本点当次训练的权重值与上一次训练生成的弱分类器有没有对这个点进行正确分类有关，如果分类正确则权重降低，如果分类错误则权重提升。具体的，训练第一个弱分类器时每个点的权重都是一样的，权值分布为

$$D_1=(w_{11}, \cdots, w_{1i}, \cdots, w_{1N}), \ w_{1i}=\frac{1}{N}, \ i=1, 2, \cdots, N \tag{4-2}$$

下一次训练样本就在当前训练样本基础上乘以这个权值，第 $m+1$ 次的权值 $w_{m+1, i}$ 与第 m 次的权值 $w_{m, i}$ 的关系为

$$w_{m+1, i}=\frac{w_{m, i}}{Z_m}\exp(-\alpha_m y_i h_m(\boldsymbol{x}_i)), \ i=1, 2, \cdots, N \tag{4-3}$$

式中，$w_{m, i}$ 是第 m 次分类训练的样本权值；Z_m 是一个规范因子，如式(4-4)所示，$w_{m, i}$ 除以 Z_m 可以使得 $D_{m+1}=(w_{m+1, 1}, \cdots, w_{m+1, i}, \cdots, w_{m+1, N})$ 成为一个概率分布(其和为 1)；α_m 是一个系数，这个系数与第 m 个弱分类器的分类结果有关，如式(4-5)所示，而式(4-5)中的 $\varepsilon_m=\Pr\limits_{i \sim D_m}[h_m(\boldsymbol{x}_i) \neq y_i]$ 是第 m 个弱分类器在训练集上的分类误差率；$y_i h_m(\boldsymbol{x}_i)$ 是

第 i 个样本点的真实分类值与第 m 个分类器对它的分类值的乘积。

$$Z_m = \sum_{i=1}^{N} w_{m,i} \exp(-\alpha_m y_i h_m(\boldsymbol{x}_i)) \tag{4-4}$$

$$\alpha_m = \frac{1}{2}\log\left(\frac{1-\varepsilon_m}{\varepsilon_m}\right) \tag{4-5}$$

AdaBoost 有多种集成方式，这里使用最简单的线性组合来理解 AdaBoost 的算法原理，即最终的强分类器由所有弱分类器线性组合而成，即

$$H(\boldsymbol{x}) = \mathrm{sign}\left(\sum_{m=1}^{M} \alpha_m h_m(\boldsymbol{x})\right) \tag{4-6}$$

总结起来，AdaBoost 算法的伪代码描述如表 4-1 所示。

表 4-1 AdaBoost 算法

输入：训练样本集 $D=\{(\boldsymbol{x}_1, y_1), (\boldsymbol{x}_2, y_2), \cdots, (\boldsymbol{x}_N, y_N)\}$；选用弱学习器 G_m
输出：强学习器 $H(\boldsymbol{x})$
(1) 初始化：$D_1(i)=\frac{1}{N}$，$i=1, 2, \cdots, N$。
(2) FOR $t=1, 2, \cdots, M$
① 用乘以权值 D_t 的训练集训练弱分类器；
② 得到弱分类器 h_t；
③ 由式(4-3)～式(4-5)更新权值 D_{t+1}。
(3) 按式(4-6)集成强分类器并输出。

由 AdaBoost 算法的思想可知，AdaBoost 在训练过程中“关注”被错分的样本，而在最后合成强分类器时分类误差率越小的弱分类器“话语权”越大。另外，AdaBoost 提供的是一种算法框架，弱分类器的构建方法不唯一；整个算法过程清晰，可以选用简单、易解释的弱分类器。

4.2.2 GBDT 算法

GBDT 包含梯度提升(Gradient Boosting，GB)和决策树(Decision Tree，DT)两部分，即 GBDT 是一种梯度提升算法。由于这种梯度提升算法的弱学习器采用的是决策树，因此被称为梯度提升决策树(Gradient Boosting Decision Tree，GBDT)算法。

和 AdaBoost 类似，GBDT 也是 Boosting 学习模型框架的一种，其在产业界应用十分广泛。但是，GBDT 算法又和 AdaBoost 算法有很大不同：① GBDT 算法对弱学习器类型进行了限定，使用 CART 树模型；② 迭代思路和 AdaBoost 也有所不同，在 GBDT 算法的迭代中，假设前一轮迭代得到的强学习器是 $f_{t-1}(\boldsymbol{x})$，对应的损失函数是 $L(y, f_{t-1}(\boldsymbol{x}))$，那么本轮迭代的目标是找到一个弱学习器 $h_t(\boldsymbol{x})$，让本轮的损失函数(如式(4-7)所示)最小，即 GBDT 算法通过逐步叠加弱学习器(CART 树)的方法提高强学习器的性能。

$$L(y, f_t(\boldsymbol{x})) = L(y, f_{t-1}(\boldsymbol{x}) + h_t(\boldsymbol{x})) \tag{4-7}$$

不同于简单的平方函数或指数函数，损失函数(式(4-7))求解最小值并不容易，而

GBDT 中的 GB 算法就是解决此问题的。GB 算法由 J. H. Freidman 提出[3]，它是一个算法框架，与传统 Boosting 的区别是，它每一次的计算是为了减少上一次的残差(Residual)，而为了消除残差，可以在残差减少的梯度(Gradient)方向上建立一个新的模型，这样就可以对当前模型的一般损失函数的残差进行近似。第 t 轮的第 i 个样本的损失函数的负梯度近似为

$$r_{ti}=-\left[\frac{\partial L(y_i, f(\boldsymbol{x}_i))}{\partial f(\boldsymbol{x}_i)}\right]_{f(\boldsymbol{x}_i)=f_{t-1}(\boldsymbol{x}_i)} \tag{4-8}$$

利用式(4-8)，在每一个样本点上都有与它的特征向量 $\boldsymbol{x}_i$ 对应的一个近似值r_{ti}，这样在第 $t-1$ 棵回归树的基础上可以拟合出第 t 棵回归树，对应的叶节点区域记为 R_{tj}($j=1$, 2, …, J，J 为叶节点的个数)。也就是说，式(4-8)根据($\boldsymbol{x}_i$, r_{ti}) ($i=1$, 2, …, N)算法拟合出的新决策树上减少了上一轮强学习器的拟合误差，然后和上一轮强学习器叠加构成本轮的强学习器。

下面举例说明。比如 A 有一个里面装了 10 个乒乓球的黑盒子，让 B 猜里面有多少个乒乓球，B 第一次猜 5 个，A 说少了，B 会在 5 的基础上加上一个数(比如 7)；那 B 第二次猜的是 5+7=12，这个时候 A 说多了，B 会再减一些，在达到最多尝试次数之前，B 的猜测会越来越接近正确答案。GB 算法的原理与此类似，而 GBDT 算法是先使用一棵 CART 树对训练结果进行拟合，然后用第二棵树去拟合第一棵树的残差(用负梯度近似这个残差)，并以此类推。

GBDT 算法的伪代码如表 4-2 所示[4]。

表 4-2 GBDT 算法

输入：训练样本集 $D=\{(\boldsymbol{x}_1, y_1), (\boldsymbol{x}_2, y_2), \cdots, (\boldsymbol{x}_N, y_N)\}$；损失函数 $L(y, f(\boldsymbol{x}))$

输出：决策树$\hat{f}(\boldsymbol{x})$

(1) 初始化弱学习器：$f_0(\boldsymbol{x})=\operatorname{argmin}\sum_{i=1}^{N} L(y_i, c)$

(2) FOR $t=1, 2, \cdots, M$

① FOR $i=1, 2, \cdots, N$

$$r_{ti}=-\left[\frac{\partial L(y_i, f(\boldsymbol{x}_i))}{\partial f(\boldsymbol{x}_i)}\right]_{f(\boldsymbol{x}_i)=f_{t-1}(\boldsymbol{x}_i)}$$

② 对($\boldsymbol{x}_i$, r_{ti}) 拟合一棵回归树，得到第 t 棵树的叶节点区域 R_{tj}($j=1, 2, \cdots, J$)

③ FOR $j=1, 2, \cdots, J$

计算 $c_{tj}=\operatorname{argmin}\sum_{\boldsymbol{x}_i \in R_{tj}} L(y_i, f_{t-1}(\boldsymbol{x}_i)+c)$

④ 更新 $f_t(\boldsymbol{x})=f_{t-1}(\boldsymbol{x})+\sum_{j=1}^{J}(c_{tj}\boldsymbol{I})(\boldsymbol{x}\in R_{tj})$

(3) 得到结果树：$\hat{f}(\boldsymbol{x})=f_M(\boldsymbol{x})=\sum_{t=1}^{M}\sum_{j=1}^{J}(c_{tj}\boldsymbol{I})(\boldsymbol{x}\in R_{tj})$

表 4-2 所示的 GBDT 算法是用于解决回归问题的，GBDT 的分类算法与之相似，只是用于分类的 GBDT 样本输出不是连续的值，而是离散的类别，导致无法直接从输出类别去

拟合类别输出的误差。解决这一问题有两个方法：① 使用指数损失函数，这时的GBDT算法就变成了前面讲的AdaBoost算法；② 用类似于逻辑回归的对数似然损失函数，也就是使用类别的预测概率值和真实概率值的差来拟合损失。

如果算法在训练集上一味追求误差函数的最小化，则容易造成过拟合。为防止过拟合的发生，需要对算法进行正则化。一种较简单的正则化方式为在式(4-7)中叠加弱学习器的时候乘以一个惩罚因子，即

$$L(y, f_t(\boldsymbol{x}))=L(y, f_{t-1}(\boldsymbol{x})+\nu h_t(\boldsymbol{x})) \tag{4-9}$$

式中，$0<\nu\leqslant 1$。

当然，还可以通过对最后的决策树进行剪枝处理来防止过拟合。

4.3　XGBoost算法

从字面意思理解，XGBoost(Extreme Gradient Boosting)是指极致的提升算法，因此可以看成是GBDT的升级算法，并且和AdaBoost算法、GBDT算法一样都属于Boosting算法的一种。XGBoost是2016年由陈天奇提出的[1]，在很多数据挖掘领域都有广泛使用[5-7]，在很多应用场景下，XGBoost相对其他机器学习算法来说更加可靠、灵活、准确和轻便。

算法作者开源了代码，支持R、Python、Julia等计算机语言，是目前最好、最快的开源提升树(Boosting Tree)工具包，因此在各类数据挖掘比赛中也经常可以看到XGBoost的身影。本节参考算法发明者陈天奇公开发表的论文和讲义，对XGBoost算法的原理进行详细介绍。

4.3.1　核心思想

作为升级版GBDT算法，XGBoost在算法设计、样本集处理、决策树节点分裂等方面都做出了很大改进，XGBoost有以下特点：① 本质上仍然是一个Boosting提升算法；② XGBoost通过在集成过程中引入正则化项来防止算法过拟合；③ 使用二阶泰勒展开式近似损失函数，这样可以兼容一般形式的损失函数，同时二阶导数项可以使梯度在更准确的方向上更快下降。

以决策树作为弱学习器为例，Boosting算法解决预测问题的思路如图4-7、图4-8所示。

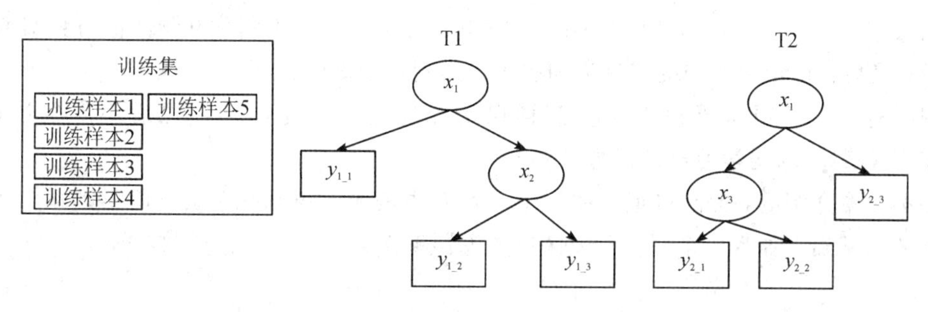

图4-7　训练得到两棵树

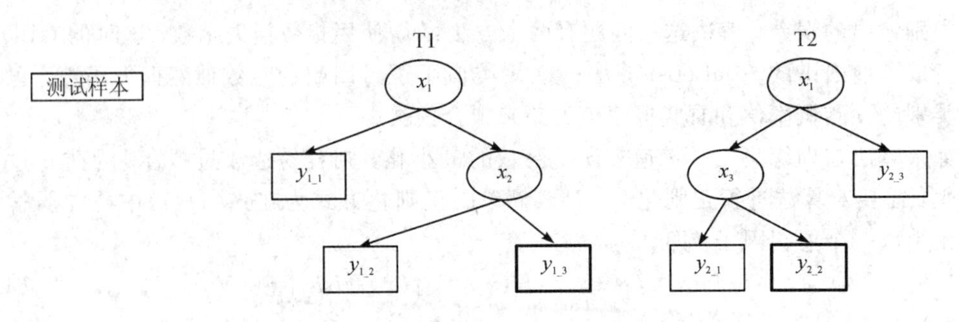

图 4-8　训练结果用于预测

图 4-7 中，算法通过对训练集的两轮学习得到两棵决策树 T1、T2，为简单起见假设训练集中只有 5 个训练样本。训练集中的每个样本都是由特征 $x=\{x_1, x_2, x_3\}$ 和标签 y 共同描述的，训练得到的两棵决策树 T1 和 T2 相当于在特征和标签之间构建了两个映射函数 f_1、f_2，而每个训练样本在这两棵决策树中所处的叶节点的位置可能不一样。

如图 4-8 所示，将图 4-7 训练得到的两棵决策树用于实际预测时，会将测试样本分别输入两棵树得到两个值，而最终的取值是综合衡量这两个值的结果。例如，在决定是否购买一款手机的时候，可以构建性能指标和外观指标两棵决策树，然后将待选的手机型号输入到构建的两棵决策树中得到两个推荐值，然后综合这两个推荐值看这款手机值不值得购买。

现在的问题是，XGBoost 是如何通过多轮学习构建这许多个弱学习器的呢？其基本思想依然是多轮逐次拟合上一次残差的贪心算法。下面以训练集中某一个一般的样本点（第 i 个）为例加以说明。

最开始，假设弱学习器是一个常数，即无论样本点的特征 x_i 如何取值，它的预测值 y_i 都是一个常数，有 $\hat{y}_i^{(0)}=\text{const}$；然后第一轮学习使用一个学习器假设为 $f_1(x_i)$ 拟合这个常数与实际值之间的残差，也就是说第一轮学习得到的弱学习器的输出结果与开始假设的常数相加得到第一轮学习后的最终预测值，即 $\hat{y}_i^{(1)}=\hat{y}_i^{(0)}+f_1(x_i)=\text{const}+f_1(x_i)$；以此类推，可以得到第 t 轮学习后的输出结果是在前 $t-1$ 轮学习结果之和的基础上加上本轮训练得到的弱学习器的预测结果，即

$$\hat{y}_i^{(t)}=\hat{y}_i^{(t-1)}+f_t(x_i)=\sum_{k=1}^{t}f_k(x_i)+\text{const} \tag{4-10}$$

从式(4-10)可以看出，XGBoost 通过 t 轮的学习优化，不断弥补预测值与真实值之间的残差，最后将 t 轮学习到的成果累加起来以达到最准确的预测。

现在有两个问题需要解决：① 怎样保证经过这么多轮的学习之后不产生过拟合？② 如何求得每一轮弱学习器的函数 $f_k(x_i)$？

如第 1 章介绍的，抑制过拟合的一个有效方法是加入正则化项。所谓正则化，就是在损失函数的基础上加入一个对模型复杂度的惩罚项作为优化的目标函数，即

$$\text{obj}(\Theta)=L(\Theta)+\Omega(\Theta) \tag{4-11}$$

式中，$L(\Theta)$为损失项，$\Omega(\Theta)$为正则化项。在 XGBoost 中，$L(\Theta)$是反映预测值与实际值之间差异的函数，$\Omega(\Theta)$反映的是对模型复杂程度的惩罚。式(4-11)的基本思想是，当模型

变得复杂时会使 $L(\Theta)$减小，但同时会让 $\Omega(\Theta)$增加，为了使 $\mathrm{obj}(\Theta)$取得最小值，模型不能仅为了 $L(\Theta)$变小而过于复杂，即保证算法不会过拟合。

现在还需要有 $L(\Theta)$、$\Omega(\Theta)$的具体函数形式。XGBoost 算法一般选择决策树(记为 f_t)作为它的弱学习器，所以此时 $\Omega(f_t)$就是用来衡量决策树的复杂度的函数。决策树的复杂度和它的拓扑结构、叶节点的个数、叶节点的取值等有关，所以可将决策树复杂度的函数 $\Omega(\Theta)$定义为

$$\Omega(f_t)=\gamma T+\frac{1}{2}\lambda\sum_{j=1}^{T}w_j^2 \tag{4-12}$$

式中，T 为叶节点的个数，w_j 为第 j 个叶节点的取值。式(4-12)的含义是叶节点的个数越多，则决策树越复杂；所有叶节点取值的平方和越大，决策树越复杂。当然，式(4-12)的形式并不唯一，在真正使用时可以根据实际需要进行更改，比如将决策树的度、层数等指标作为衡量决策树复杂度的依据。

有了式(4-12)，如果能再确定式(4-11)中的 $L(\Theta)$就能确定目标函数，再根据合适的求解最优值的算法即可找到每一轮合适的模型函数 f_t。式(4-11)中的 $L(\Theta)$反映的是样本的估计值$\hat{y}$与其实际值 y 之间的差别，因此在 XGBoost 提升算法的第 t 轮，式(4-11)可转化为

$$\mathrm{obj}^{(t)}=\sum_{i=1}^{n}L(y_i,\hat{y}_i^{(t)})+\sum_{k=1}^{t}\Omega(f_k) \tag{4-13}$$

如前所述，XGBoost 使用的是 Boosting 算法，所以式(4-13)中$\hat{y}_i^{(t)}=\hat{y}_i^{(t-1)}+f_t(x_i)$；而在第 t 轮，第 1 到 $t-1$ 轮的决策树都已确定，其复杂度的和就已经确定了，即

$$\sum_{k=1}^{t}\Omega(f_k)=\Omega(f_t)+\sum_{k=1}^{t-1}\Omega(f_k)=\Omega(f_t)+\mathrm{const}$$

因此，式(4-13)转化成

$$\mathrm{obj}^{(t)}=\sum_{i=1}^{n}L(y_i,\hat{y}_i^{(t-1)}+f_t(x_i))+\Omega(f_t)+\mathrm{const} \tag{4-14}$$

式(4-14)中，$L(y_i,\hat{y}_i^{(t-1)}+f_t(x_i))$在使用时需要根据实际情况替换成实际的损失函数。如果使用残差平方和作为损失函数，则式(4-14)可变为

$$\mathrm{obj}^{(t)}=\sum_{i=1}^{n}[y_i-(\hat{y}_i^{(t-1)}+f_t(x_i))]^2+\Omega(f_t)+\mathrm{const} \tag{4-15}$$

式(4-15)中，第 t 轮学习的损失项部分只有 $f_t(x_i)$是未知的，将此时已知的 y_i、$\hat{y}_i^{(t-1)}$ 部分都归入 const，仅保留含有 $f_t(x_i)$的项，式(4-15)变为

$$\mathrm{obj}^{(t)}=\sum_{i=1}^{n}[2(\hat{y}_i^{(t-1)}-y_i)f_t(x_i)+f_t^2(x_i)]+\Omega(f_t)+\mathrm{const} \tag{4-16}$$

式(4-16)看上去比较简单，但如果损失函数使用的不是残差平方和，而是一般的函数，该怎么办呢？XGBoost 给出的解决方案是使用二阶泰勒展开式进行近似，二阶泰勒展开的一般公式为

$$f(x+\Delta x)\approx f(x)+f'(x)\Delta x+\frac{1}{2}f''(x)\Delta x^2 \tag{4-17}$$

XGBoost 算法的第 t 轮学习是在 $t-1$ 轮基础上的修正，因此 $L(y_i,\hat{y}_i^{(t)})$就是

$L(y_i, \hat{y}_i^{(t-1)}+f_t(x_i))$，其中 y_i 已知，而 $L(y_i, \hat{y}_i^{(t-1)})$ 相当于式(4-17)中的 $f(x)$，$f_t(x_i)$ 相当于式(4-17)中的 Δx。另外，令 $g_i=\dfrac{\partial L(y_i, \hat{y}_i^{(t-1)})}{\partial \hat{y}_i^{(t-1)}}$，$h_i=\dfrac{\partial^2 L(y_i, \hat{y}_i^{(t-1)})}{\partial \hat{y}_i^{(t-1)}}$，则式(4-13)可近似为

$$\text{obj}^{(t)} \approx \sum_{i=1}^{n}\left[L(y_i, \hat{y}_i^{(t-1)})+g_i f_t(x_i)+\frac{1}{2}h_i f_t^2(x_i)\right]+\Omega(f_t)+\text{const} \tag{4-18}$$

去除(4-18)的常数项部分 $L(y_i, \hat{y}_i^{(t-1)})$、const，剩下的就是算法第 t 轮的学习目标，即

$$\text{obj}^{(t)} \approx \sum_{i=1}^{n}\left[g_i f_t(x_i)+\frac{1}{2}h_i f_t^2(x_i)\right]+\Omega(f_t) \tag{4-19}$$

式中，后半部分 $\Omega(f_t)$ 是反映决策树复杂度的函数，形如式(4-12)所示，它是决策树叶节点的个数、叶节点的权值组成的函数。式(4-19)前半部分中的 $f_t(x_i)$ 是样本点的特征向量与叶节点的对应函数，因此可将式(4-19)前半部分也转化为叶节点的形式，再将式(4-12)代入式(4-19)。重新整理后的新目标函数为

$$\text{obj}^{(t)} \approx \sum_{i=1}^{n}\left[g_i w_{q(x_i)}+\frac{1}{2}h_i w_{q(x_i)}^2\right]+\gamma T+\frac{1}{2}\lambda\sum_{j=1}^{T}w_j^2 \tag{4-20}$$

将式(4-20)进一步转化，合并 w_j 的同类项可以得到

$$\text{obj}^{(t)} \approx \sum_{j=1}^{T}\left[\Big(\sum_{j\in I_j}g_i\Big)w_j+\frac{1}{2}\Big(\sum_{j\in I_j}h_i+\lambda\Big)w_j^2\right]+\gamma T \tag{4-21}$$

式(4-21)就是以决策树作为弱学习器的 XGBoost 算法在第 t 轮的目标函数，若令 $G_j=\sum\limits_{j\in I_j}g_i$，$H_j=\sum\limits_{j\in I_j}h_i$，式(4-21)可简化为式(4-22)，它是 T 个独立二次函数的累加和。

$$\text{obj}^{(t)} \approx \sum_{j=1}^{T}\left[G_j w_j+\frac{1}{2}(H_j+\lambda)w_j^2\right]+\gamma T \tag{4-22}$$

当 $w_j^*=-\dfrac{G_j}{H_j+\lambda}$ 时，式(4-22)取得最优值，结果为

$$\text{obj}=-\frac{1}{2}\sum_{j=1}^{T}\frac{G_j^2}{H_j+\lambda}+\gamma T \tag{4-23}$$

式(4-23)反映的是某种结构的决策树的最优得分情况，不同结构的决策树最优得分不同，这个最优得分越少，对应的决策树结构就越好。那么可不可以枚举出所有可能的决策树结构，然后找出最优得分最少的那个结构作为算法第 t 轮学习的结果树呢？因为可能的树结构是无穷的，所以这种方法并不可取。

4.3.2　决策树生长算法

XGBoost 算法起始阶段假设是单个节点的决策树，后续经过贪心学习策略生长出一系列的决策树。在第 t 轮，树的生长需要解决几个问题：① 树的节点分裂策略；② 树的停止生长策略；③ 如何对树进行后剪枝操作以防止过拟合。

XGBoost 从一个单节点的决策树开始逐点分裂，在一个叶节点上每分裂一次会使整个决策树多一个叶节点，如图 4-9 所示。

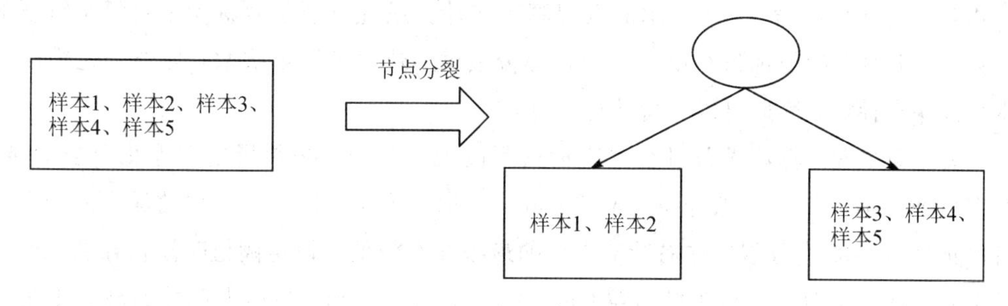

图 4-9 一个叶节点分裂为左右两个叶节点

节点分裂的目的是使目标函数(式(4-21)所示)取得更小的值，用分裂前的目标函数减去分裂后的目标函数得到此次分裂的增益 Gain 为

$$\text{Gain}=\frac{G_{\text{L}}^2}{H_{\text{L}}+\lambda}+\frac{G_{\text{R}}^2}{H_{\text{R}}+\lambda}-\frac{(G_{\text{L}}+G_{\text{R}})^2}{H_{\text{L}}+H_{\text{R}}+\lambda}-\gamma \tag{4-24}$$

式(4-24)是分裂前的目标函数减去分裂后的目标函数的结果，增益越大分裂就越成功。式(4-24)中等号右边的前三项是节点分裂对于损失减少的贡献，后面的“$-\gamma$”是增加节点的惩罚。那么如何选择节点的分裂值才能使得式(4-24)的值最大呢？一种办法是遍历特征所有可能的分割点，然后找到最大值，伪代码如表 4-3 所示。

表 4-3 寻找最优分裂值的精确算法

输入：当前节点的所有样本点，样本的所有特征 输出：节点最优分裂方案 (1) 计算当前节点的目标函数值。 (2) 对于每一个特征： ① 按特征值大小进行排序； ② 对于该特征的所有可能的分裂值，计算该分裂值的增益； ③ 找出每个特征的最优分裂值。 (3) 找出所有特征中的最优分裂特征及其最优分裂值作为输出。

表 4-3 所示算法每次进行分裂尝试都要遍历一遍全部候选分割点，当数据量过大导致内存无法一次载入或者在分布式计算的情况下，此算法的效率就很低。

还有一种近似算法可以加快分裂速度，对于每个特征选择分割点时只考察分位点(即根据特征的概率统计特点选取的候选分割点)，减少计算复杂度，如表 4-4 所示。

表 4-4 寻找最优分裂值的快速算法

(1) 对于所有特征： ① 对于所有样本点按特征进行排序； ② 按照百分位对排序好的样本进行块存储； ③ 块存储的结构作为后续决策树或分裂节点的可能候选分裂值。 (2) 在每个特征的候选分裂值中找出最优。 (3) 找出最优分裂特征。

相对于表 4-3，表 4-4 所示的近似算法在计算最优分裂值时减少了对每个特征的扫描次数，对于每个特征都只在候选值中选择分裂值，减少了运算次数。另外预先排序好的样本是按块存储的，因此可以支持并行运算。

需要注意的是，算法学习过程中决策树不能无限生长，必须指定它停止分裂的条件。一般有 3 种方案：① 当节点分裂的增益 Gain＜0 时，放弃分裂；② 当树的深度大于设定阈值时停止分裂；③ 当分裂后左右叶节点中的最小样本数低于设定阈值时停止分裂。

引入一次新的分裂所带来的增益 Gain 由式(4-24)给出，当损失函数的减少不足以弥补模型复杂度增加带来的过拟合风险时停止分裂。另外，由于树的深度太深也容易导致学习局部样本出现过拟合，所以会设置树的最大深度。

决策树停止生长的条件③规定当一个叶节点包含的样本数量太少时也会放弃分裂以防止树分得太细，也属于防止过拟合的一种措施，常用于样本数量的量级非常大的情况。

4.3.3 应用案例

例 4.1 如表 4-5 所示的一批数据，要求用 XGBoost 算法实现一个二分类模型。

表 4-5 样 本 集

样本 ID	x_1	x_2	y
1	1	−5	0
2	2	5	0
3	3	−2	1
4	1	2	1
5	2	0	1
6	6	−5	1
7	7	5	1
8	6	−2	0
9	7	2	0
10	6	0	1

表 4-5 中有 10 个样本，其中有两个特征(x_1, x_2)和一个标签 y。若用 XGBoost 算法实现分类器，需要明确几个问题：① 迭代学习的损失函数 $L(y_i, \hat{y}_i)$；② 树的复杂度表示式(4-12)；③ 学习的结束条件。

1. 准备工作

选用 LogLoss 函数作为损失函数，其表达式为

$$L(y_i, \hat{y}_i) = y_i \ln(1 + e^{-\hat{y}_i}) + (1 - y_i)\ln(1 + e^{\hat{y}_i}) \tag{4-25}$$

式(4-25)貌似复杂，但由于是二分类函数，y_i 的取值为 0 或 1，因此当 $y_i=0$ 时，式(4-25)只剩下后半部分；当 $y_i=1$ 时，式(4-25)只剩下前半部分。

损失函数式(4-25)对$\hat{y}_i$求一阶导数的结果为

$$\frac{\partial L(y_i, \hat{y}_i)}{\partial \hat{y}_i}=y_i \frac{-\mathrm{e}^{-\hat{y}_i}}{1+\mathrm{e}^{-\hat{y}_i}}+(1-y_i) \frac{\mathrm{e}^{\hat{y}_i}}{1+\mathrm{e}^{\hat{y}_i}}$$

$$=y_i \frac{-1}{\mathrm{e}^{\hat{y}_i}+1}+(1-y_i) \frac{1}{\mathrm{e}^{-\hat{y}_i}+1} \tag{4-26}$$

若令$p_{i,\text{pred}}=\dfrac{1}{1+\mathrm{e}^{-\hat{y}_i}}$，如1.3节逻辑回归中所介绍的，$p_{i,\text{pred}}$是一个Sigmoid函数，因此式(4-26)可简化为

$$\frac{\partial L(y_i, \hat{y}_i)}{\partial \hat{y}_i}=y_i(p_{i,\text{pred}}-1)+(1-y_i)p_{i,\text{pred}}=p_{i,\text{pred}}-y_i \tag{4-27}$$

损失函数式(4-25)对$\hat{y}_i$求二阶导数的结果为

$$\frac{\partial^2 L(y_i, \hat{y}_i)}{\partial \hat{y}_i^2}=p_{i,\text{pred}}(1-p_{i,\text{pred}}) \tag{4-28}$$

有了式(4-27)、式(4-28)，就可以求出式(4-21)中的g_i、h_i分别为

$$g_i=p_{i,\text{pred}}-y_i, \quad h_i=p_{i,\text{pred}}(1-p_{i,\text{pred}}) \tag{4-29}$$

为使问题简化，将决策树复杂度函数中的参数分别设置为：$\gamma=0$、$\lambda=1$，设置决策树的数量即学习的轮数为2，将单棵树的最大深度设置为1，将起始的单节点树的取值设置为0.5。

2. 构建第一棵树

由初始节点取值0.5和式(4-29)可以求得第一轮学习每个样本的g_i、h_i如表4-6所示。

表4-6 第一轮学习每个样本的一阶导数和二阶导数

ID	1	2	3	4	5	6	7	8	9	10
g_i	0.5	0.5	−0.5	−0.5	−0.5	−0.5	−0.5	0.5	0.5	−0.5
h_i	0.25	0.25	0.25	0.25	0.25	0.25	0.25	0.25	0.25	0.25

由表4-6的计算过程可知，各个样本点的一阶导和二阶导的求解是可以并行的，这在大样本集中可以提高运算速度。

接下来计算最优分裂点。如表4-5所示，x_1和x_2都可能作为分裂特征，而对应特征的取值$x_1 \in \{1, 2, 3, 6, 7\}$和$x_2 \in \{-5, -2, 0, 2, 5\}$都可能作为划分，需要根据式(4-24)计算所有可能分裂点的增益，选择增益最大的点作为本轮决策树构建的分裂点。

(1) 先求$x_1=1$作为划分时的增益。

对应地，$I_{\text{Left}}=\{x_1<1\}=\varnothing$，$I_{\text{Right}}=\{x_1 \geqslant 1\}=\{1, 2, 3, 4, 5, 6, 7, 8, 9, 10\}$。因此，

$$G_{\text{L}}=\sum_{i \in I_{\text{Left}}} g_i=0, \quad H_{\text{L}}=\sum_{i \in I_{\text{Left}}} h_i=0$$

$$G_R = \sum_{i \in I_{Right}} g_i = -1, \quad H_R = \sum_{i \in I_{Right}} h_i = 2.5$$

代入式(4－24)，得到增益为

$$\text{Gain} = \frac{G_L^2}{H_L + \lambda} + \frac{G_R^2}{H_R + \lambda} - \frac{(G_L + G_R)^2}{H_L + H_R + \lambda} - \gamma = 0 \tag{4-30}$$

(2) 接着求 $x_1 = 2$ 作为划分时的增益。

对应地，$I_{Left} = \{x_1 < 2\} = \{1, 4\}$，$I_{Right} = \{2, 3, 5, 6, 7, 8, 9, 10\}$。因此，

$$G_L = \sum_{i \in I_{Left}} g_i = 0, \quad H_L = \sum_{i \in I_{Left}} h_i = 0.5$$

$$G_R = \sum_{i \in I_{Right}} g_i = -1, \quad H_R = \sum_{i \in I_{Right}} h_i = 2$$

代入式(4－24)，得到增益 Gain＝0.023809。

类似方法得出以 x_1 各个取值作为划分的增益，在其中找出增益最高的那个划分作为 x_1 特征的最佳划分候选。同样的方法遍历 x_2 特征的划分及其对应的增益，找出 x_2 的最佳划分，并与 x_1 的最佳划分进行比较，以增益更大的作为该节点的划分。因为在起始阶段设置了树的最大深度为 1，到此第一棵树就构建完成了，如图 4－10 所示。

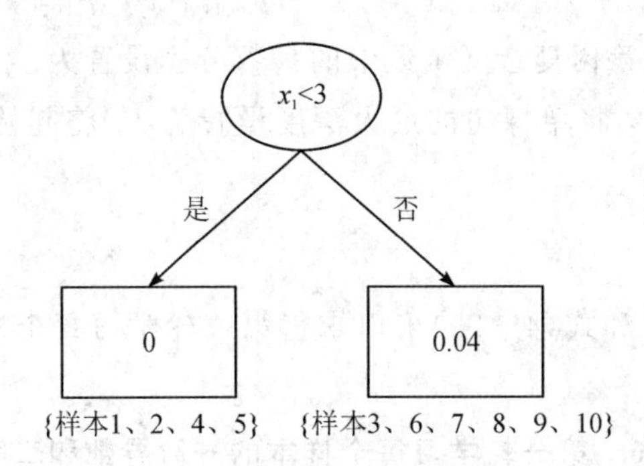

图 4－10　构建的第一棵树

如果设置树的深度更大，此时还需要对左右叶节点进行进一步分裂直到树的层级达到设置的最大深度值。

3. 构建第二棵树

第二棵树的构建是在第一棵树的基础之上进行的，其构建过程与第一棵树类似，但是式(4－29)中的 $p_{i,\text{pred}}$ 需要更新。此时的 $y_i^{(t-1)}$ 即 $y_i^{(1)}$ 为

$$y_i^{(1)} = \sum_{k=0}^{1} f_k(x_i) = f_0(x_i) + f_1(x_i) \tag{4-31}$$

式中 $f_1(x_i)$ 就是样本 i 所在第一棵树的叶节点的值，而 $f_0(x_i)$ 是什么呢？因为在初始化的时候设置的节点值为 0.5，所以 $\frac{1}{1+e^{-f_0(x_i)}} = 0.5$，解得 $f_0(x_i) = 0$。因此，有

$$y_1^{(1)} = \sum_{k=0}^{1} f_k(x_1) = f_0(x_1) + f_1(x_1) = 0 \tag{4-32}$$

而对应的新的 $p_{1,\text{pred}}=\dfrac{1}{1+e^{-y_1^{(1)}}}=0.5$，类似的方法可以算出所有的新的 $p_{i,\text{pred}}$，代入式(4-29)就可以算出第2棵树的 g_i、h_i，然后就可以顺利算出对应的每个特征取值的节点分裂增益，找出增益最高的就完成了第二棵树的构建。

例 4.2 利用XGBoost算法对波士顿房价数据进行回归分析。

波士顿房价数据集包含美国人口普查局收集的美国马萨诸塞州波士顿住房价格的有关信息，数据集有506个案例。

数据集包含13个解释变量：① CRIM(犯罪率)；② ZN(住宅用地所占比例)；③ INDUS(城镇中非住宅用地所占比例)；④ CHAS(是否穿过查尔斯河)；⑤ NOX(氮氧化污染物)；⑥ RM(每栋住宅的房间数)；⑦ AGE(1940年以前建成的自住单位的比例)；⑧ DIS(距离波士顿的5个就业中心的加权距离)；⑨ RAD(距离高速公路的便利指数)；⑩ TAX(每一万美元的不动产税率)；⑪ PTRATIO(城镇中的学生教师比例)；⑫ B(城镇中的黑人比例)；⑬ LSTAT(低收入群比例)。数据集中只包含1个目标变量：PRICE(房屋的价格)。

应用Python语言开发，使用Sklearns包中的datasets数据集，引入并调用其中的load_boston函数就可以加载波士顿房价的数据集。加载后是一个字典型的数据集，解释变量、目标变量、列头都存放在不同的键中，需要将这些数据取出组成DataFrame格式以便于后续使用，处理后的数据样式如图4-11所示。

CRIM	ZN	INDUS	CHAS	NOX	RM	AGE	DIS	RAD	TAX	PTRATIO	B	LSTAT	PRICE
0.00632	18	2.31	0	0.538	6.575	65.2	4.09	1	296	15.3	396.9	4.98	24
0.02731	0	7.07	0	0.469	6.421	78.9	4.9671	2	242	17.8	396.9	9.14	21.6
0.02729	0	7.07	0	0.469	7.185	61.1	4.9671	2	242	17.8	392.83	4.03	34.7
0.03237	0	2.18	0	0.458	6.998	45.8	6.0622	3	222	18.7	394.63	2.94	33.4
0.06905	0	2.18	0	0.458	7.147	54.2	6.0622	3	222	18.7	396.9	5.33	36.2
0.02985	0	2.18	0	0.458	6.43	58.7	6.0622	3	222	18.7	394.12	5.21	28.7

图4-11 波士顿房价数据样式

以房屋价格PRICE为纵轴，以各个解释变量为横轴，绘制散点图，结果如图4-12所示。从图中可以看出，房屋价格与各个因素都有一定的关系，但是难以用常见的回归分析方法进行预测，因此考虑使用XGBoost方法。

在Python语言中使用XGBoost进行数据分析较为简单，直接安装xgboost包即可使用。XGBoost的Python模块支持多种数据输入格式，可支持处理线性回归、逻辑回归、二分类、多分类等问题，还可自定义目标函数。

在选定要处理的问题类型后，通过逐步调整XGBoost的参数可以得到适用于所处理问题的模型。XGBoost模型的参数主要有三类：① 通用参数，这类参数一般使用默认值，不需要调整；② 学习目标参数，这些参数与任务类型有关，在起始阶段定下来后通常也不需要再调整；③ booster参数，即弱学习器相关参数，需要仔细调整以提高模型的性能。

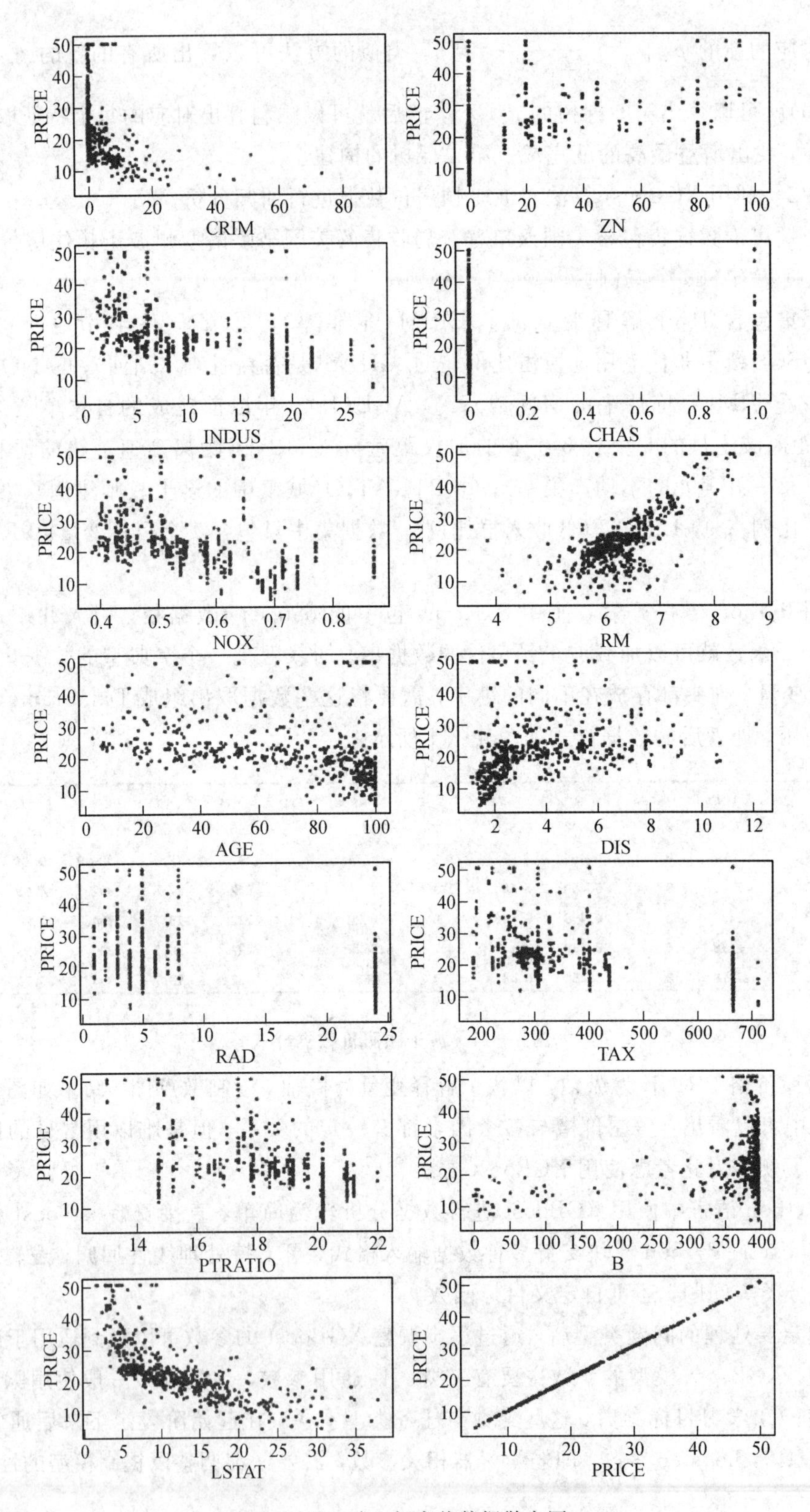

图 4-12 波士顿房价数据散点图

在实际应用中，比较重要的 XGBoost 参数如表 4－7 所示。本案例使用 XGBRegressor 进行模型构建(具体的参数数值见本书配套电子资源的源码)。

表 4－7　XGBoost 重要参数

参数名称	XGBClassifier	XGBRegressor
objective	字符串或者可调用对象，损失函数，默认为 binary：logistic	损失函数，默认为 binary:linear
n_estimators	整数，子模型的数量，默认为 100	
booster	字符串，给定模型的求解方式，默认为 gbtree；可选参数为 gbtree、gblinear、dart	
n_jobs	整数，指定了并行度，即开启多少个线程来训练。如果为－1，则使用所有的 CPU	
max_depth	整数，表示子树的最大深度	
learning_rate	浮点数，默认为 0.1，表示学习率，即每一步迭代的步长。太大运行准确率不高，太小运行速度慢	
reg_alpha	浮点数，是 L1 正则化系数	
reg_lambda	浮点数，是 L2 正则化系数	

然后，按照 4∶1 的比例将数据集拆分成训练集和测试集，再对模型进行训练，并使用得到的模型进行预测，预测值与实际值的比较如图 4－13 所示，从图中看预测结果较好，读者可以进一步尝试改进参数值看能否得到更好的结果。

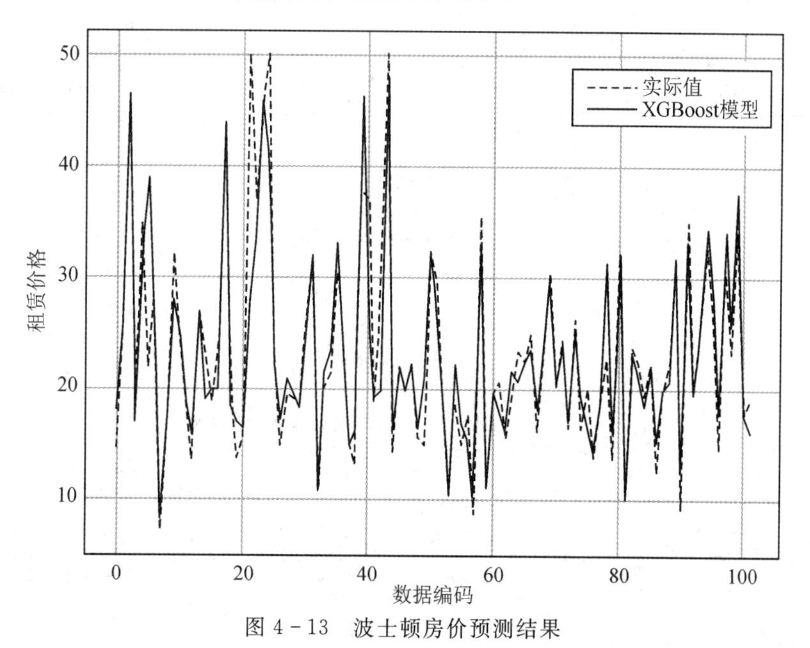

图 4－13　波士顿房价预测结果

此外，XGBoost 还提供 plot_importance 接口用以查看各解释变量对目标变量的贡献度，如图 4-14 所示。

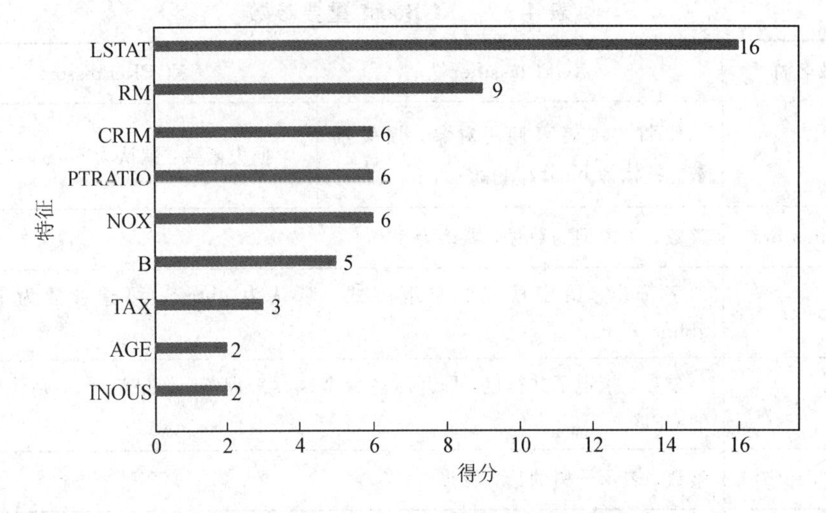

图 4-14 各解释变量对房价的重要性排名

XGBoost 中子模型可以调用包中的 plot_tree 接口绘制子模型(子树)，部分结果如图 4-15所示。

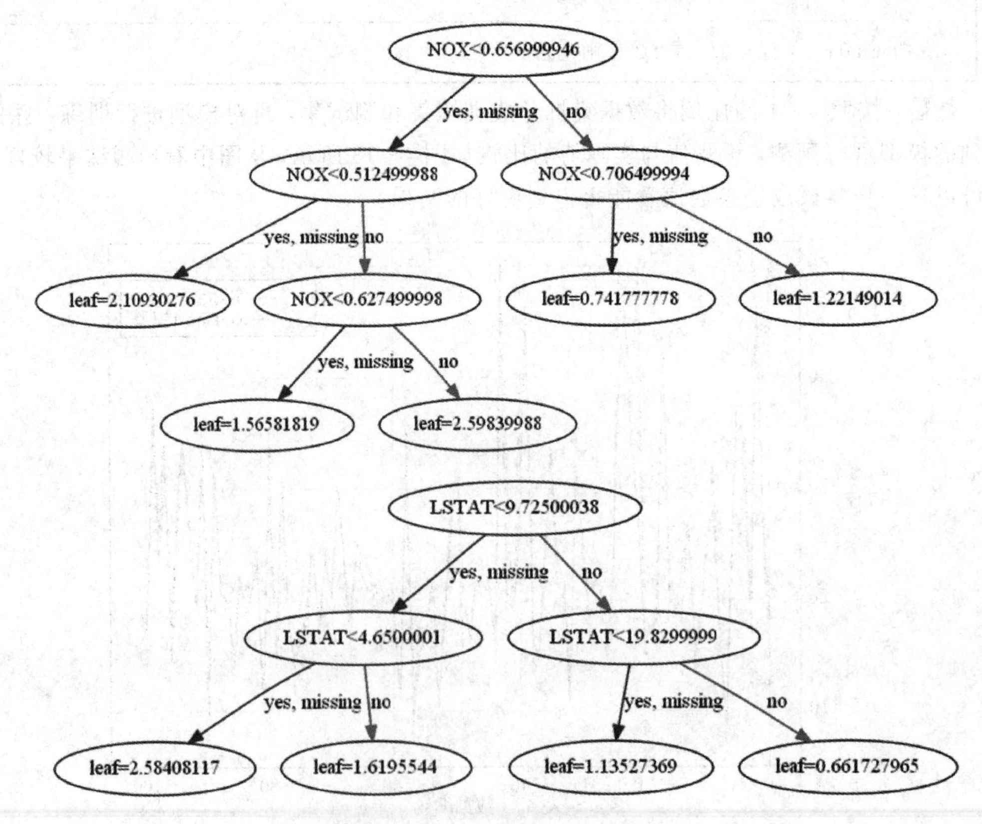

图 4-15 模型的部分子树

本章小结

本章介绍的提升算法可以通过一定的规则生成一些弱学习器，然后再进行有机结合以达到强学习器的效果。本章还着重介绍了 Boosting 算法中的 XGBoost。如果不考虑深度学习，XGBoost 是在各种数据挖掘竞赛中获奖最多的算法，读者应当着重掌握。

除了算法本身，XGBoost 还在工程实现上做了大量的优化。例如，特征值预排序后存储在内存块中，按经验推荐可能的分裂点，实现快速近似最优分裂值选取；通过设计巧妙的缺失值处理方案提升效率等。

在集成算法实际使用时，大多机器学习开发语言都有对应的工具包，读者在使用过程中可以参考对应的官方文件，但只有在真正理解了算法基本原理后才能更大地发挥算法的优势。

思考题

1. 为什么需要集成学习算法？这类学习算法具有怎样的优点？
2. 对比分析 Bagging、Boosting、Stacking 三种弱学习器集成方案的异同。
3. 简述有 10000 个训练样本的 Stacking 集成算法过程。
4. GBDT 算法如何选择特征？CART 树学习算法如何用到 GBDT 中？
5. GBDT 用于分类问题的算法是怎样的？
6. 对比分析 AdaBoost、GBDT、XGBoost 三种算法，说明各自的优缺点。
7. XGBoost 应用于具体领域的时候还可以做哪些算法提升的尝试？
8. 完成例 4.1 第二棵树的构建；如果把决策树最大深度改为 2，重新完成例 4.1 的构建。

参考文献

[1] CHEN T, GUESTRIN C. XGBoost: A Scalable tree boosting System [C]. Proceedings of the the 22nd ACM SIGKDD International Conference, 2016: 785 - 794.

[2] FREUND Y, SCHAPIRE R. A decision-theoretic generalization of on-line learning and an application to boosting[J]. Journal of Computer and System Sciences, 1997, 55(1): 119 - 139.

[3] FRIEDMAN J H. Greedy function approximation: A gradient boosting machine[J]. Annals of Statistics, 2001, 29(5): 1189 - 1232.

[4] 李航. 统计学习方法[M]. 2 版. 北京：清华大学出版社，2019.

[5] 杜豫川，都州扬，刘成龙. 基于极限梯度提升的公路深层病害雷达识别[J]. 同济大学学报(自然科学版)，2020，48(12)：1742 - 1750.

[6] 王子超，金衍瑞，赵利群，等. 基于极限梯度提升和深度神经网络共同决策的心音分类方法[J]. 生物医学工程学杂志，2021，38(1)：10－20.

[7] 邬春明，任继红. 基于 XGBoost-EE 的电力系统暂态稳定评估方法[J]. 电力自动化设备，2021，41(2)：138－143,52.

第 5 章　支 持 向 量 机

支持向量机(Support Vector Machine, SVM)是一个非常优雅的算法，具有完善的数学理论支持。早在 1963 年 V.Vapnik 就提出了 SVM 算法，但直到 20 世纪末才被广泛使用[1-2]。在深度学习算法流行之前，SVM 一直是传统机器学习算法的典型代表，在模式识别、回归、分类等领域得到了广泛应用，一度被业界称为最成功的机器学习算法。

SVM 是一种有监督的二分类模型，目前在小样本、非线性、高维场景下依然表现亮眼，并且该算法数学理论完备，是数据挖掘从业者必须要掌握的算法之一。

SVM 的核心思想是在对样本空间分类的时候使用间隔最大化的分类器，而最让人称奇的问题解决思路是将低维度上线性不可分的样本扩展到多维空间中，然后就可以在多维空间中构建一个线性分类器将这些样本分开，同时使用核技巧降低这一过程的计算复杂度。

SVM 在实现样本分类过程中涉及线性可分、间隔最大化、核技巧等知识，本章将分别介绍。

5.1　支持向量机的相关概念

支持向量机是对原英文表述 Support Vector Machine 的直译，字面意思容易给初学者造成误导，此处的 Machine 有分类器(Classifier)的意思。这个分类器是一个超平面，而支持向量(Support Vector)是指离这个超平面最近的点的特征向量。所以，支持向量机可以理解为由支持向量确定的一个分类器。

SVM 解决这样一种问题，给定一组训练集 $T=\{(\boldsymbol{x}_1, y_1), (\boldsymbol{x}_2, y_2), \cdots, (\boldsymbol{x}_N, y_N)\}$，其中 $\boldsymbol{x}_i \in \mathbf{R}^n$ 为第 i 个样本点的特征向量，$y_i \in \{+1, -1\}$ 为第 i 个样本点的分类标签，SVM 构建一个最优的线性超平面将此样本集分成正负两类。

更进一步，若训练集是线性可分的，则存在无穷多个超平面可以成功分类样本集，SVM 利用“间隔最大化”在这些超平面中找到最优解。

5.1.1　线性可分

为便于理解，我们将样本的特征向量限定为二维的，即 $\boldsymbol{x}_i \in \mathbf{R}^2$，此时样本点对应于二维平面上的一个点，根据 y_i 的取值将该点标记为“+”或“-”，其可能的分布如图 5-1 所示。图中，正负两类样本点可以由一条直线完全分隔开，此类样本集就称为线性可分的。如果从二维特征上升到三维特征，那么能由一个线性平面正确分割的样本集称为线性可分的，以此类推。

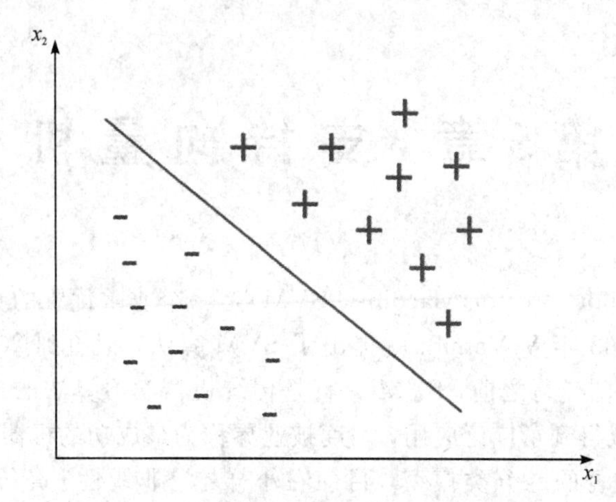

图 5-1　二维特征向量的线性可分示意图

用数学语言描述，就是对于数据集 $T=\{(\boldsymbol{x}_1, y_1), (\boldsymbol{x}_2, y_2), \cdots, (\boldsymbol{x}_N, y_N)\}$ 存在如式(5-1)所示的一个超平面可以将数据集中的正负实例点划分到平面两侧，则数据集是线性可分的。

$$\boldsymbol{w}^{\mathrm{T}}\boldsymbol{x}+b=0 \tag{5-1}$$

相反，若找不到这样的超平面，数据集就是线性不可分的，如图 5-2 所示。

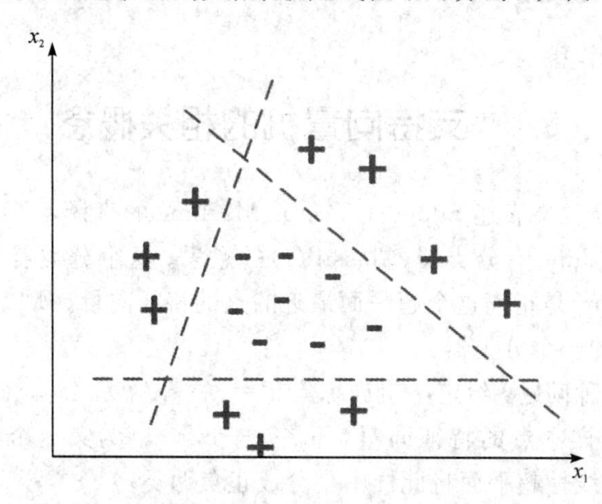

图 5-2　二维特征向量的线性不可分示意图

5.1.2　间隔最大化

先来回顾超平面距离公式的数学基础。在由式(5-1)确定的平面上，假设有任意两点 $\boldsymbol{x}_i$、$\boldsymbol{x}_j$，可得

$$\boldsymbol{w}^{\mathrm{T}}\boldsymbol{x}_i+b-(\boldsymbol{w}^{\mathrm{T}}\boldsymbol{x}_j+b)=\boldsymbol{w}^{\mathrm{T}}(\boldsymbol{x}_i-\boldsymbol{x}_j)=0 \tag{5-2}$$

式(5-2)说明 $\boldsymbol{w}^{\mathrm{T}}$ 与平面上的任意两点连成的向量垂直，即 $\boldsymbol{w}^{\mathrm{T}}$ 是平面的法向量。另外，式(5-1)中的 b 是超平面相对于坐标原点的偏移量。

平面外的任一点 $\boldsymbol{x}_0$ 到超平面的距离 d 如何计算呢？假设 $\boldsymbol{x}_0$ 在平面上的投影点为 $\boldsymbol{x}'_0$，如图 5-3 所示。

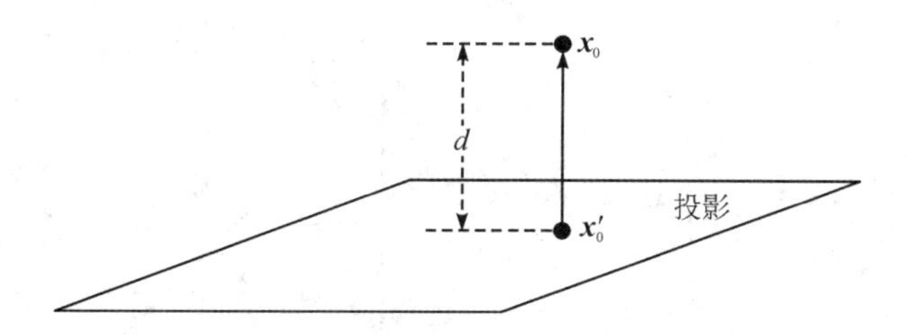

图 5-3　点到面的距离

图 5-3 中，向量$(\boldsymbol{x}_0-\boldsymbol{x}'_0)$与$\boldsymbol{w}^{\mathrm{T}}$平行，即它们的夹角为 0 或 π，则两向量的内积为

$$\boldsymbol{w}^{\mathrm{T}}\cdot(\boldsymbol{x}_0-\boldsymbol{x}'_0)=\|\boldsymbol{w}\|\|\boldsymbol{x}_0-\boldsymbol{x}'_0\|\cos(0\text{ 或 }\pi)=\pm\|\boldsymbol{w}\|d \tag{5-3}$$

又因为$\boldsymbol{x}'_0$在式(5-1)所确定的超平面中，所以$\boldsymbol{w}^{\mathrm{T}}\boldsymbol{x}'_0+b=0$，即$\boldsymbol{w}^{\mathrm{T}}\boldsymbol{x}'_0=-b$，则

$$\boldsymbol{w}^{\mathrm{T}}\cdot(\boldsymbol{x}_0-\boldsymbol{x}'_0)=\boldsymbol{w}^{\mathrm{T}}\boldsymbol{x}_0+b \tag{5-4}$$

联合式(5-3)、式(5-4)，可解得超平面外一点$\boldsymbol{x}_0$到平面的距离d为

$$d=\frac{|\boldsymbol{w}^{\mathrm{T}}\boldsymbol{x}_0+b|}{\|\boldsymbol{w}\|} \tag{5-5}$$

对于线性可分的样本集，一个超平面只要满足“样本集的正实例点$(y=+1)$与它的距离大于零，负实例点$(y=-1)$与它的距离小于零”就可以作为样本集的分隔平面，即

$$\begin{cases}\boldsymbol{w}^{\mathrm{T}}\boldsymbol{x}_i+b\geqslant 0, & y_i=+1\\ \boldsymbol{w}^{\mathrm{T}}\boldsymbol{x}_i+b<0, & y_i=-1\end{cases} \tag{5-6}$$

满足公式(5-6)的$(\boldsymbol{w}^{\mathrm{T}}、b)$构成的超平面$\boldsymbol{w}^{\mathrm{T}}\boldsymbol{x}+b=0$就可以对样本集进行正确分隔。

但问题是仅满足式(5-6)的参数构成的分隔超平面鲁棒性较弱，如图 5-4 中所示的两条浅色虚线，这两条线上都恰好各有正负实例点落在上面，而我们希望能找到图中类似这两条虚线中间的实线作为分隔线，这样的分隔线具有较好的鲁棒性。把离这个分隔面最近的正实例点与分隔面的距离记为$+\frac{1}{\|\boldsymbol{w}\|}$，离这个分隔面最近的负实例点与这个分隔面的距离记为$-\frac{1}{\|\boldsymbol{w}\|}$，式(5-6)变成

$$\begin{cases}\boldsymbol{w}^{\mathrm{T}}\boldsymbol{x}_i+b\geqslant +1, & y_i=+1\\ \boldsymbol{w}^{\mathrm{T}}\boldsymbol{x}_i+b\leqslant -1, & y_i=-1\end{cases} \tag{5-7}$$

所以，前面所讲的支持向量就是图 5-4 落在虚线上的正负实例点，而正负支持向量与分隔平面的距离之和被称为间隔，可表示为

$$\gamma=\frac{2}{\|\boldsymbol{w}\|} \tag{5-8}$$

图 5-4 中，改变$\boldsymbol{w}$、b的值即改变分隔平面的法向量和相对坐标原点的平移量，会使间隔的大小也发生变化，我们希望能找到可以使间隔取得最大值的$\boldsymbol{w}$确定的那个分隔平面。间隔的最大值，被称为最大间隔。正因如此，SVM 又常被称为大间隔分类器(Large Margin Classifier)。对应的两条包含支持向量的两条虚线被称为间隔边界，由图 5-4 可知分隔超平面、分隔边界由支持向量决定。

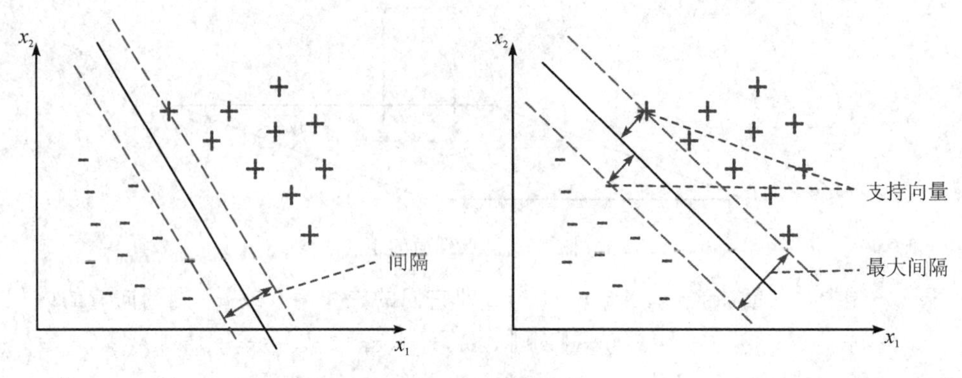

图 5-4　间隔与支持向量

求间隔$\frac{2}{\|\boldsymbol{w}\|}$的最大值，也等价于求$\frac{1}{2}\|\boldsymbol{w}\|^2$的最小值。另外，考虑到 y_i 的取值，式(5-7)可以合并为 $y_i(\boldsymbol{w}^{\mathrm{T}}\boldsymbol{x}_i+b)\geqslant 1(i=1, 2, \cdots, N)$，即 $1-y_i(\boldsymbol{w}^{\mathrm{T}}\boldsymbol{x}_i+b)\leqslant 0$，这是$\frac{1}{2}\|\boldsymbol{w}\|^2$求最小值的约束条件，即

$$\min_{\boldsymbol{w}, b}\frac{1}{2}\|\boldsymbol{w}\|^2, \quad \text{s.t. } 1-y_i(\boldsymbol{w}^{\mathrm{T}}\boldsymbol{x}_i+b)\leqslant 0 \tag{5-9}$$

式(5-9)所示即为 SVM 的优化问题。

式(5-9)中的约束条件取等号时为 $1-y_i(\boldsymbol{w}^{\mathrm{T}}\boldsymbol{x}_i+b)=0$，样本集中只有支持向量满足这个等式。可以证明线性可分训练集的最大间隔分离超平面，即式(5-9)的解是存在且唯一的[3]。

5.2　线性支持向量机

式(5-9)的解$(\boldsymbol{w}^*, b^*)$可以确定一个样本集的分隔超平面，即

$$\boldsymbol{w}^{*\mathrm{T}}\cdot\boldsymbol{x}+b^*=0 \tag{5-10}$$

式(5-9)是一个凸二次规划问题，可以用拉格朗日乘子法得到其对偶问题，通过求解对偶问题得到原始问题的最优解。引进拉格朗日乘子后会使对偶问题相对原始问题更容易求解，而且可以推广到非线性分类问题。

5.2.1　对偶问题

式(5-9)是在约束条件下求$\frac{1}{2}\|\boldsymbol{w}\|^2$的最小值，针对这类问题可以使用拉格朗日乘子法定义一个等价的无约束寻优问题[4]。

一般的带约束最优化问题如下所示：

$$\begin{cases}\min\limits_{\boldsymbol{x}\in\mathbf{R}^n}f(\boldsymbol{x})\\ \text{s.t. } c_i(\boldsymbol{x})\leqslant 0, i=1, 2, \cdots, m\\ h_j(\boldsymbol{x})=0, j=1, 2, \cdots, p\end{cases} \tag{5-11}$$

式中 $f(\boldsymbol{x})$、$c_i(\boldsymbol{x})$、$h_j(\boldsymbol{x})$是定义在$\mathbf{R}^n$上的连续可微函数。

定义广义拉格朗日函数为

$$L(\boldsymbol{x},\boldsymbol{\alpha},\boldsymbol{\beta})=f(\boldsymbol{x})+\sum_{i=1}^{m}\alpha_i c_i(\boldsymbol{x})+\sum_{j=1}^{p}\beta_j h_j(\boldsymbol{x}) \tag{5-12}$$

式中，$\boldsymbol{\alpha}$、$\boldsymbol{\beta}$ 为拉格朗日乘子，特别要求 $\alpha_i \geqslant 0$。

式(5-11)转化为(5-12)后，式(5-11)的带约束最小值求解问题就相当于对(5-12)的两步求解：① 将式(5-12)中的 $\boldsymbol{x}$ 看成常数，$\boldsymbol{\alpha}$、$\boldsymbol{\beta}$ 看成变量，求 $\max\limits_{\boldsymbol{\alpha},\boldsymbol{\beta},\alpha_i\geqslant 0} L(\boldsymbol{x},\boldsymbol{\alpha},\boldsymbol{\beta})$的最大值；② 再求$\min\limits_{\boldsymbol{x}} \max\limits_{\boldsymbol{\alpha},\boldsymbol{\beta},\alpha_i\geqslant 0} L(\boldsymbol{x},\boldsymbol{\alpha},\boldsymbol{\beta})$，即式(5-11)带约束的最小值。

为什么拉格朗日函数对于 $\boldsymbol{\alpha}$、$\boldsymbol{\beta}$、$\alpha_i \geqslant 0$ 的最大值 $\max\limits_{\boldsymbol{\alpha},\boldsymbol{\beta},\alpha_i\geqslant 0} L(\boldsymbol{x},\boldsymbol{\alpha},\boldsymbol{\beta})$中的 $\boldsymbol{x}$ 就一定满足式(5-11)中的约束条件呢？下面就 $\boldsymbol{x}$ 满足约束条件和不满足约束条件两种情况分别讨论。

若 $\boldsymbol{x}$ 满足假设条件，即 $c_i(\boldsymbol{x}) \leqslant 0$，$h_j(\boldsymbol{x})=0$，则拉格朗日函数式(5-12) 中的第三项 $\sum\limits_{j=1}^{p}\beta_j h_j(\boldsymbol{x})=0$，且因为 $\alpha_i \geqslant 0$ 使得式(5-12) 第二项 $\sum\limits_{i=1}^{m}\alpha_i c_i(\boldsymbol{x}) \leqslant 0$，式(5-12) 要取最大值，就要求 $\sum\limits_{i=1}^{m}\alpha_i c_i(\boldsymbol{x})=0$。 因此，当 $\boldsymbol{x}$ 满足约束条件时拉格朗日函数的最大值为

$$\max_{\boldsymbol{\alpha},\boldsymbol{\beta},\alpha_i\geqslant 0} L(\boldsymbol{x},\boldsymbol{\alpha},\boldsymbol{\beta})=f(\boldsymbol{x}),\ \text{s.t. } c_i(\boldsymbol{x}) \geqslant 0,\ h_j(\boldsymbol{x})=0 \tag{5-13}$$

若 $\boldsymbol{x}$ 不满足假设条件，意味着 $c_i(\boldsymbol{x})>0$，$h_j(\boldsymbol{x})\neq 0$，这时只要 $\boldsymbol{\alpha}\to+\infty$，$\boldsymbol{\beta}=0$ 就使得 $\max\limits_{\boldsymbol{\alpha},\boldsymbol{\beta},\alpha_i\geqslant 0} L(\boldsymbol{x},\boldsymbol{\alpha},\boldsymbol{\beta})\to+\infty$。

综上：

$$\max_{\boldsymbol{\alpha},\boldsymbol{\beta},\alpha_i\geqslant 0} L(\boldsymbol{x},\boldsymbol{\alpha},\boldsymbol{\beta})=\begin{cases} f(\boldsymbol{x}),\ \text{s.t. } c_i(\boldsymbol{x}) \geqslant 0, & h_j(\boldsymbol{x})=0 \\ +\infty, & \text{其他} \end{cases} \tag{5-14}$$

接下来，求使式(5-14)取得最小值的 $\boldsymbol{x}$，将该问题记为

$$\min_{\boldsymbol{x}}\theta_p(\boldsymbol{x})=\min_{\boldsymbol{x}} \max_{\boldsymbol{\alpha},\boldsymbol{\beta},\alpha_i\geqslant 0} L(\boldsymbol{x},\boldsymbol{\alpha},\boldsymbol{\beta}) \tag{5-15}$$

式(5-15)与式(5-11)是等价的，通过拉格朗日函数实现了有约束问题的无约束化。

如果将式(5-15)中求最大、最小值的顺序对换一下，则变成

$$\max_{\boldsymbol{\alpha},\boldsymbol{\beta},\alpha_i\geqslant 0} \theta_D(\boldsymbol{\alpha},\boldsymbol{\beta})=\max_{\boldsymbol{\alpha},\boldsymbol{\beta},\alpha_i\geqslant 0} \min_{\boldsymbol{x}} L(\boldsymbol{x},\boldsymbol{\alpha},\boldsymbol{\beta}) \tag{5-16}$$

式(5-16)称为式(5-15)的对偶问题(Dual Problem)，而式(5-15)称为原始问题或主问题(Primal Problem)。

由 $\theta_D(\boldsymbol{\alpha},\boldsymbol{\beta})$、$\theta_p(\boldsymbol{x})$的定义易知：

$$\theta_D(\boldsymbol{\alpha},\boldsymbol{\beta})=\min_{\boldsymbol{x}} L(\boldsymbol{x},\boldsymbol{\alpha},\boldsymbol{\beta}) \leqslant \max_{\boldsymbol{\alpha},\boldsymbol{\beta},\alpha_i\geqslant 0} L(\boldsymbol{x},\boldsymbol{\alpha},\boldsymbol{\beta})=\theta_p(\boldsymbol{x}) \tag{5-17}$$

式(5-17)说明原始问题的最优值不小于对偶问题的最优值，当式(5-17)取等号时就可以由对偶问题求解原始问题。那么，在什么条件下式(5-17)会取等号呢？

式(5-17)取等号意味着 $\max\limits_{\boldsymbol{\alpha},\boldsymbol{\beta},\alpha_i\geqslant 0} \min\limits_{\boldsymbol{x}} L(\boldsymbol{x},\boldsymbol{\alpha},\boldsymbol{\beta})$的最优解$(\boldsymbol{x}^*,\boldsymbol{\alpha}^*,\boldsymbol{\beta}^*)$同时是 $\min\limits_{\boldsymbol{x}} \max\limits_{\boldsymbol{\alpha},\boldsymbol{\beta},\alpha_i\geqslant 0} L(\boldsymbol{x},\boldsymbol{\alpha},\boldsymbol{\beta})$的最优解，当$(\boldsymbol{x}^*,\boldsymbol{\alpha}^*,\boldsymbol{\beta}^*)$满足 KKT(Karush-Kuhn-Tucker)条件时结论成立。

假设式(5－11)中的 $f(\boldsymbol{x})$ 和 $c_i(\boldsymbol{x})$ 是凸函数，$h_i(\boldsymbol{x})$ 是仿射函数(即由一节多项式构成的函数)，则 KKT 条件可表示为

$$\begin{cases}\nabla_x L(\boldsymbol{x}^*, \boldsymbol{\alpha}^*, \boldsymbol{\beta}^*)=0 \\ \alpha_i^* c_i(\boldsymbol{x})=0,\ i=1,2,\cdots,m \\ c_i(\boldsymbol{x}) \leqslant 0,\ i=1,2,\cdots,m \\ \alpha_i^* \geqslant 0,\ i=1,2,\cdots,m \\ h_j(\boldsymbol{x}^*)=0,\ j=1,2,\cdots,p\end{cases} \tag{5-18}$$

式(5－18)的第二式 $\alpha_i^* c_i(\boldsymbol{x})$ 称为 KKT 的对偶互补条件，若 $\alpha_i^*>0$，则 $c_i(\boldsymbol{x})=0$。

本小节的内容说明了两个问题：① 拉格朗日函数可以将有约束问题转化为无约束问题；② 在满足 KKT 条件的前提下，比较棘手的原始问题可以等效为它的对偶问题求解。

5.2.2　线性支持向量机学习算法

SVM 优化是对式(5－9)的求解，可以通过四个步骤实现：① 构造拉格朗日函数；② 利用对偶性转化；③ 使用序列最小优化(Sequential Minimal Optimization，SMO)算法求解；④ 得出分隔超平面参数 $\boldsymbol{w}^{\mathrm{T}}$、$b$。经过以上四个步骤，就可以构造分隔超平面 $\boldsymbol{w}^{\mathrm{T}}\boldsymbol{x}+b=0$，相对应的分类决策函数就是 $f(\boldsymbol{x})=\mathrm{sign}(\boldsymbol{w}^{\mathrm{T}}\boldsymbol{x}+b)$。

式(5－9)每条约束都引入拉格朗日乘子 $\alpha_i(\alpha_i \geqslant 0)$，可以得到拉格朗日函数如下所示：

$$L(\boldsymbol{w}, b, \boldsymbol{\alpha})=\frac{1}{2}\|\boldsymbol{w}\|^2+\sum_{i=1}^{N}\alpha_i(1-y_i(\boldsymbol{w}^{\mathrm{T}}\boldsymbol{x}_i+b)) \tag{5-19}$$

式中，$\boldsymbol{\alpha}=(\alpha_1, \alpha_2, \cdots, \alpha_N)^{\mathrm{T}}$ 为拉格朗日乘子向量。

利用对偶性转换，得到对偶问题如下所示：

$$\max_{\boldsymbol{\alpha}}\min_{\boldsymbol{w}, b} L(\boldsymbol{w}, b, \boldsymbol{\alpha}) \tag{5-20}$$

将式(5－19)中的 $L(\boldsymbol{w}, b, \boldsymbol{\alpha})$ 分别对 $\boldsymbol{w}$ 和 b 求偏导并令其为 0，可得

$$\frac{\partial L(\boldsymbol{w}, b, \boldsymbol{\alpha})}{\partial \boldsymbol{w}}=\boldsymbol{w}-\sum_{i=1}^{N}\alpha_i y_i \boldsymbol{x}_i=0 \tag{5-21}$$

$$\frac{\partial L(\boldsymbol{w}, b, \boldsymbol{\alpha})}{\partial b}=-\sum_{i=1}^{N}\alpha_i y_i=0 \tag{5-22}$$

解式(5－21)、式(5－22)，可得

$$\boldsymbol{w}=\sum_{i=1}^{N}\alpha_i y_i \boldsymbol{x}_i \tag{5-23}$$

$$0=\sum_{i=1}^{N}\alpha_i y_i \tag{5-24}$$

将式(5－23)代入式(5－19)可得 $L(\boldsymbol{w}, b, \boldsymbol{\alpha})$ 的最小值，并利用式(5－24)的条件，可得最小值为

$$\min_{\boldsymbol{w}, b} L(\boldsymbol{w}, b, \boldsymbol{\alpha})=-\frac{1}{2}\sum_{i=1}^{N}\sum_{j=1}^{N}\alpha_i\alpha_j y_i y_j(\boldsymbol{x}_i^{\mathrm{T}}\cdot\boldsymbol{x}_j)+\sum_{i=1}^{N}\alpha_i \tag{5-25}$$

由此得到式(5-9)的对偶问题为

$$\begin{cases}\max\limits_{\boldsymbol{\alpha}}\left(-\dfrac{1}{2}\sum\limits_{i=1}^{N}\sum\limits_{j=1}^{N}\alpha_i\alpha_j y_i y_j(\boldsymbol{x}_i^{\mathrm{T}}\cdot\boldsymbol{x}_j)+\sum\limits_{i=1}^{N}\alpha_i\right)\\ \text{s.t. }\sum\limits_{i=1}^{N}\alpha_i y_i=0,\ \alpha_i>0,\ i=1,2,\cdots,N\end{cases} \tag{5-26}$$

若对偶问题式(5-26)的解恰好对应式(5-9)的解，则需满足KKT条件，此处的KKT条件是

$$\begin{cases}\alpha_i\geqslant 0\\ y_i f(\boldsymbol{x}_i)-1\geqslant 0\\ \alpha_i(y_i f(\boldsymbol{x}_i)-1))=0\end{cases} \tag{5-27}$$

式(5-26)是一个二次规划问题，问题规模正比于训练样本数，常用序列最小优化(SMO)算法[5]求解。SMO算法的核心思想是先固定其他参数，每次只优化一个参数，只求未固定的那个优化参数的极值。

按照SMO算法的思路，求解式(5-26)先固定除α_i之外的所有参数，但因为有约束条件$\sum\limits_{i=1}^{N}\alpha_i y_i=0$的存在，其他参数都固定就可以导出$\alpha_i$，相当于所有参数都固定了，所以一次选择两个参数优化α_i、α_j，由$\sum\limits_{i=1}^{N}\alpha_i y_i=0$可以导出

$$\alpha_i y_i+\alpha_j y_j=-\sum_{k\neq i,j}\alpha_k y_k=c \tag{5-28}$$

由式(5-28)可知，未固定的参数α_j可以由α_i表示：

$$\alpha_j y_j=\frac{c-\alpha_i y_i}{y_j} \tag{5-29}$$

所以，两个未固定参数的优化问题可以转化为一个未固定参数α_i的优化问题。将式(5-29)代入式(5-26)，式(5-26)就变成了单变量α_i的二次规划问题，约束条件仅仅是$\alpha_i\geqslant 0$，这样的问题可以通过求驻点的方式求取最优的α_i^*，多次迭代求得$\boldsymbol{\alpha}^*$，代入式(5-23)可以求出$\boldsymbol{w}^*$，即

$$\boldsymbol{w}^*=\sum_{i=1}^{N}\alpha_i y_i\boldsymbol{x}_i \tag{5-30}$$

现在，分隔超平面的参数b还未知，对于所有的支持向量$(\boldsymbol{x}_s, y_s)$，都使得式(5-9)中的约束条件取等号，即

$$y_s(\boldsymbol{w}^{\mathrm{T}}\boldsymbol{x}_s+b)=1 \tag{5-31}$$

式(5-31)两边同乘以y_s得$y_s^2(\boldsymbol{w}^{\mathrm{T}}\boldsymbol{x}_s+b)=y_s$，又因为$y_s\in\{+1,-1\}$，所以$y_s^2=1$，因此$b=y_s-\boldsymbol{w}^{\mathrm{T}}\boldsymbol{x}_s$。

为增强鲁棒性，我们用所有支持向量求解的平均值作为b，将所有支持向量的下角标的集合记为S，则

$$b^* = \frac{1}{|S|}\sum_{s\in S}(y_s - \boldsymbol{w}^{\mathrm{T}}\boldsymbol{x}_s) \tag{5-32}$$

至此，就完成了线性支持向量机的求解，由支持向量得到了一个线性分类器如下所示：

$$\mathrm{sign}(f(\boldsymbol{x})) = \mathrm{sign}((\boldsymbol{w}^*)^{\mathrm{T}}\boldsymbol{x} + b^*) = \mathrm{sign}\left(\sum_{i=1}^{N}(\alpha_i y_i \boldsymbol{x}_i^{\mathrm{T}}\boldsymbol{x}) + b\right) \tag{5-33}$$

由式(5－33)可知，要想知道训练集得到的支持向量机 $f(\boldsymbol{x})$对于新样本 $\boldsymbol{x}$ 的分类，只需要计算训练样本点对于新样本的内积即可；又因为对于非支持向量，其 $\alpha_i=0$，所以实际上仅需计算训练集中支持向量与新点的内积即可。

5.3 非线性支持向量机

SVM 如果只适用于线性可分样本集，那么它的实用价值就很有限。在实际应用中还存在大量线性不可分的样本集，如图 5－2 所示。对线性不可分的样本集，SVM 算法的解决思路是怎样的呢？

5.3.1 核心思想

对于线性不可分集合，SVM 算法将它们从原始空间映射到更高维度的空间中，使得它们在更高维的空间中变成线性可分的，如图 5－5 所示。将低维线性不可分的样本映射到高维度的向量空间里变成线性可分，在高维空间里通过间隔最大化方式学习得到的支持向量机，就是非线性 SVM。

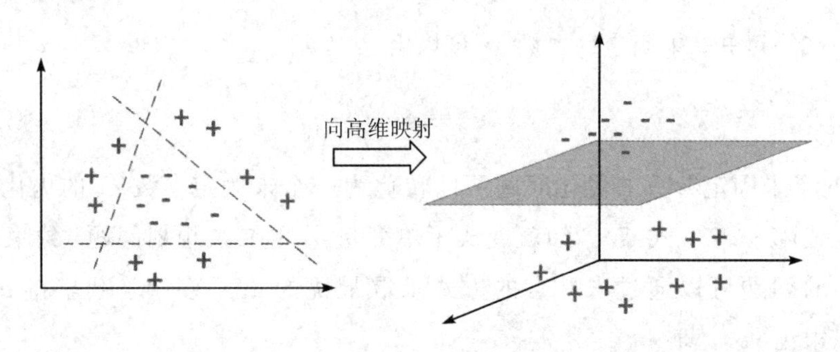

图 5－5 向高维空间映射

低维空间上样本点的特征向量用 $\boldsymbol{x}$ 表示，映射后的特征向量假设为 $\phi(\boldsymbol{x})$，对应的分隔超平面的模型可表示为

$$f(\boldsymbol{x}) = \boldsymbol{w}^{\mathrm{T}}\phi(\boldsymbol{x}) + b \tag{5-34}$$

对应的，模型参数 $\boldsymbol{w}^{\mathrm{T}}$、$b$ 的求解由式(5－9)变为

$$\begin{cases} \min\limits_{\boldsymbol{w},b} \dfrac{1}{2}\|\boldsymbol{w}\|^2 \\ \text{s.t.}\quad 1 - y_i(\boldsymbol{w}^{\mathrm{T}}\phi(\boldsymbol{x}_i) + b) \leqslant 0 \end{cases} \tag{5-35}$$

类似的，对偶问题也由式(5－26)转变为

$$\begin{cases} \max\limits_{\boldsymbol{\alpha}}\left(-\dfrac{1}{2}\sum\limits_{i=1}^{N}\sum\limits_{j=1}^{N}\alpha_i\alpha_j y_i y_j(\phi(\boldsymbol{x}_i)^{\mathrm{T}}\cdot\phi(\boldsymbol{x}_j))+\sum\limits_{i=1}^{N}\alpha_i\right) \\ \text{s.t.}\quad \sum\limits_{i=1}^{N}\alpha_i y_i=0,\ \alpha_i\geqslant 0,\ i=1,2,\cdots,N \end{cases} \tag{5-36}$$

综上，非线性 SVM 的建立需要两步：① 使用非线性映射 $\phi(\boldsymbol{x})$将数据变换到一个新的空间；② 在新的空间中构建一个线性分隔超平面。

第一步，如果原始空间是有限维的，即样本集的属性数量是有限的，就一定存在一个高维特征空间使得样本可分[2, 6]，也就是说一定能找到这样一个映射 $\phi(\boldsymbol{x})$。但是，$\phi(\boldsymbol{x})$的形式具体是怎样的呢？

第二步，在式(5-36)中，$\phi(\boldsymbol{x})$的内积$(\phi(\boldsymbol{x}_i)^{\mathrm{T}}\cdot\phi(\boldsymbol{x}_j))$的求解是关键，现实中由于映射后的特征空间维数很高，内积的直接求解很困难。

如果有办法在原始特征空间计算映射后的高维空间的内积，那么就可以直接在原始特征空间上构建一个分类器了，这种直接在原始空间上计算内积的方法称为核函数方法。

核函数方法指的是，在原始特征空间中构建一个函数 $k(\boldsymbol{x}_i, \boldsymbol{x}_j)$作为高维空间中特征向量的内积 $\phi(\boldsymbol{x}_i)^{\mathrm{T}}\phi(\boldsymbol{x}_j)$，新的对偶问题由式(5-36)转变为

$$\begin{cases} \max\limits_{\boldsymbol{\alpha}}\left(-\dfrac{1}{2}\sum\limits_{i=1}^{N}\sum\limits_{j=1}^{N}\alpha_i\alpha_j y_i y_j k(\boldsymbol{x}_i, \boldsymbol{x}_j)+\sum\limits_{i=1}^{N}\alpha_i\right) \\ \text{s.t.}\quad \sum\limits_{i=1}^{N}\alpha_i y_i=0,\ \alpha_i\geqslant 0,\ i=1,2,\cdots,N \end{cases} \tag{5-37}$$

5.3.2 核函数的应用

假设式(5-37) 的求解结果为 $\boldsymbol{w}^*=\sum\limits_{i=1}^{N}\alpha_i y_i\phi(\boldsymbol{x}_i)$，则对应的非线性 SVM 如下所示：

$$f(\boldsymbol{x})=\boldsymbol{w}^*\phi(\boldsymbol{x})+b^*=\sum_{i=1}^{N}\alpha_i y_i\phi(\boldsymbol{x}_i)^{\mathrm{T}}\phi(\boldsymbol{x})+b^* \tag{5-38}$$

对于一个新的样本，式(5-38)给出了高维空间上的线性分类器的计算方法，有了核函数，我们就不需要计算内积，使用式(5-39)进行分类，这样就避免了高维空间中计算量大增的“维数灾难”问题。

$$f(\boldsymbol{x})=\boldsymbol{w}^*+b^*=\sum_{i=1}^{N}\alpha_i y_i k(\boldsymbol{x}_i, \boldsymbol{x})+b^* \tag{5-39}$$

核函数的定义：对所有 $\boldsymbol{x}, \boldsymbol{z}\in\chi$，核函数 $k(\boldsymbol{x}, \boldsymbol{z})=\langle\phi(\boldsymbol{x}), \phi(\boldsymbol{z})\rangle$，这里 ϕ 是从χ 到内积特征空间$\mathcal{F}$的映射。

也就是说，核函数指的是低维空间上的一个函数 k，这个函数的计算结果是映射到高维空间后的两个向量的内积。换句话说，核函数的输入是原始空间(一般是低维空间)中的向量，输出的是映射空间(转换后的数据空间，可能是高维)中向量的内积的结果，而构建核函数的目的是减少高维空间上向量内积的计算复杂度。

例 5.1　假设二维空间上的向量 $\boldsymbol{x}$ 到三维空间上的映射如式(5-40)所示，求这个映射的核函数。

$$\phi: \boldsymbol{x}=(x_1, x_2) \in \mathbf{R}^2 \rightarrow \phi(\boldsymbol{x})=(x_1^2, x_2^2, \sqrt{2}x_1x_2) \in \mathbf{R}^3 \tag{5-40}$$

已知映射函数如式(5-40)所示，假设二维空间上的两个向量 $\boldsymbol{x}$、$\boldsymbol{y}$，映射到三维空间后的向量内积为

$$\begin{aligned}\langle \phi(\boldsymbol{x}), \phi(\boldsymbol{y}) \rangle &= \langle (x_1^2, x_2^2, \sqrt{2}x_1x_2), (y_1^2, y_2^2, \sqrt{2}y_1y_2) \rangle \\ &= x_1^2y_1^2 + x_2^2y_2^2 + 2x_1x_2y_1y_2\end{aligned} \tag{5-41}$$

而在映射之前的二维空间中，向量 $\boldsymbol{x}$、$\boldsymbol{y}$ 的内积为

$$\langle \boldsymbol{x}, \boldsymbol{y} \rangle = x_1y_1 + x_2y_2 \tag{5-42}$$

所以，映射式(5-40)的核函数 $k(\boldsymbol{x}, \boldsymbol{y})=\langle \boldsymbol{x}, \boldsymbol{y} \rangle^2$。

若将例 5.1 中的映射变得更复杂一点，将二维空间的向量映射到四维空间中，则

$$\phi: \boldsymbol{x}=(x_1, x_2) \in \mathbf{R}^2 \rightarrow \phi(\boldsymbol{x})=(x_1^2, x_2^2, x_1x_2, x_2x_1) \in \mathbf{R}^4 \tag{5-43}$$

观察发现映射式(5-43)与式(5-40)具有相同的核函数，显然，核函数的计算复杂度要比在映射后的高维空间中直接计算向量内积的复杂度更低。但现在还有一个问题，虽然已知映射 $\phi(\cdot)$的形式时较容易得到核函数，但如果映射形式未知能找到合适的核函数吗？

从式(5-36)、式(5-39)可知，高维空间中对偶问题求解、最后分隔超平面的解析式都只需要计算映射后的向量内积，不需要知道映射的具体形式。也就是说，可以直接在原始空间中找到一些函数，再判断这些函数是否可以作为有效的核函数，然后将核函数直接代入式(5-36)、式(5-39)就可以得到高维的线性分隔超平面，这样就节省了高维映射、高维空间向量内积运算等操作，降低了复杂度。

幸运的是，Mercer 定理给出了一个判断某个函数是否可以作为核函数的方法。

Mercer 定理：如果函数 k 是 $\mathbf{R}^n \times \mathbf{R}^n \rightarrow \mathbf{R}$ 上的映射(即从两个 n 维向量映射到实数域)，并且 k 是一个有效核函数(也称为 Mercer 核函数)，那么当且仅当对于训练样例$\{\boldsymbol{x}_1, \boldsymbol{x}_2, \cdots, \boldsymbol{x}_m\}$，其相应的核函数矩阵是对称半正定的。

定理第一句是说核函数是原始空间上两个向量到一个实数的映射，后半句中训练样例的核函数矩阵如下所示：

$$\boldsymbol{K}=\begin{bmatrix} k(\boldsymbol{x}_1, \boldsymbol{x}_1) & k(\boldsymbol{x}_1, \boldsymbol{x}_2) & \cdots & k(\boldsymbol{x}_1, \boldsymbol{x}_m) \\ k(\boldsymbol{x}_2, \boldsymbol{x}_1) & k(\boldsymbol{x}_2, \boldsymbol{x}_2) & \cdots & k(\boldsymbol{x}_2, \boldsymbol{x}_m) \\ \vdots & \vdots & & \vdots \\ k(\boldsymbol{x}_m, \boldsymbol{x}_1) & k(\boldsymbol{x}_m, \boldsymbol{x}_2) & \cdots & k(\boldsymbol{x}_m, \boldsymbol{x}_m) \end{bmatrix} \tag{5-44}$$

Mercer 定理说明任何一个使矩阵式(5-44)为半正定矩阵的函数 $k(\cdot, \cdot)$都可以是一个有效的核函数，而每个有效的核函数又可以隐式地定义一个特征空间，这个特征空间被称为再生核希尔伯特空间(Reproducing Kernel Hilbert Spaces，RKHS)[7]。

所以，判断一个函数 k 是否为有效核函数的问题就变成了判断矩阵 $\boldsymbol{K}$ 是否为半正定矩阵的问题。而半正定矩阵的定义为：对于一个大小为 $n \times n$ 的实对称矩阵 $\boldsymbol{A}$，若对于任意长度为 n 的向量 $\boldsymbol{x}$，有 $\boldsymbol{x}^{\mathrm{T}}\boldsymbol{A}\boldsymbol{x} \geqslant 0$ 恒成立，则矩阵 $\boldsymbol{A}$ 是半正定的。

例 5.2　判断矩阵 $\boldsymbol{A}=\begin{bmatrix}2 & -1 & 0\\ -1 & 2 & -1\\ 0 & -1 & 2\end{bmatrix}\in\mathbf{R}^{3\times 3}$ 是否为半正定矩阵。

假设非零向量 $\boldsymbol{x}=[x_1, x_2, x_3]^{\mathrm{T}}\in\mathbf{R}^3$，则

$$\begin{aligned}\boldsymbol{x}^{\mathrm{T}}\boldsymbol{A}\boldsymbol{x}&=[x_1 \quad x_2 \quad x_3]\begin{bmatrix}2 & -1 & 0\\ -1 & 2 & -1\\ 0 & -1 & 2\end{bmatrix}\begin{bmatrix}x_1\\ x_2\\ x_3\end{bmatrix}\\ &=[2x_1-x_2 \quad -x_1+2x_2-x_3 \quad -x_2+2x_3]\begin{bmatrix}x_1\\ x_2\\ x_3\end{bmatrix}\\ &=x_1^2+(x_1-x_2)^2+(x_2-x_3)^2+x_3^2\geqslant 0\end{aligned}\tag{5-45}$$

因此，矩阵 $\boldsymbol{A}$ 是半正定的。

由前面论述可知，核函数具有以下性质：

(1) 核函数的引入避免了“维数灾难”，大大减小了计算量，而输入空间的维数 n 对核函数矩阵无影响，因此，核函数方法可以有效处理高维输入，而无需知道映射函数 $\phi(\boldsymbol{x})$ 的形式和参数。

(2) 核函数的形式和参数的变化会隐式地改变从输入空间到特征空间的映射，进而对特征空间的性质产生影响，最终改变各种核函数方法的性能。

(3) 核函数方法可以和不同的算法相结合，形成多种不同的基于核函数技术的方法，且这两部分的设计可以单独进行，并可以为不同的应用选择不同的核函数和算法。

(4) 核函数对应的特征空间和特征映射并不唯一，核函数具有封闭性，核函数反映了输入数据之间的相似性[8-9]。

(5) 核函数不止可以用于非线性 SVM 算法中，任何向量相乘的算法形式都可以用核函数进行优化。

有了核函数就可以隐式地生成一个高维空间，但是样本集在这个隐式的高维空间中是否具有一个良好的线性分隔超平面呢？这就要看核函数的选择了，所以原始空间上线性不可分样本集的分类问题就变成了寻找合适的核函数问题了。那么，常见的可供选择的核函数有哪些呢？

5.3.3　常用核函数

由上一小节介绍可知，核函数的选取直接关系到对样本集的分类效果，因此通常需要根据应用场景选择合适的核函数。在具体的应用场景中，有专用核函数和通用核函数两类，专用核函数需要根据具体应用场景去构造，而常见的通用核函数包括线性核函数、多项式核函数、高斯核函数、拉普拉斯核函数和 Sigmoid 核函数。

(1) 线性核函数。如式(5-46)所示，线性核函数主要用于线性可分的场景，原始空间和映射空间的维度并没有发生变化。线性核函数的优点是参数少、速度快，缺点是不能解决线性不可分的样本集分类问题。

$$k(\boldsymbol{x},\ \boldsymbol{y})=\langle\boldsymbol{x},\ \boldsymbol{y}\rangle+c=\boldsymbol{x}^{\mathrm{T}}\boldsymbol{y}+c \tag{5-46}$$

(2) 多项式核函数。如式(5-47)所示，式中 $\gamma=1$，$n=1$ 时就变成了线性核函数，多项式核函数通过升维使原本线性不可分的样本集变得线性可分。

$$k(\boldsymbol{x},\ \boldsymbol{y})=(\gamma\boldsymbol{x}^{\mathrm{T}}\boldsymbol{y}+c)^{n},\quad \gamma>0,\ c\geqslant 0,\ n\geqslant 1 \tag{5-47}$$

(3) 高斯核函数。如式(5-48)所示，式中 σ 为高斯核的带宽。高斯核函数是一种局部性强的核函数，其可以将一个样本映射到一个更高维的空间内，该核函数是应用最广的一个核函数。无论对于大样本还是小样本都有比较好的性能，相对于多项式核函数，其参数较少，在不确定合适的核函数的场景下可以优先尝试高斯核函数的分类效果。

$$k(\boldsymbol{x},\ \boldsymbol{y})=\exp\left(-\frac{\|\boldsymbol{x}-\boldsymbol{y}\|^{2}}{2\sigma^{2}}\right),\ \sigma>0 \tag{5-48}$$

(4) Sigmoid 核函数。如式(5-49)所示，式中 $\tanh(\cdot)$ 为双曲正切函数。Sigmoid 核函数经常用在神经网络的映射中。

$$k(\boldsymbol{x},\ \boldsymbol{y})=\tanh(\beta\boldsymbol{x}^{\mathrm{T}}\boldsymbol{y}+\theta),\ \beta>0,\ \theta<0 \tag{5-49}$$

除此之外，还可以根据核函数的封闭性构造一些组合的核函数。核函数的封闭性指的是若 $k_1(\cdot)$、$k_2(\cdot)$ 都是核函数，则：① $\alpha k_1(\cdot)+\beta k_2(\cdot)(\alpha>0,\ \beta>0)$ 也是核函数；② $k_1(\cdot)k_2(\cdot)$ 也是核函数；③ 对任意函数 $g(\cdot)$，有 $k(\boldsymbol{x},\ \boldsymbol{y})=g(\boldsymbol{x})k_1(\boldsymbol{x},\ \boldsymbol{y})g(\boldsymbol{y})$ 也是核函数。有关核函数的封闭性证明可以参考相关文献[8]。

5.3.4　非线性支持向量机学习算法

有了核函数后，就可对式(5-37)进行求解，求解方法与线性 SVM 类似，假设最优解为($\boldsymbol{\alpha}^{*}$，b)，则对应的非线性性 SVM 如下所示：

$$f(\boldsymbol{x})=\operatorname{sign}\left(\sum_{i=1}^{N}\alpha_i^{*}y_i k(\boldsymbol{x},\ \boldsymbol{x}_i)+b^{*}\right) \tag{5-50}$$

实际使用时，会用具体的核函数替代式(5-50)中的 $k(\cdot)$，例如使用多项式核函数的分类决策函数为

$$f(\boldsymbol{x})=\operatorname{sign}\left(\sum_{i=1}^{N}\alpha_i^{*}y_i\ (\gamma\boldsymbol{x}_i^{\mathrm{T}}\boldsymbol{x}+c)^{n}+b^{*}\right) \tag{5-51}$$

与线性 SVM 的算法相比，非线性 SVM 的学习算法步骤多了选取适当核函数的工作，其算法步骤包括：① 选择适当的核函数；② 求解最优化问题；③ 计算偏移量；④ 构造分类决策函数(如式(5-50)所示)。

步骤一，选择适当的核函数。具体哪种核函数更适合，要依据分类的训练集而定。如果训练集的特征数量多、样本数量不太多，可以考虑使用线性核函数；如果特征数量少、样本数量比较多，可以考虑使用高斯核函数。在不确定哪种核函数更合适的时候，可以采用交叉验证的方式来比较各种不同核函数的分类效果，然后选择一个最优的。

步骤二，求解最优化问题。选定了核函数后，接下来就是解对偶问题(如式(5-37)所示)，与线性 SVM 求解类似也可以使用 SMO 算法求解。

步骤三，计算偏移量。选择 $\boldsymbol{\alpha}^{*}$ 的正分量 α_i^{*}，计算 b^{*}，即

$$b^{*}=y_j-\sum_{i=1}^{N}\alpha_i^{*}y_i k(\boldsymbol{x}_i,\ \boldsymbol{x}_j) \tag{5-52}$$

步骤四，构造非线性 SVM 的决策函数(如式(5-50)所示)。

5.4 软 间 隔

前面 SVM 求解的假设是样本集都是严格可分的，即原始空间上线性可分或映射空间上线性可分。但是，现实应用中由于噪声点一类的影响导致训练集可能并不是完美可分的，而且严格完美的分隔超平面很有可能是过拟合的结果。为了解决这些问题，在 SVM 算法的间隔最大化时可使用软间隔对式(5-9)进行优化。

5.4.1 软间隔定义

图 5-4 中硬间隔下的支持向量相对简单，只要满足式(5-53)即可。

$$1-y_i(\boldsymbol{w}^{\mathrm{T}}\boldsymbol{x}_i+b)=0 \tag{5-53}$$

为使 SVM 更具通用性、防止过拟合，引入软间隔，如图 5-6 所示。软间隔允许某些样本不满足约束条件，即软间隔支持向量并不一定是离分隔超平面最近的点，这样就可以过滤掉在分隔超平面附近由于噪声而被错误归类的点。

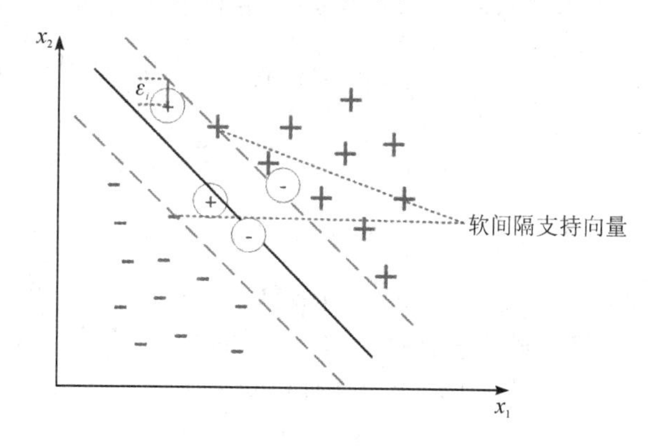

图 5-6 软间隔支持向量

所谓软间隔，就是在硬间隔的基础上引入一个松弛变量 ε_i ($\varepsilon_i \geqslant 0$)，对应的 SVM 目标函数的约束条件变为

$$y_i(\boldsymbol{w}^{\mathrm{T}}\boldsymbol{x}_i+b)\geqslant 1-\varepsilon_i,\ \varepsilon_i \geqslant 0 \tag{5-54}$$

式(5-54)的含义是，在原来硬间隔的基础上往外扩展一些包容分隔超平面附近的噪声点，具体往外扩展多少是由松弛变量 ε_i 来确定的，而这个 ε_i 也是算法要学习优化的变量之一。算法优化过程中，为了不让 ε_i 无限增大，加入了一个正则化项(惩罚项)。最后，软间隔 SVM 的目标函数变为

$$\begin{cases}\min\limits_{\boldsymbol{w},\,b,\,\varepsilon_i}\left(\dfrac{1}{2}\|\boldsymbol{w}\|^2+C\sum\limits_{i=1}^{N}\varepsilon_i\right)\\ \text{s.t.}\quad y_i(\boldsymbol{w}^{\mathrm{T}}\boldsymbol{x}_i+b)\geqslant 1-\varepsilon_i\quad \varepsilon_i\geqslant 0,\ i=1,\ 2,\ \cdots,\ N\end{cases} \tag{5-55}$$

式中，C 为常数，用来控制对于不满足约束 $y_i(\boldsymbol{w}^{\mathrm{T}}\boldsymbol{x}_i+b)\geqslant 1$ 的点的容忍程度，极限情况是

当 $C \to +\infty$ 时式(5-55)的第二项就不起作用了，就又回到硬间隔的情况。

5.4.2 采用软间隔的支持向量机

与硬间隔线性 SVM 算法类似，采用软间隔的 SVM 求解也经过拉格朗日函数构建、找到对偶问题、问题求解、利用求解得到的分隔超平面构建分类模型四个步骤。

式(5-55)引入拉格朗日乘子，得到的拉格朗日函数为

$$L(\boldsymbol{w}, b, \boldsymbol{\alpha}, \boldsymbol{\varepsilon}, \boldsymbol{\mu}) = \frac{1}{2}\|\boldsymbol{w}\|^2 + C\sum_{i=1}^{N}\varepsilon_i + \sum_{i=1}^{N}\alpha_i(1-\varepsilon_i - y_i(\boldsymbol{w}^{\mathrm{T}}\boldsymbol{x}_i + b)) - \sum_{i=1}^{N}\gamma_i\varepsilon_i \tag{5-56}$$

式中，α_i、γ_i 为拉格朗日乘子。与 5.2.2 小节的方法类似，$L(\boldsymbol{w}, b, \boldsymbol{\alpha}, \boldsymbol{\varepsilon}, \boldsymbol{\mu})$分别对 $\boldsymbol{w}$、$\boldsymbol{b}$、$\boldsymbol{\varepsilon}$ 求偏导，令其为 0，得

$$\frac{\partial L}{\partial \boldsymbol{w}} = 0 \Rightarrow \boldsymbol{w} = \sum_{i=1}^{N}\alpha_i y_i \boldsymbol{x}_i \tag{5-57}$$

$$\frac{\partial L}{\partial b} = 0 \Rightarrow 0 = \sum_{i=1}^{N}\alpha_i y_i \tag{5-58}$$

$$\frac{\partial L}{\partial \boldsymbol{\varepsilon}} = 0 \Rightarrow \alpha_i = C - \gamma_i,\ i = 1, 2, \cdots, N \tag{5-59}$$

将式(5-57)～式(5-59)代入式(5-56)，得到式(5-55)的对偶问题为

$$\begin{cases} \max\limits_{\boldsymbol{\alpha}}\left(\sum\limits_{i=1}^{N}\alpha_i - \frac{1}{2}\sum\limits_{i=1}^{N}\sum\limits_{j=1}^{N}\alpha_i\alpha_j y_i y_j \boldsymbol{x}_i^{\mathrm{T}}\boldsymbol{x}_j\right) \\ \text{s.t.}\quad \sum\limits_{i=1}^{N}\alpha_i y_i = 0,\ 0 \leqslant \alpha_i \leqslant C,\ i = 1, 2, \cdots, N \end{cases} \tag{5-60}$$

因为式(5-59)中，$\alpha_i = C - \gamma_i$，且拉格朗日乘子要求 $\gamma_i \geqslant 0$，所以式(5-60)相对于硬间隔对偶问题(即式(5-26))多了一个 $0 \leqslant \alpha_i \leqslant C$ 的条件。

由于采用的是软间隔，相对应的 KKT 条件也变为

$$\begin{cases} \alpha_i \geqslant 0,\ \gamma_i \geqslant 0 \\ y_i f(\boldsymbol{x}_i) - 1 + \varepsilon_i \geqslant 0 \\ \alpha_i(y_i f(\boldsymbol{x}_i) - 1 + \varepsilon_i) = 0 \\ \varepsilon_i \geqslant 0,\ \gamma_i\varepsilon_i = 0 \end{cases} \tag{5-61}$$

假设式(5-60)的解为 $\boldsymbol{\alpha}^* = (\alpha_1^*, \alpha_2^*, \cdots, \alpha_N^*)^{\mathrm{T}}$，对应的分隔超平面 $f(\boldsymbol{x})$的参数为 $\boldsymbol{w}^*$，再选择 $\boldsymbol{\alpha}^*$ 的一个分量 α_j^*，$0 < \alpha_j^* < C$，计算 b^*，则

$$\boldsymbol{w}^* = \sum_{i=1}^{N}\alpha_i^* y_i \boldsymbol{x}_i \tag{5-62}$$

$$b^* = y_j - \sum_{i=1}^{N}y_i\alpha_i^*(\boldsymbol{x}_i \cdot \boldsymbol{x}_j) \tag{5-63}$$

与硬间隔 SVM 类似，训练集中样本点有两类：① $y_i f(\boldsymbol{x}_i) - 1 + \varepsilon_i = 0$，软间隔的支持向量点落在最大间隔边界上；② 非支持向量点，又被分成最大间隔以外的普通点、最大间隔以内的噪声点、被分隔超平面错误分类的点等三类。

5.5　应用案例

本小节通过一个案例展示使用 SVM 进行数据处理的一般流程。

例 5.3　使用 SVM 算法制作一个鸢尾花的分类器。

图 5-7 所示为鸢尾花，它是一种较常见的单子叶百合目花卉。早在 20 世纪 30 年代，就有科学家采集了鸢尾花的萼长、萼宽、瓣长、瓣宽与具体种类之间的对应数据作为线性分类器的验证集。鸢尾花数据集非常经典，是各种机器学习算法常用的验证数据源。

图 5-7　鸢尾花

Sklearn 包的数据集中就包含了鸢尾花数据，可以通过 load_iris 来加载。数据集包含三种鸢尾花(Setosa，Versicolor，Virginica)合计 150 条记录，每个种类 50 条记录。每条记录都包含了花的萼长、萼宽、瓣长、瓣宽(单位：cm)，以及对应的鸢尾花种类。

使用 load_iris 得到的数据是 Bunch 类对象，而 Bunch 类继承自 Dict 类，因此得到的数据集是以键值对的形式存放的，为便于处理，先将其按照解释变量、目标变量的顺序转成 DataFrame 型数据。

Iris 数据集已经过预处理，其类别已经数据化为{0，1，2}，如图 5-8 所示。

Index	sepal length(cm)	sepal width(cm)	petal length(cm)	petal width(cm)	target
0	4.3	3	1.1	0.1	0
1	4.4	3.2	1.3	0.2	0
2	4.4	3	1.3	0.2	0
3	4.4	2.9	1.4	0.2	0
4	4.5	2.3	1.3	0.3	0

图 5-8　鸢尾花数据集部分数据

以萼长(sepal length)和萼宽(sepal width)为横、纵坐标，然后根据鸢尾花类别不同使用不同大小和颜色的点绘制成散点图，如图 5-9 所示。由图 5-9 可以看出，在以花萼为尺寸构建的二维平面上鸢尾花不是线性可分的。

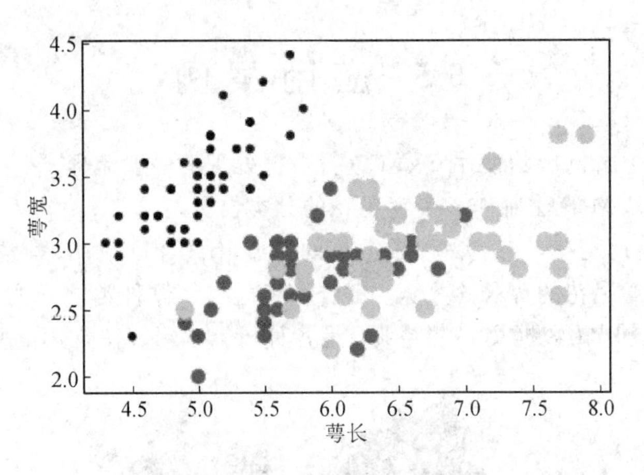

图 5-9　根据花萼尺寸进行的分类

接下来构建并求解 SVM 分类器，Python 的 Sklearn 包提供了很好的 SVM 分类器实现，使用时只需通过设置合适的接口参数即可得到适用于所处理数据的 SVM 分类器。Sklearn.svm.SVC 使用时常被调整的参数包括核函数(kernel)、正则化参数(C)、多项式核函数的次数(degree，poly 核时有效)、核系数(gamma，rbf、poly、Sigmoid 核有效)、核函数中的常数项(coef0，poly、Sigmoid 核有效)等。核函数的选取对分类效果影响较大，可选的包括线性核(linear)、多项式核(poly)、径向基函数核(rbf)和 Sigmoid 核等。如图5-10、图 5-11 所示分别为 rbf 核与 linear 核时的分类效果。

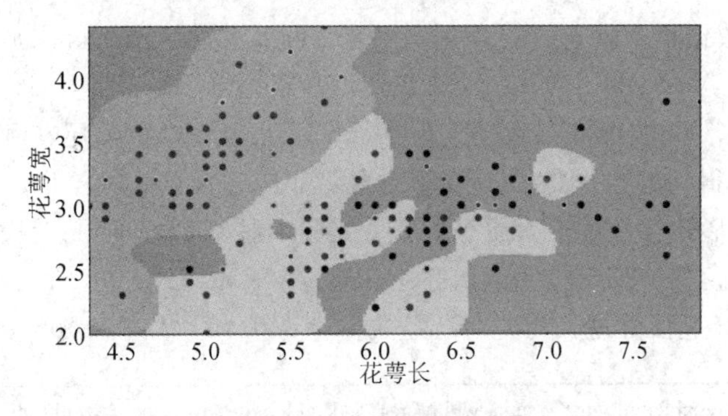

图 5-10　rbf 核分类效果

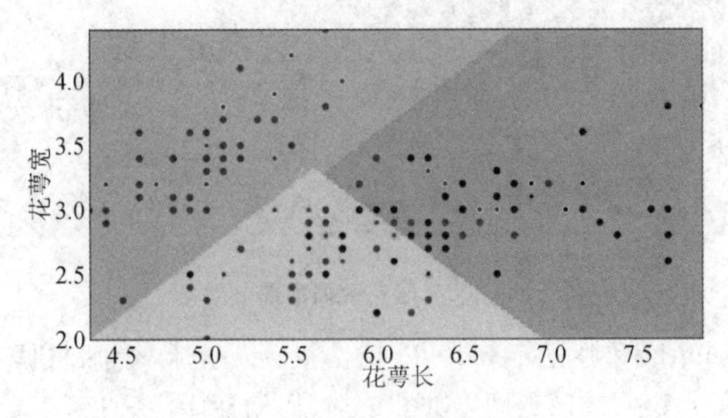

图 5-11　linear 核分类效果

由图5-10、图5-11可以看出，复杂的核函数可以带来更好的分类效果，但也容易出现过拟合。读者可以自行将其他参数与核函数一起调整查看分类效果。数据集加载、模型构建与训练、分类效果图绘制的源码在本书配套的电子资源中可以找到。

本章小结

本章讲解的支持向量机本质上是一个二分类的分类器，若样本集是线性可分的，则可以直接使用一个分隔超平面对其进行分类。在求解这个分隔超平面时用到了几个技巧：① 为了使这个分隔超平面具有更好的鲁棒性，在分隔超平面求解过程中加入了硬间隔最大化这一条件；② 为了在求解最值的时候包含限定条件，通过拉格朗日乘子法构建了一个拉格朗日函数；③ 为了求最值方便，可转换为求解对偶问题，当然对偶问题和原问题要等价需满足KKT条件；④ 最后求解时使用了SMO算法。

还有一类样本集，虽然在原始空间中不是线性可分的，但是如果将它们映射到高维空间中即可变成线性可分的，因此这类样本集也是可以使用硬间隔SVM进行分类的。在实际求解过程中，为了降低算法复杂度，并没有真正把样本集从原始空间映射到高维空间，而是使用了核技巧。因为在高维空间中求解SVM，真正需要用到的是高维空间向量的内积，而映射后的内积可以使用原始空间中的核函数来代替求解，所以高维空间的映射函数及其对应的SVM求解问题就转化成核函数选择及其对应的SVM求解问题了，这样就使问题求解计算的复杂度降低了。

最后，还有一类样本集，它并不是线性可分的，而这个线性不可分可能是由于个别的离群点或噪声点造成的。针对这一类样本集，引入了软间隔的概念，使得SVM的最大间隔对这些离群点或噪声点有一定的包容性。软间隔SVM的求解和硬间隔SVM的求解非常类似，最大区别就是限定条件的区别。

思考题

1. 使用SVM算法为线性可分样本集构建一个分类器，样本集中的样本点对构建SVM的贡献是否相同？

2. 什么是正定矩阵？什么是半正定矩阵？

3. 式(5-33)中，对于非支持向量，为什么有$\alpha_i=0$？

4. 若$k_1(\cdot)$、$k_2(\cdot)$均为核函数，试证明$\alpha k_1(\cdot)+\beta k_2(\cdot)(\alpha>0, \beta>0)$也是核函数。

5. 软间隔SVM模型中，松弛变量ε有什么作用？

6. 对比逻辑回归算法和支持向量算法有何异同。

参考文献

[1] CORTES C, VAPNIK V. Support-vector networks[J]. Machine Learning, 1995, 20

(3)：273 - 297.

[2] 周志华. 机器学习[M]. 北京：清华大学出版社，2016.

[3] 李航. 统计学习方法[M]. 2版. 北京：清华大学出版社，2019.

[4] BOYD S，VANDENBERGHE L. Convex optimization[M]. Cambridge：Cambridge University Press，2004.

[5] PLATT J C. Fast training of support vector machines using sequential minimal optimization [M]. Advances in Kernel Methods：Support Vector Learning，Cambridge，MA，USA：MIT Press，1999.

[6] COVER T M. Geometrical and statistical properties of systems of linear inequalities with applications in pattern recognition [J]. IEEE Transactions on Electronic Computers，2006，EC - 14(3)：326 - 334.

[7] MOORE R E，CLOUD M J. Reproducing kernel Hilbert spaces[J]. Computational Functional Analysis，2007，24(4)：35 - 41.

[8] 王国胜. 核函数的性质及其构造方法[J]. 计算机科学，2006，33(6)：172 - 178.

[9] 王国胜. 支持向量机的理论与算法研究[D]. 北京：北京邮电大学，2008.

第 6 章　人工神经网络

人工神经网络(Artificial Neural Network，ANN)是一种较为特殊的智能算法。它的诞生是受大脑中神经元机理启发的。人工神经网络的发展经历了三次高潮和两次低谷，现如今在人工智能领域大放异彩的深度学习算法就是以神经网络为基础的。因此，神经网络算法对人工智能学习者非常重要，不可不知！

第 5 章学习的 SVM，首先假设训练样本集是可分的，然后再想办法求解一个分隔超平面；而决策树、K 近邻、线性回归等算法也与之类似，它们都是先对数据做一些假设，然后根据这些假设求解数学模型，最后把求得的模型应用于生产实际，解决一些与初始假设类似的问题。而神经网络算法的设计理念不一样，它的设计初衷是模拟人类大脑的工作原理，以神经元为基础构建一个网状结构以实现可以替代人类大脑的人工智能。

人工神经网络的发展经历了神经元模型、反向传播(Back Propagation，BP)网络、深度学习三个主要阶段，本章重点介绍神经元和 BP 神经网络。

6.1　人工智能的概念

数据挖掘的目标是从数据中找到隐藏的、有价值的信息。因为数据量一般是庞大而繁杂的，所以我们希望这个挖掘的过程由计算机来完成。为了在数据中自动寻找有价值的信息，需要人工智能的帮助。

人工智能(Artificial Intelligence，AI)可分成人工和智能两部分，人工就是人力制造的，那么人力制造的东西在什么条件下可以称之为人工智能呢？人工又该怎样实现这样的智能呢？

6.1.1　图灵测试

图灵测试(The Turing Test)由艾伦·麦席森·图灵(Alan Mathison Turing，1912 年 6 月 23 日—1954 年 6 月 7 日)在 1950 年提出[1]，指测试人与被测试者(一个人和一台机器)在隔开的情况下，通过一些装置(如键盘)由测试人向被测试者随意提问(如图 6 - 1 所示)，如果经过一段时间(超过 25 分钟)后被测试者的答复不能使测试人确认出哪个是人、哪个是机器的回答，那么这台机器就通过了测试，并被认为具有人类智能。

图灵测试的意义在于给出了一个判断人工智能是否真的可以替代人类智能的方法，图灵测试的初衷是要搞明白两个问题：① 人类能否制造出可以思考的机器？② 如何判断人类造出的机器能否思考？

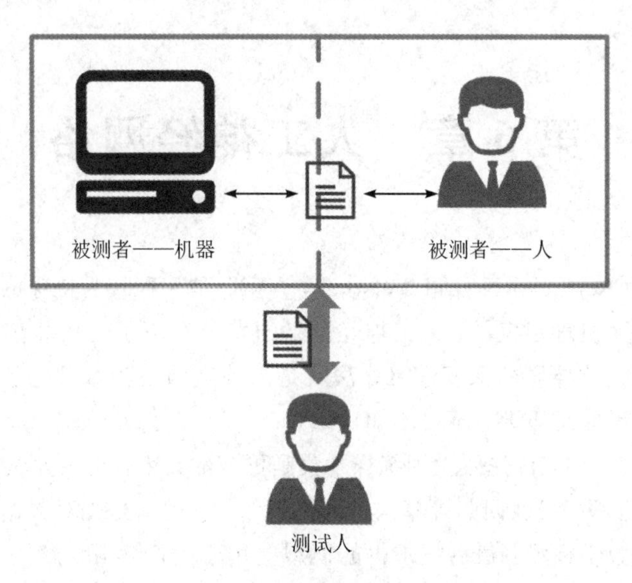

图 6-1　图灵测试示意图

随着人工智能算法的发展，特别是神经网络、深度学习技术的快速发展，原有的图灵测试方案已不能满足当前需求，在此基础上拓展出许多新的测试方法，称为“新图灵测试”[2-3]。新图灵测试方案包括测试人工智能是否能理解一篇文章(如输入一篇文章让算法分析文章中某个人物的性格或总结文章的中心思想)、测试一个机器人是否具备对物理环境的适应能力(如让护理机器人帮助老人从浴缸里出来)、测试一个人工智能助理是否胜任某一工作任务(如顾客对客服机器人的满意度调查)等。

6.1.2　人工智能的三种实现思路

人工智能的魅力吸引了大批研究人员的关注，由于其各自的学术背景、研究领域不同，形成了多种不同的实现思路，概括起来比较有代表性的三种模拟方案是：① 功能模拟；② 结构模拟；③ 行为模拟。

功能模拟又称符号主义，它是人工智能最早和应用最广泛的研究方法。功能模拟把问题或知识表示为某种逻辑结构，运用符号演算实现表示、推理和学习等功能，从宏观上模拟人脑思维，实现人工智能功能。功能模拟法的应用包括定理证明、自动推理、专家系统、自动程序设计和机器博弈等。

结构模拟也称联结主义，该方法认为思维的基元不是符号而是神经元，通过模拟人类的大脑结构来实现人工智能，属于非符号处理范畴。该方法通过对神经网络的训练进行学习，获得知识并用于解决问题。结构模拟法在模式识别、图像信息压缩等领域获得了成功应用，特别是在大数据训练集的加持下取得了良好效果。

行为模拟也称行为主义，该方法认为智能取决于感知和行动，提出智能行为的“感知—动作”模式。它在控制论的基础上发展而来，在自动控制领域有较为广泛的应用，如自适应、自寻优、自学习、自组织等。该方法在仿生机器人、智能机械等领域有所贡献。

6.1.3　神经网络

人工神经网络属于结构模拟的范畴，是一种借鉴并模仿人脑思维如何工作的数学模型。人类的大脑可以学习很多知识，还可以做出各种分析和判断，做出各种发明创造。如果能够模拟人类大脑，那么人工智能将会十分强大。

如果把人的大脑看成一个系统，大脑的功能就是将各个感官器官得到的信号进行识别、处理，最后加工整理成存储的知识信息或执行器官的动作控制信号等等，如图 6-2 所示，这些我们习以为常的日常动作，需要大脑中数百亿个高度相连的神经元协作完成。

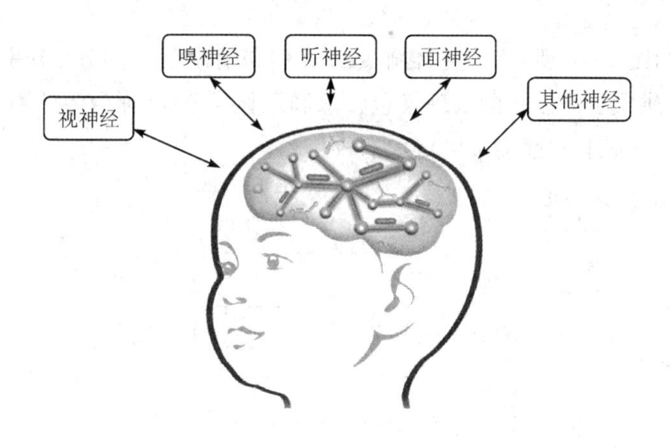

图 6-2　人类大脑神经系统示意图

20 世纪初，生物学家就通过将神经元染色后在显微镜下观察的方法得到了生物体中的神经元模型，如图 6-3 所示。神经元主要由一个神经核(Nucleus)、多个树突(Dendrites)、一个轴突(Axon)组成，而在轴突的末梢那里又有多个分叉(轴突末梢)。神经元通过树突从外界(其他神经元)获得信息，又通过轴突将本神经元的信号以电脉冲的形式输出给其他神经元。也就是说，一个神经元可以通过树突处理多个神经元的输入，然后得到一个输出结果，又可以将唯一的处理结果输出给多个其他的神经元。神经元和神经元之间，是通过树突和轴突末梢的连接来协同工作的，树突和轴突连接的位置被称为突触(Synapse)。

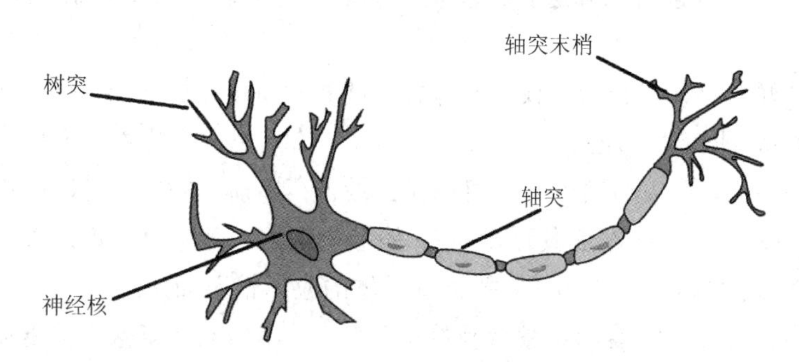

图 6-3　神经元示意图

人工神经网络就是对生物神经网络的简化抽象，它是从神经元模型开始逐步发展出来的一种人工智能算法模型。

6.2 神经元模型

早在1943年，心理学家 McCulloch 和数学家 Pitts 就参考生物神经元的结构提出了抽象的神经元模型，本节将具体介绍神经元模型的工作原理。

6.2.1 模型表示

神经元模型如图6-4所示，它包含输入、处理和输出三个部分，分别类比生物神经元的树突、神经核、轴突。神经元的处理又包含求和运算、函数(称为激活函数或激励函数)运算两步，每个输入分量上又都会乘以对应的权值[4]。

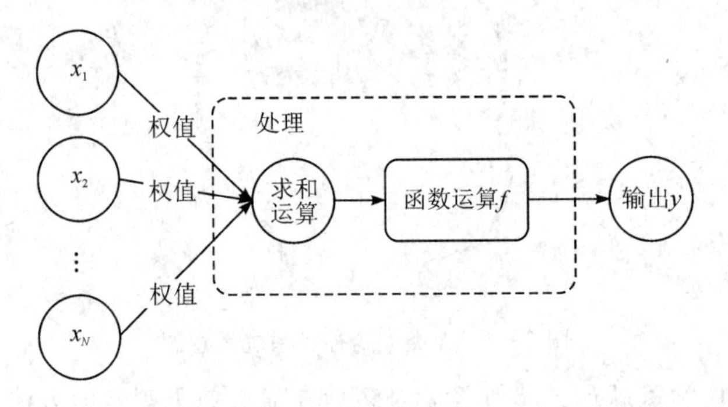

图6-4　神经元模型

若神经元模型处理部分的激活函数记为$f(\cdot)$，对应输入分量x_i的权值记为w_i，则输入和输出之间的关系为

$$y = f\left(\sum_{i=1}^{N} w_i x_i\right) \tag{6-1}$$

神经元模型的一般运算过程为：① 独立的输入值(x_1，x_2，…，x_N)乘以各自的权值输入到神经元；② 对输入进行求和运算；③ 用一个单一的函数对加权求和后的输入进行处理并给出结果y。

我们设计这样一个人工神经元模型来模拟生物神经元，用这个神经元模型来映射输入和输出之间的关系。图6-4左边的x_1，x_2，…，x_N值是每一个样本模型所具有的特征值，这些特征值互相独立；右边的输出值y可以是连续值(如商品价格)，可以是二元分类值(如是或非、买或不买等)，也可以是多元分类值(如颜色识别、手写数字识别等)，所以输出值y可以是一个值，也可以是一组值，需要根据具体的应用情况而定。

神经元模型在设计时需要确定激活函数$f(\cdot)$，常用的激活函数有阶跃函数、Sigmoid函数(S型函数)、ReLU函数、Leaky-ReLU函数、双曲正切(tanh)函数等，如表6-1所示。若采用线性拟合函数，神经元模型就退化为线性回归模型。

表 6-1　常见的激活函数

函数名	图　形	函数公式	导　数
阶跃	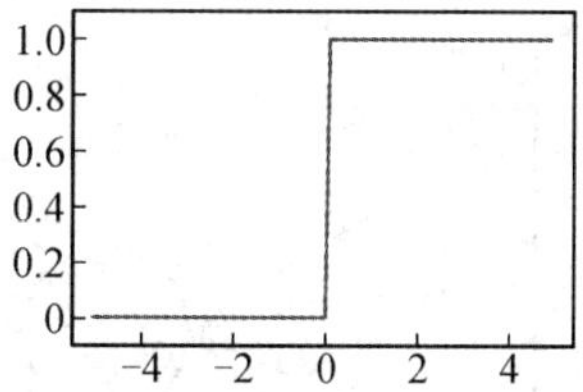	$f(x)=\begin{cases}1, & x\geqslant 0\\ 0, & x<0\end{cases}$	$f'(x)=\begin{cases}0, & x\neq 0\\ \text{不存在}, & x=0\end{cases}$
Sigmoid	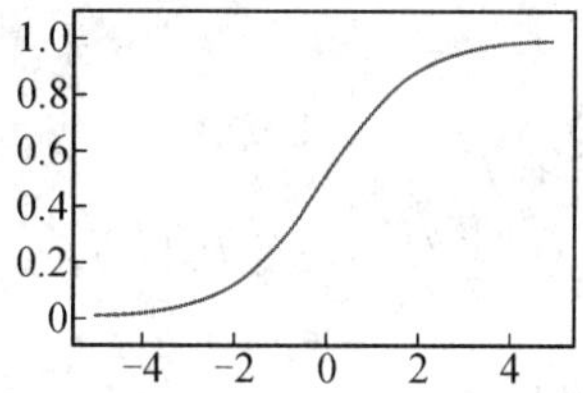	$f(x)=\dfrac{1}{1+\mathrm{e}^{-x}}$	$f'(x)=f(x)(1-f(x))$
ReLU	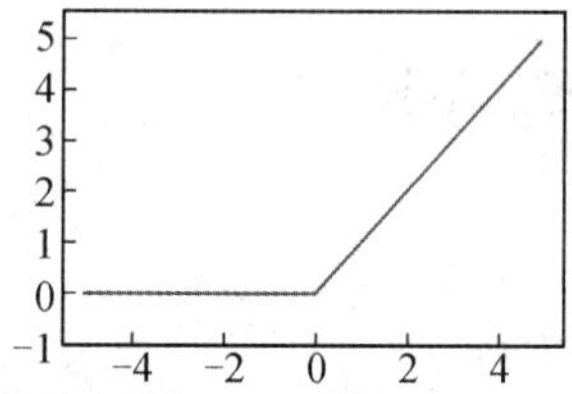	$f(x)=\begin{cases}x, & x\geqslant 0\\ 0, & x<0\end{cases}$	$f'(x)=\begin{cases}1, & x\geqslant 0\\ 0, & x<0\end{cases}$
Leaky-ReLU	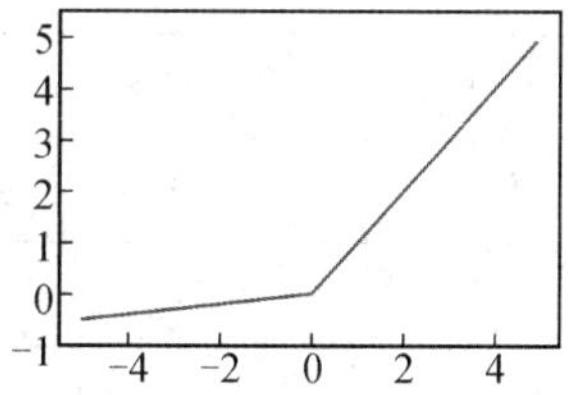	$f(x)=\begin{cases}x, & x\geqslant 0\\ p & x, x<0\end{cases}$ 其中，P 是一个较小的正数，如 0.01	$f'(x)=\begin{cases}1, & x\geqslant 0\\ p, & x<0\end{cases}$
双曲正切	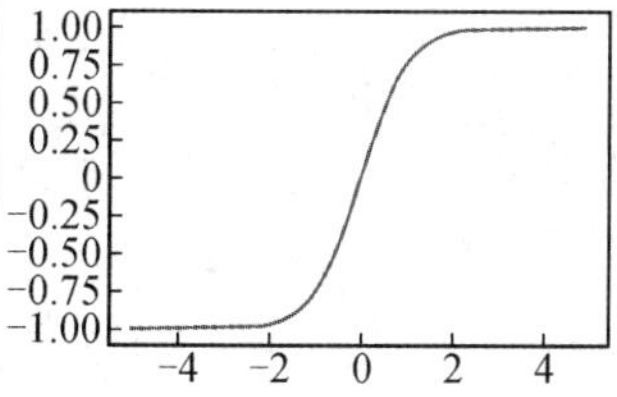	$f(x)=\tanh(x)=\dfrac{2}{1+\mathrm{e}^{-2x}}-1$	$f'(x)=1-f^2(x)$

神经元模型在每个输入分量上的权值需要根据训练集适当调整，设置合适的权值和激活函数就可以让神经元模型实现简单的逻辑运算。

将图 6-4 中的求和、函数运算合并，使用带数值的有向线段表示值的加权传递，得到神经元的模型如图 6-5 中右图所示。

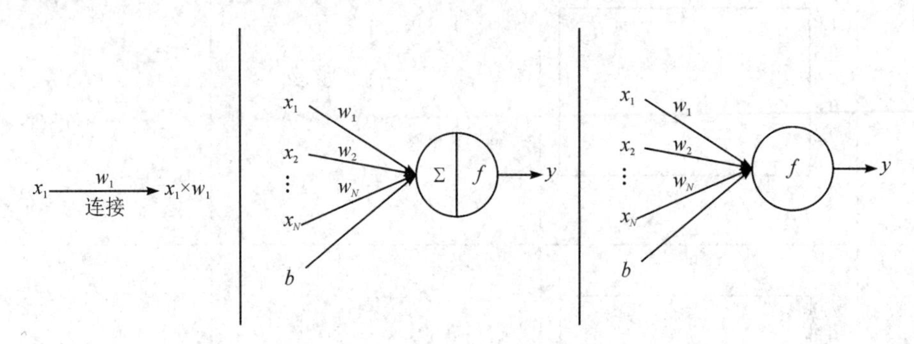

图 6-5　神经元模型简化表示

图 6-5 中的输入端除了自变量(x_1，x_2，…，x_N)外还有一个偏移量 b，式(6-1)变为

$$y = f\left(\sum_{i=1}^{N} w_i x_i + b\right) \tag{6-2}$$

6.2.2　实现基本逻辑运算

本小节通过例子说明神经元模型如何实现简单的逻辑运算。

例 6.1　用神经元模型实现逻辑“与”运算。

逻辑“与”的真值表如表 6-2 所示。

表 6-2　逻辑“与”真值表

输入 x_1	输入 x_2	输出 y
0	0	0
0	1	0
1	0	0
1	1	1

设计有两个输入的神经元模型，选择 Sigmoid 函数作为激活函数，对应的参数分别设置为 $w_1=20$，$w_2=20$，$b=-30$，对应的神经元模型如图 6-6 所示。

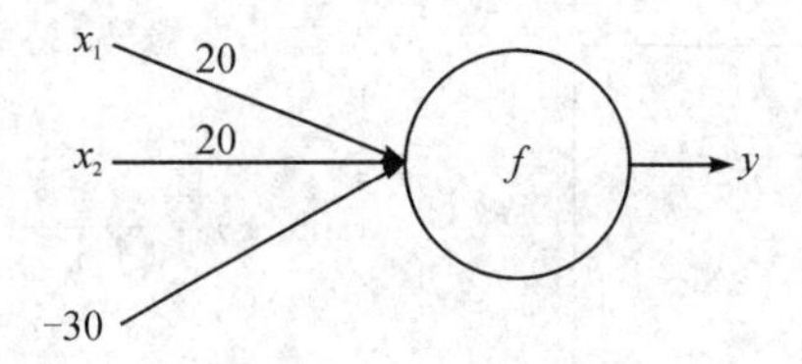

图 6-6　逻辑“与”神经元

经过图 6－6 所示的模型后输入与输出之间的映射关系为

$$y=\frac{1}{1+e^{20x_1+20x_2-30}} \tag{6-3}$$

运算结果如表 6－3 所示，和表 6－2 对比可知，模型实现了逻辑“与”运算

表 6－3　逻辑“与”神经元运算结果

输入 x_1	输入 x_2	y	近似值
0	0	$\frac{1}{1+e^{-(20\times0+20\times0-30)}}\approx9.4\times10^{-14}$	0
0	1	$\frac{1}{1+e^{-(20\times0+20\times1-30)}}\approx4.5\times10^{-5}$	0
1	0	$\frac{1}{1+e^{-(20\times1+20\times0-30)}}\approx4.5\times10^{-5}$	0
1	1	$\frac{1}{1+e^{-(20\times1+20\times1-30)}}\approx0.99995$	1

例 6.2　用神经元模型实现逻辑“或”运算。

逻辑“或”的真值表如表 6－4 所示。

表 6－4　逻辑“或”真值表

输入 x_1	输入 x_2	输出 y
0	0	0
0	1	1
1	0	1
1	1	1

与例 6.1 中的神经元模型类似，仅仅将偏移量改为 $b=-10$，如图 6－7 所示。

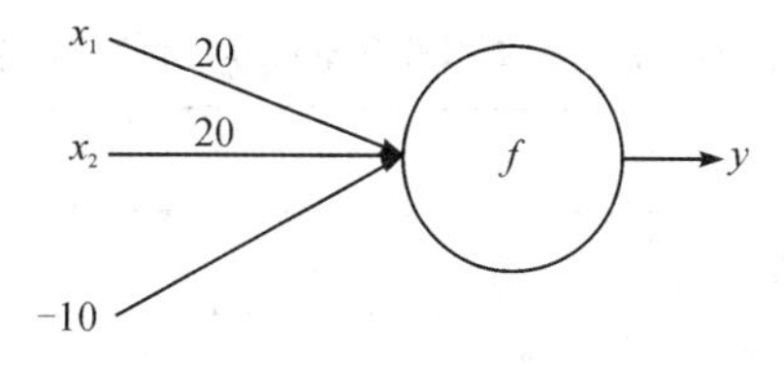

图 6－7　逻辑“或”神经元

经过图 6－7 所示的模型后输入与输出之间的映射关系如表 6－5 所示，和表 6－4 对比可知，模型实现了逻辑“或”运算。

表 6-5　逻辑"或"神经元运算结果

输入 x_1	输入 x_2	y	近似值
0	0	$\frac{1}{1+e^{-(20\times0+20\times0-10)}}\approx4.5\times10^{-5}$	0
0	1	$\frac{1}{1+e^{-(20\times0+20\times1-10)}}\approx0.99995$	1
1	0	$\frac{1}{1+e^{-(20\times1+20\times0-10)}}\approx0.99995$	1
1	1	$\frac{1}{1+e^{-(20\times1+20\times1-10)}}\approx0.9999999999999$	1

例 6.3　用神经元模型实现逻辑"非"运算。

逻辑"非"的真值表如表 6-6 所示。

表 6-6　逻辑"非"真值表

输入 x_1	输出 y
0	1
1	0

与上两个例子不同，本例神经元模型只有一个输入，将模型设计为如图 6-8 所示。

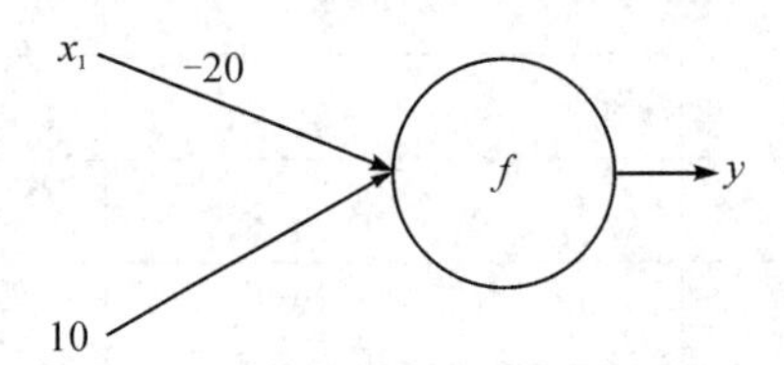

图 6-8　逻辑"非"神经元

经过图 6-8 所示的模型后输入与输出之间的映射关系如表 6-7 所示，和表 6-6 对比可知，模型实现了逻辑"非"运算。

表 6-7　逻辑"非"神经元运算结果

输入 x_1	y	近似值
0	$\frac{1}{1+e^{-(-20\times0+10)}}\approx0.99995$	1
1	$\frac{1}{1+e^{-(-20\times1+10)}}\approx4.5\times10^{-5}$	0

分析一下逻辑“与”运算、逻辑“或”运算、逻辑“非”运算，如图 6－9 所示，这三种运算本质上都是线性可分的。

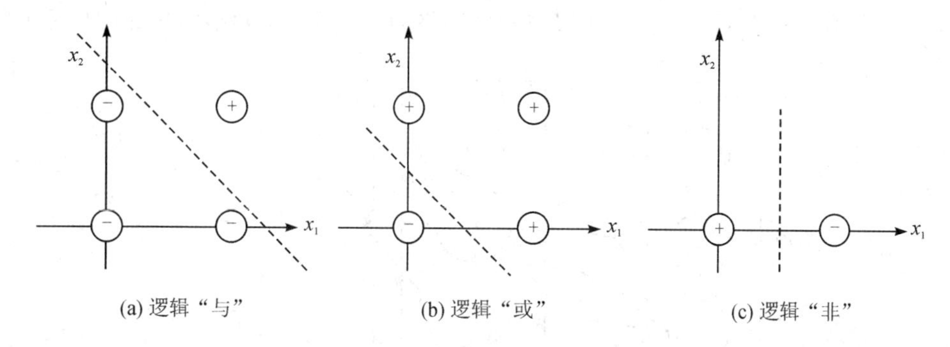

图 6－9　逻辑“与”、逻辑“或”、逻辑“非”示意图

1969 年，被称为人工智能之父的计算机科学家马文・明斯基(Marvin Lee Minsky)出版的 *Perceptrons*(《感知器》)一书中指出[5]：单层感知器无法解决线性不可分问题(如“异或”“同或”等运算)；对于线性不可分问题，需要使用多层神经网络；而受限于当时的计算机硬件水平和算法水平并没有给出针对多层神经网络的有效训练算法。因此，到了 20 世纪 70 年代人工智能领域对于神经网络的研究陷入了第一次低谷。

6.3　多层神经网络

1986 年，D.E.Rumelhar 和 G.E.Hinton 等人提出了反向传播(Back Propagation，BP)算法[6]，解决了两层神经网络所需要的复杂计算量问题，从而掀起了使用两层神经网络研究的热潮。

标准多层感知器(MLP)是由多个单层感知器连接在一起的，存在一层输入节点、一层输出节点和一个或多个中间层。中间层也被称为“隐藏层”，它们不能直接从系统输入和输出中观察到，如图 6－10 所示。

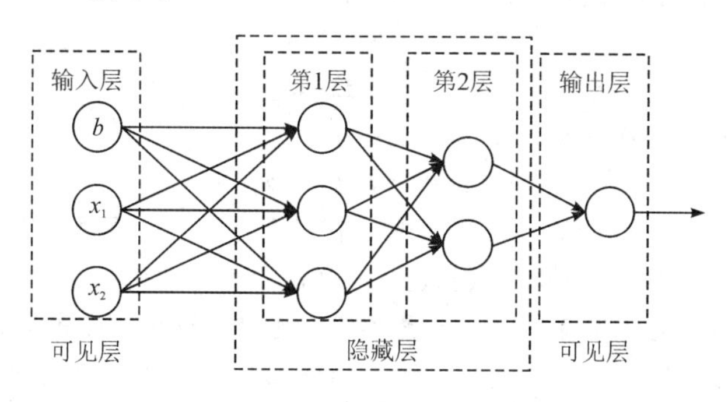

图 6－10　多层神经网络模型

从图 6－10 中可以看出，输入层只提供输入变量而没有运算，所以输入层不被计入神经网络的层数。图 6－10 所示为一个三层神经网络，含两个隐藏层、一个输出层，当网络的隐藏层多于一层时又称为深层神经网络。

6.3.1 模型表示

本小节以两层神经网络为例说明多层神经网络的模型表示，网络结构如图 6－11 所示。

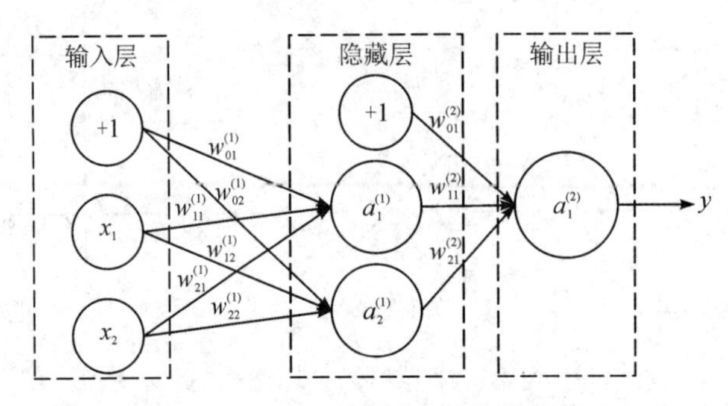

图 6－11　两层神经网络模型

图 6－11 中，隐藏层中有 2 个节点，输出层有 1 个节点。其中，“$a_1^{(1)}$”上角标表示节点所在的层级，下角标表示节点在所处层级中的序号；“$w_{11}^{(1)}$”上角标表示层级，下角标的第一个数字表示上一层输入节点的序号，第二个数字表示进入本层的节点的序号。若节点的激活函数为 $f(\cdot)$，则隐藏层、输出层各节点对应的结果分别为

$$\begin{cases} a_1^{(1)} = f(w_{01}^{(1)} + w_{11}^{(1)} x_1 + w_{21}^{(1)}) \\ a_2^{(1)} = f(w_{02}^{(1)} + w_{12}^{(1)} x_1 + w_{22}^{(1)}) \end{cases} \tag{6-4}$$

$$y = a_1^{(2)} = f(w_{01}^{(2)} + w_{11}^{(2)} a_1^{(1)} + w_{21}^{(2)} a_2^{(1)}) \tag{6-5}$$

若把偏移的＋1 记为 x_0，令输入向量为 $\boldsymbol{x} = \begin{bmatrix} x_0 \\ x_1 \\ x_2 \end{bmatrix}$，令参数向量为 $\boldsymbol{w}_1^{(1)} = [w_{01}^{(1)} \quad w_{11}^{(1)} \quad w_{21}^{(1)}]$，相对应的式(6－4)中 $a_1^{(1)}$ 的输入就可以写为 $\boldsymbol{w}_1^{(1)}\boldsymbol{x}$。若令矩阵 $\boldsymbol{\Omega}^{(1)} = \begin{bmatrix} w_{01}^{(1)} & w_{11}^{(1)} & w_{21}^{(1)} \\ w_{02}^{(1)} & w_{12}^{(1)} & w_{22}^{(1)} \end{bmatrix}$，则可以将式(6－4)简写为

$$\boldsymbol{a}^{(1)} = f(\boldsymbol{\Omega}^{(1)} \boldsymbol{x}) \tag{6-6}$$

类似的，式(6－5)可简写为

$$y = \boldsymbol{a}^{(2)} = f(\boldsymbol{\Omega}^{(2)} \boldsymbol{a}^{(1)}) \tag{6-7}$$

图 6－10 和图 6－11 所示的多层神经网络有一个共同点，就是它们的第 n 层上的任意一个节点都与第 $n-1$ 层上的所有节点相连，像这样的神经网络被称为全连接神经网络。

图 6－11 所示几乎是最简单的多层神经网络，通过对这个简单的多层神经网络的分析可知，可以使用类似的逐层前向传递的方法写出任意复杂的多层神经网络的输入与输出之间的映射关系。也就是说，如果整个神经网络的拓扑结构、激活函数、权值矩阵、输入向量是确定的，那么对应的输出也就是确定的值。

多层神经网络的设计有两个步骤：① 确定网络结构，包括层数、每一层的节点数、节点的激活函数、层与层间的连接方式等；② 训练神经网络，主要是通过训练集确定各个连接上的权值。

为什么这样的多层神经网络可以拟合各种各样的复杂函数呢？此处不做数学推导，而是以一个例子来直观理解。根据微积分的知识，任意一个函数曲线都可以表示为若干矩形信号和的形式，如图 6-12 所示。

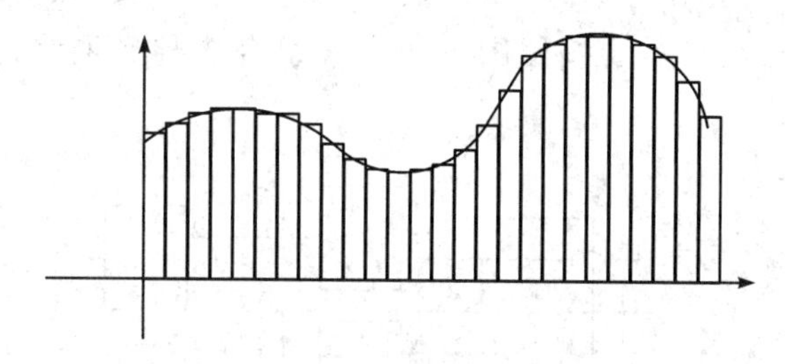

图 6-12　任意函数的微分

以阶跃函数作为激活函数，若适当调整权值和偏移量就可以得到想要的矩形信号，如图 6-13 所示。因此，只要是由足够多的神经元构成的多层神经网络就可以拟合任意复杂的非线性函数，且拟合的精度是可调的。采用 Sigmoid 函数、ReLU 函数作为激活函数的神经网络也可以达到类似结果，这就是结构模拟(联结主义)的设计原理。

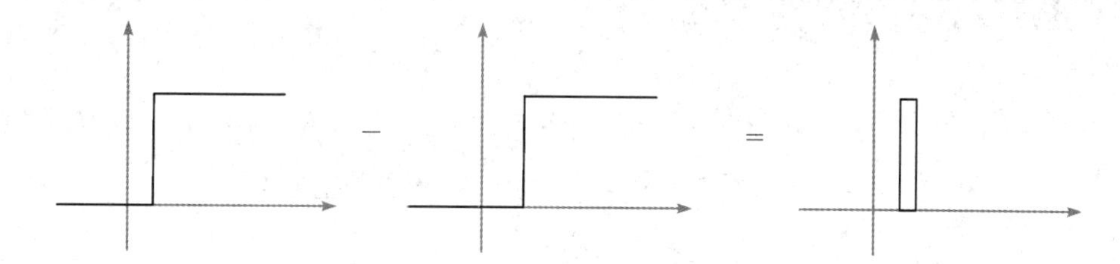

图 6-13　适当调整偏移量的两个阶跃信号求差

6.3.2　实现同或运算

本小节通过例子说明多层神经网络如何实现逻辑“同或”运算。

例 6.4　用多层神经网络模型实现逻辑“同或”运算。

逻辑“同或”运算的真值表如表 6-8 所示。

表 6-8　逻辑“同或”真值表

输入 x_1	输入 x_2	输出 y
0	0	1
0	1	0
1	0	0
1	1	1

根据“同或”真值表，逻辑“同或”与逻辑“与”、逻辑“非”、逻辑“或”之间的关系如下所示：

$$(x_1)\text{XNOR}(x_2)=(x_1\text{AND}x_2)\ \text{OR}((!\,x_1)\text{AND}(!\,x_2)) \tag{6-8}$$

由式(6－8)可知，可以通过逻辑“与”、逻辑“非”、逻辑“或”运算的组合可以求得逻辑“同或”运算，如图 6－14 所示。逻辑“与”、逻辑“非”、逻辑“或”在前面几个例子中都通过神经元模型实现了，现在只需要按照图中的方式组合成神经网络即可实现逻辑“同或”运算。

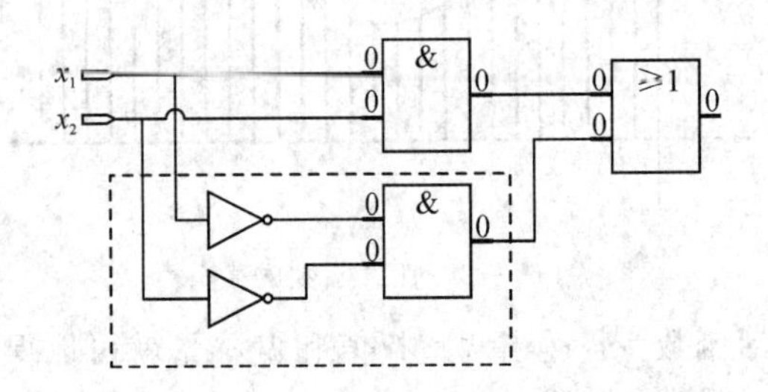

图 6－14　逻辑“同或”的运算拆解

图 6－14 中虚线框起来的部分可以使用图 6－15 所示的神经元模型来实现，因此逻辑“同或”的神经网络模型可简化为图 6－16 所示。

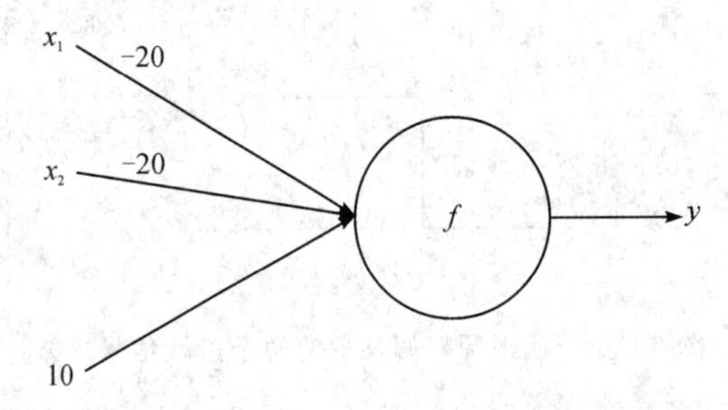

图 6－15　$(!x_1)\text{AND}(!x_2)$的神经元模型实现

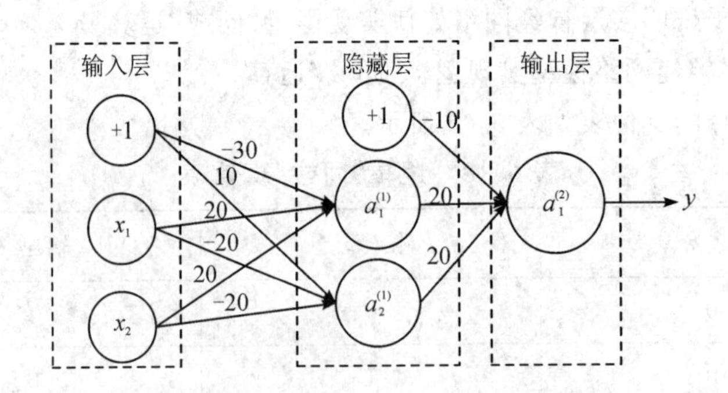

图 6－16　逻辑“同或”神经网络模型

经过图 6－16 所示的模型后，输入与输出之间的映射关系如表 6－9 所示，和表 6－8 对比可知，模型实现了逻辑“同或”运算。

表 6-9　逻辑“同或”神经网络运算结果

输入 x_1	输入 x_2	$a_1^{(1)}$	$a_2^{(1)}$	$y=a_1^{(2)}$
0	0	0	1	1
0	1	0	0	0
1	0	0	0	0
1	1	1	0	1

图 6-17 所示为逻辑“同或”运算的结果在平面上的分布示意，逻辑“同或”是线性不可分的，采用神经网络可以完美地将结果的正负取值区分开。

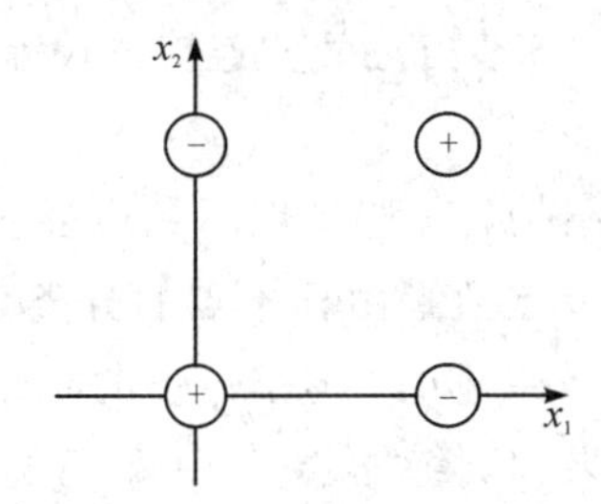

图 6-17　逻辑“同或”示意图

现在，我们知道了复杂的神经网络可以通过选择合适的激活函数和权值实现各种复杂函数的拟合，那么怎样根据训练集选择合适的网络拓扑和权值呢？

6.3.3　代价函数

前面的例子中，神经元模型、神经网络模型都是单输出的，用来解决二分类问题。如果是多分类问题，则可以采用多输出的神经网络。如图 6-18 所示就是一个四分类的神经网络。

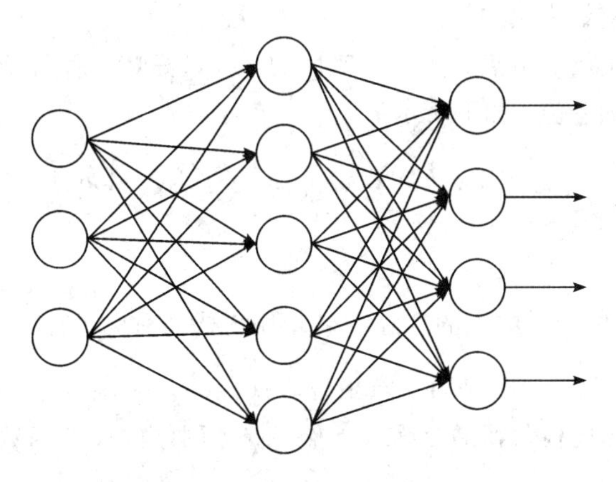

图 6-18　四分类神经网络图

图 6-18 中，输入层有 3 个节点，隐藏层有 5 个节点，输出层有 4 个节点，是一个全连接的神经网络，若训练得当，这个网络可以将一个三分量的输入向量映射为一个正确的分

类向量。若映射记为 $h_{\Omega}(\boldsymbol{x})$，则可能的取值为

$$h_{\Omega}(\boldsymbol{x})=\begin{bmatrix}1\\0\\0\\0\end{bmatrix},\ h_{\Omega}(\boldsymbol{x})=\begin{bmatrix}0\\1\\0\\0\end{bmatrix},\ h_{\Omega}(\boldsymbol{x})=\begin{bmatrix}0\\0\\1\\0\end{bmatrix},\ h_{\Omega}(\boldsymbol{x})=\begin{bmatrix}0\\0\\0\\1\end{bmatrix} \tag{6-9}$$

若输入 $\boldsymbol{x}^*$，则根据 $h_{\Omega}(\boldsymbol{x}^*)$的取值就可以知道 $\boldsymbol{x}^*$ 属于哪个分类。对于一组训练集 $\{(\boldsymbol{x}^{(1)},\boldsymbol{y}^{(1)}),(\boldsymbol{x}^{(2)},\boldsymbol{y}^{(2)}),\cdots,(\boldsymbol{x}^{(N)},\boldsymbol{y}^{(N)})\}$，已知 $\boldsymbol{x}^{(i)}\in\mathbf{R}^3$，$\boldsymbol{y}^{(i)}\in\mathbf{R}^4$ 且 $\boldsymbol{y}^{(i)}$ 的可能取值如式(6-9)所示。实现 $h_{\Omega}(\boldsymbol{x})$至少要经过三步：① 确定神经网络的拓扑结构，如具体由多少层构成，每一层有多少个节点，各节点之间的连接方式等；② 确定神经网络的激活函数；③ 确定每一个连接上的权值。

首先，对于神经网络的拓扑结构，其选择也不是很多。它的输入层的节点数是由样本特征的数量决定的，而输出层的节点数是由样本点的分类个数决定的。对于隐藏层，单从分类效果来看当然是节点数越多效果越好，但是过多的隐藏层层数和节点数必然会增加计算复杂度，因此需要平衡分类效果和训练复杂度。一般情况下，隐藏层的层数设置不多于 3 层，而隐藏层的节点数一般根据输入层节点数逐层成倍递增或递减。

然后，常用的激活函数也是有限的几个。在工程上，激活函数选择时一般是先尝试 ReLU函数；如果 ReLU 函数不满足需要，再尝试 Leaky-ReLU 函数或 Maxout 等变种函数；然后是尝试 tanh、Sigmoid 这一类的函数。

最后，就是各个连接线上的权值，这就像前几章讲到的算法模型的参数一样需要依靠训练来确定最优参数。同样的，也需要通过算法来最小化代价函数(Cost Function)以拟合神经网络的参数。与逻辑回归中的代价函数类似，这个函数要能够反映神经网络对样本特征的映射分类结果与样本的分类的差距，并且反映这个差距的函数还要能够较容易地找到一种通过调整权值使它最小化的算法。

假设神经网络输出层的节点数为 K，对应的 $h_{\Omega}(\boldsymbol{x})\in\mathbf{R}^4$，代价函数反映神经网络预测结果和实际结果之间的差值，如下所示：

$$J(\boldsymbol{\Omega})=-\frac{1}{N}\left(\sum_{i=1}^{N}\sum_{k=1}^{K}(y_k^{(i)}\log(h_{\Omega}(\boldsymbol{x}^{(i)}))_k+(1-y_k^{(i)})\log(1-(h_{\Omega}(\boldsymbol{x}^{(i)}))_k))\right) \tag{6-10}$$

式中，$\sum\limits_{k=1}^{K}$ 表示对应于每个样本点的实际结果和预测结果都是 K 个分量；$\sum\limits_{i=1}^{N}$ 表示样本集中所有样本的误差和。式(6-10)是第一章中逻辑回归的代价函数的一般化形式，近似于 K 个逻辑回归单元的输出的代价函数之和。当然，神经网络的代价函数并不是唯一的，一般会根据激活函数选择。

在实际应用中，为了防止过拟合会在代价函数中加入正则化项，式(6-10)中 $h_{\Omega}(\boldsymbol{x})$是以权值 w_{jm} 为变量的函数，加入正则化项的代价函数如(6-11)所示。正则化项是对整个神经网络(所有层)中所有的参数的一个求和处理，排除了每一层的偏移量。

$$J(\boldsymbol{\Omega})=-\frac{1}{N}\left(\sum_{i=1}^{N}\sum_{k=1}^{K}\left(y_k^{(i)}\log\left(h_\Omega(\boldsymbol{x}^{(i)})\right)_k+(1-y_k^{(i)})\log\left(1-\left(h_\Omega(\boldsymbol{x}^{(i)})\right)_k\right)\right)\right)+\frac{\lambda}{2N}\sum_{l=0}^{L}\sum_{m=1}^{s_l}\sum_{j=1}^{s_{l+1}}w_{mj} \tag{6-11}$$

接下来的任务就是为神经网络的每一条连接找到合适的参数，使得 $J(\boldsymbol{\Omega})$取最小值。

6.3.4 反向传播算法

为了使 $J(\boldsymbol{\Omega})$最小，需要对其求偏导，为了计算这些偏导项，引入一种叫作反向传播(Back Propagation，BP)的算法。BP 算法是由哈佛大学的 Paul Werbos 于 1974 年发明的，因为当时正处于神经网络研究的第一次低谷，所以并没有受到重视。直到 David Rumelhart 等学者在《平行分布处理：认知的微观结构探索》一书中完整地提出了 BP 算法，系统地解决了多层网络中隐单元连接权的学习问题，并在数学上给出了完整的推导[7-8]。

反向传播是相对于正向传播而言的。所谓正向传播(Forward Propagation)，是指从输入层开始怎样通过逐层运算得到输出层的输出。以神经网络的第 l 层为例，如图 6－19 所示，假设第 l 层上的输入为 $\boldsymbol{I}^{(l)}$、输出为 $\boldsymbol{O}^{(l)}$，则输出与输入的关系为

$$\boldsymbol{O}^{(l)}=f(\boldsymbol{I}^{(l)})=f(\boldsymbol{\Omega}^{(l)}\boldsymbol{O}^{(l-1)})=f(\boldsymbol{\Omega}^{(l)}f(\boldsymbol{\Omega}^{(l-1)}\boldsymbol{O}^{(l-2)})) \tag{6-12}$$

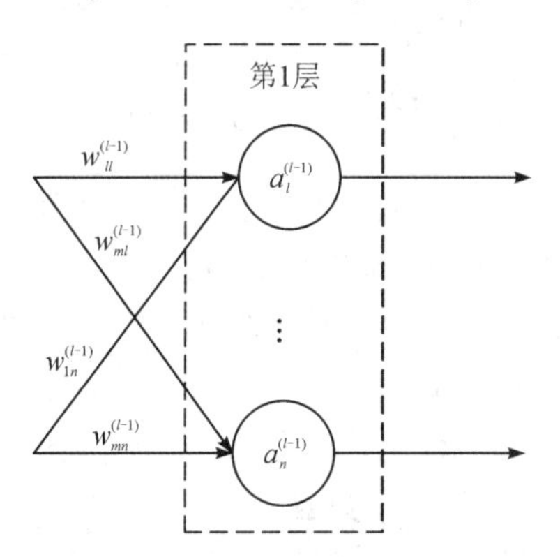

图 6－19 神经网络第 l 层的输入与输出

从输入层到第 1 层、第 2 层，再逐步向前一直到输出层得到神经网络的计算输出。正向传播的过程如图 6－20 所示。

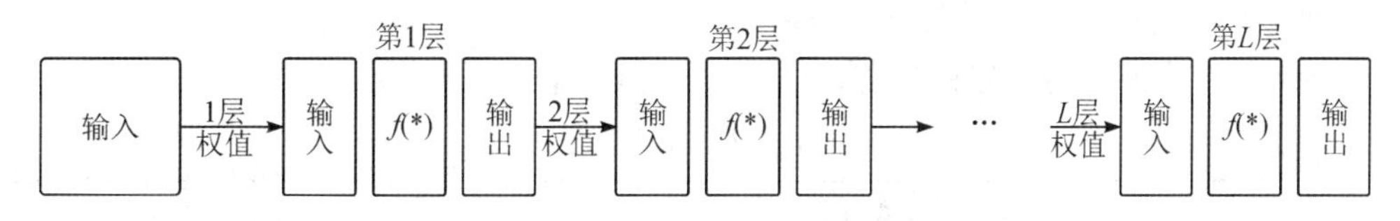

图 6－20 正向传播示意图

对于整个神经网络，只有到达网络的输出层才能知道神经网络的计算值和实际值的接近程度即代价函数的值，我们要根据最后的代价函数更新整个网络的参数。在起始阶段为神经网络每个连接上的权值设置一个随机的初始值，利用梯度下降法根据公式(6－13)逐步

更新权值，最终使代价函数取得最小值[9]。

$$\boldsymbol{\Omega}^{(l)} \rightarrow \boldsymbol{\Omega}^{(l)} - \eta \frac{\partial J(\boldsymbol{\Omega})}{\partial \boldsymbol{\Omega}^{(l)}} \tag{6-13}$$

式(6-13)是第 l 层的权值迭代更新公式，其中 η 是学习率，是一个在算法初期定义的常数，式(6-13)求解的关键就是损失函数对权值偏导的求解。

假设神经网络总共有 L 层，根据正向传播公式(6-12)，第 L 层(即神经网络的输出层)的输出 $\boldsymbol{O}^{(L)}$ 与第 $L-1$ 层的输出 $\boldsymbol{O}^{(L-1)}$ 之间的关系为

$$\boldsymbol{O}^{(L)} = f(\boldsymbol{\Omega}^{(L)} \boldsymbol{O}^{(L-1)}) \tag{6-14}$$

式中，$\boldsymbol{\Omega}^{(L)} \boldsymbol{O}^{(L-1)}$ 实际上就是第 L 层的输入，把它看成一个整体记为 $\boldsymbol{I}^{(L)}$，则 $\boldsymbol{O}^{(L)} = f(\boldsymbol{I}^{(L)})$，根据链式求导法则，有

$$\frac{\partial J(\boldsymbol{\Omega})}{\partial \boldsymbol{\Omega}^{(L)}} = \frac{\partial J(\boldsymbol{\Omega})}{\partial \boldsymbol{I}^{(L)}} \frac{\partial \boldsymbol{I}^{(L)}}{\partial \boldsymbol{\Omega}^{(L)}} \tag{6-15}$$

式中，$\frac{\partial \boldsymbol{I}^{(L)}}{\partial \boldsymbol{\Omega}^{(L)}} = \frac{\partial (\boldsymbol{\Omega}^{(L)} \boldsymbol{O}^{(L-1)})}{\partial \boldsymbol{\Omega}^{(L)}} = (\boldsymbol{O}^{(L-1)})^{\mathrm{T}}$ 正好是上一层的输出，它是已知的；而式中的 $\frac{\partial J(\boldsymbol{\Omega})}{\partial \boldsymbol{I}^{(L)}}$ 是代价函数对于 L 层输入的偏导，为简单起见假设代价函数为 $\frac{1}{2}\|\hat{\boldsymbol{y}} - \boldsymbol{y}\|^2$，则对应的 $\frac{\partial J(\boldsymbol{\Omega})}{\partial \boldsymbol{I}^{(L)}}$ 为

$$\frac{\partial J(\boldsymbol{\Omega})}{\partial \boldsymbol{I}^{(L)}} = (\hat{\boldsymbol{y}} - \boldsymbol{y}) \boldsymbol{f}'(\boldsymbol{I}^{(L)}) \tag{6-16}$$

式(6-16)中的参数也都是已知的量，这样对于神经网络第 L 层的权值更新(式(6-13))就可以求出来了。也就是说，确定代价函数、激活函数以及初始化的权值矩阵后，根据正向传播公式计算出网络的输出，就可以算出第 L 层的权值更新公式(6-13)。

对于第 $L-1$ 层，从第 L 层的输出反方向递推。$\hat{\boldsymbol{y}} = \boldsymbol{O}^{(L)} = f(\boldsymbol{I}^{(L)})$，$\boldsymbol{I}^{(L)} = \boldsymbol{\Omega}^{(L)} \boldsymbol{O}^{(L-1)}$，$\boldsymbol{O}^{(L-1)} = f(\boldsymbol{I}^{(L-1)})$，$\boldsymbol{I}^{(L-1)} = \boldsymbol{\Omega}^{(L-1)} \boldsymbol{O}^{(L-2)}$，再根据链式求导法则，可得

$$\frac{\partial J(\boldsymbol{\Omega})}{\partial \boldsymbol{\Omega}^{(L-1)}} = \frac{\partial J(\boldsymbol{\Omega})}{\partial \boldsymbol{I}^{(L)}} \frac{\partial \boldsymbol{I}^{(L)}}{\partial \boldsymbol{O}^{(L-1)}} \frac{\partial \boldsymbol{O}^{(L-1)}}{\partial \boldsymbol{\Omega}^{(L-1)}} \tag{6-17}$$

式中，$\frac{\partial J(\boldsymbol{\Omega})}{\partial \boldsymbol{I}^{(L)}}$ 已经由式(6-16)求出，$\frac{\partial \boldsymbol{I}^{(L)}}{\partial \boldsymbol{O}^{(L-1)}} = \boldsymbol{\Omega}^{(L)}$ 是第 L 层的权值，$\frac{\partial \boldsymbol{O}^{(L-1)}}{\partial \boldsymbol{\Omega}^{(L-1)}} = f'(\boldsymbol{I}^{(L-1)})$。这样第 $L-1$ 层的权值更新的值就可以根据第 L 层来求出，依次从输出层向输入层反向递推就可以求出整个网络的权值更新值。

综上，一个多层神经网络的训练算法如表 6-10 所示。

表 6-10　BP 算法

输入：训练集 $D = \{(\boldsymbol{x}_i, \boldsymbol{y}_i)\}_{i=1}^{N}$；学习率 η；激活函数；代价函数；网络的拓扑结构
输出：连接权值确定的多层神经网络
(1) 随机初始化网络的所有权值。
(2) 执行循环：
① FOR $(\boldsymbol{x}_i, \boldsymbol{y}_i)$ in D:

a. 根据正向传播计算当前样本的输出$\hat{y}_i$；
b. 计算“输出层”的梯度；
c. 根据反向传播计算各隐藏层的梯度；
d. 更新权值。
② 若达到停止条件，则跳出循环。
(3) 输出训练好的神经网络。

6.4 应用案例

本节通过一个案例来说明神经网络的使用方法。

例 6.5　构建一个神经网络，实现手写体数字识别。

本例和第 2 章例 2.1 的需求一致，只是本例要求使用神经网络实现目标，使神经网络能够将一张输入的手写数字图片识别为正确的数字。

待识别图像的结果可能为 0～9 中的某个数字，因此这是一个多元分类(10 分类)问题，所以神经网络的输出层有 10 个节点，每个序号节点的输出对应于待识别图片是这个数字序号的概率值。

输入层是对待识别图像的一种表示，与例 2.1 中使用同样的训练集，假设图像是 32×32的 0、1 矩阵，将图像转换为 1×1024 的列向量，那么输入层就有 1024 个节点，每个节点对应待识别图像的一个取值。

隐藏层设置为 3 层，每层的节点数分别为 512、256、128 个，结构如图 6-21 所示。

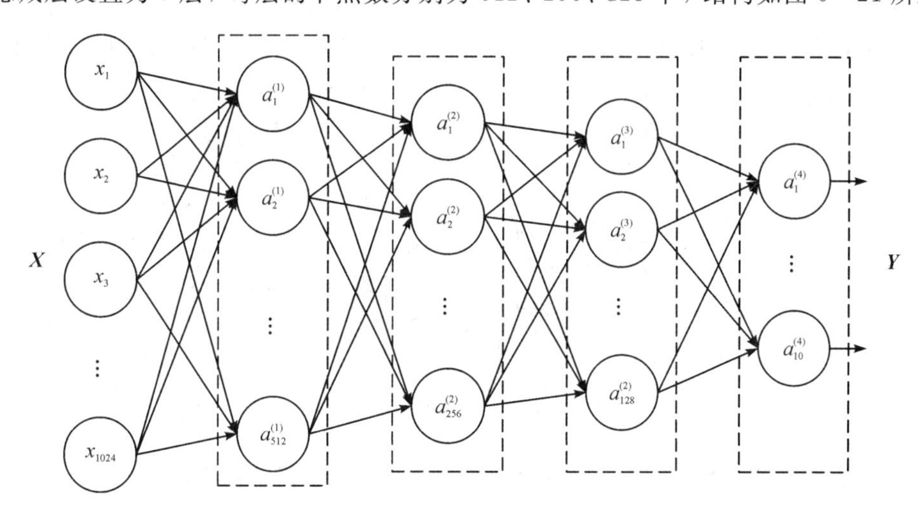

图 6-21　手写数字识别神经网络拓扑结构

将各连接上的权值初始化为一个在区间[0, 1]上的随机数，选择 Sigmoid 函数作为激活函数，将输入层、各隐藏层、输出层的学习率都设置为 0.1。将样本集按照 7∶3 的比例分成训练集和测试集。

按照表 6-10 所示步骤训练神经网络，将权值更新循环的结束条件设置为满足以下条件中的一种：① 最大循环次数为 100；② 训练集上的正确识别率大于 99%；③ 权值更新后，训练集上的正确率提升但测试集上的正确率下降。

本章小结

本章是神经网络算法的入门篇，介绍了神经元模型、多层网络模型以及 BP 算法。

人工神经元模型受生物神经元启发，能够解决一些简单的线性分类问题，掀起了第一波人工神经网络研究的高潮，但受限于当时的算法和算力限制，无法将复杂的多层神经网络用于实际，随后人工神经网络的研究进入低谷期。

计算机硬件能力的提升及 BP 算法的提出掀起了人工神经网络研究的第二波高潮，多层神经网络在图像识别、语音识别、自然语言处理、智能驾驶、智慧医疗等各领域有了广泛应用。但是多层神经网络也存在训练耗时太长、容易陷入局部最优等缺点。另外，20 世纪 90 年代发明的支持向量机(SVM)也可以解决线性不可分问题，而且具备训练速度更快、可以避免局部最优、无需调参、泛化能力强等优点，相比于当时的人工神经网络有明显优势，因此神经网络的研究进入第二次低谷。

思考题

1. 神经元模型与逻辑回归模型有什么区别与联系？
2. 为什么神经元模型不能解决线性不可分的分类问题？
3. 人工神经网络能够解决线性不可分问题的意义是什么？
4. 若以 ReLU 函数为激活函数，试写出如图 6-22 所示神经网络的正向传播方程。

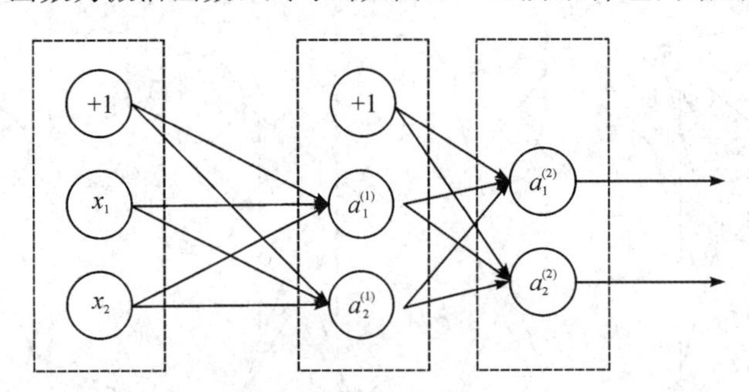

图 6-22　两层神经网络拓扑

5. 试推导图 6-22 所示神经网络的反向传播梯度，假设代价函数的形式为$\frac{1}{2}\|\hat{\boldsymbol{y}}-\boldsymbol{y}\|^2$。
6. 试用 Python 语言实现例 6.5。

参考文献

[1]　TURING A M. Computing machinery and intelligence[J]. Mind, 1950, 59(236): 433-460.

[2] JOHN P. The new turing tests[J]. Scientific American，2017，316(3)：61 - 62
[3] ALARIFI，A，MANSOUR A，ABDULMALIK A S. Twitter turing test：Identifying social machines[J]. Information Sciences，2016，372：332 - 346.
[4] 王旭. 人工神经元网络原理与应用[M]. 2 版. 沈阳：东北大学出版社，2007.
[5] MINSKY M，PAPERT S. Perceptrons[M]. Oxford，England：M I T Press，1969.
[6] RUMELHART D E，HINTON G E，WILLIAMS R J. Learning representations by back-propagating errors[J]. Nature，1986，323(6088)：533 - 536.
[7] 成素梅，郝中华. BP 神经网络的哲学思考[J]. 科学技术与辩证法，2008，25(4)：20 - 25.
[8] 蒋宗礼，王义和，毕克滨. BP 算法研究[J]. 哈尔滨工业大学学报，1993，25(2)：34 - 39.
[9] NIELSEN M A. Neural Networks and Deep Learning[M]. San Francisco：Determination Press. 2018.

第 7 章　卷积神经网络

第 6 章使用普通的多层神经网络识别手写数字图像的例子有很多不合理的地方：① 把图像直接展开成一维向量，会使图像在空间上的关联信息丢失，难以保存图像原有特征；② 直接展开使得输入层节点过多，导致后续层级的权值过多，这样必然带来学习效率的低下；③ 大量的权值参数使得过拟合风险增加。

而卷积神经网络(Convolutional Neural Network，CNN)的出现，极大地缓解了这些问题。CNN 的处理方式更接近生物神经网络，它是特殊设计的多层神经网络，将卷积、池化运算与神经网络相结合，可以充分利用待处理特征的内部关联信息，再加上 CNN 算法实现中将涉及的大量矩阵运算可以交给 GPU 处理，大大提高了运算速度。CNN 的这些特性使得它在计算机视觉领域得到了广泛应用。

基本 CNN 结构包括输入层、卷积层、池化层、全连接层及输出层。本章将首先详细介绍一般 CNN 算法框架及其各层级实现原理，然后给出几种较常用的 CNN 模型，最后通过一个案例演示 CNN 如何用于解决实际问题。

7.1　人类视觉系统的启发

从第 6 章内容可知，增加神经网络的层数和节点数可以拟合更加复杂的函数，含多个隐藏层的神经网络被称为深度神经网络，深度学习就是在深度神经网络基础上发展而来的[1]。而卷积神经网络又属于深度学习算法中的一种，其在实际应用中又有多种具体的类型[2-3]。深度学习、卷积神经网络(CNN)在人工智能中的地位如图 7－1 所示。

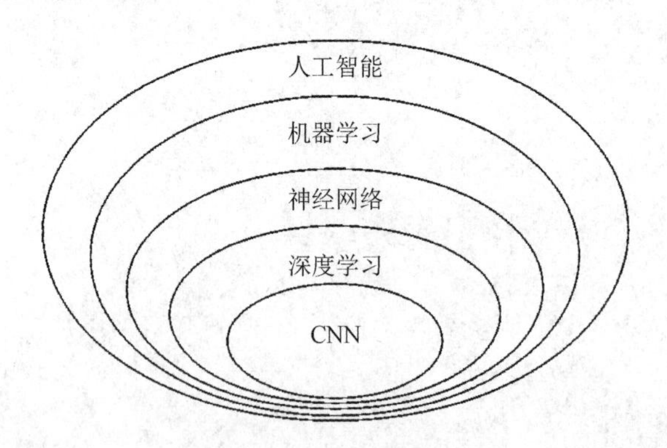

图 7－1　CNN 与人工智能的关系

相对于普通的多层网络，卷积神经网络在将待识别目标给到全连接网络之前先经过了卷积层和池化层的处理，而这个设计模拟了生物大脑皮层对视觉信号的处理过程[4-5]。

7.1.1　人类视觉系统

早在 1962 年，D.H.Hubel 和 T.N.Wiesel 就通过对猫的视觉皮层细胞的研究发现了视觉系统的分层级信息处理机制[5]，并因此获得了 1981 年的诺贝尔医学奖。而灵长类动物（包括人类）的视觉系统更为复杂，其多层级、递进的视觉信号处理机制对卷积神经网络的发明有着重要的启发作用。

作为人类获取信息的主要途径，人的视觉系统主要包括眼睛（主要指视网膜（Retina））、外侧膝状体（简称外膝体（Lateral Geniculate Nucleus，LGN））以及视皮层（Cortex，包括初级视皮层及纹外皮层）三部分。

视网膜是人类视觉系统获取外部光学信号的第一站，主要负责将光信号转换成电信号并进行简单预处理后传递给后方的脑区。外膝体是中转站，将视网膜传过来的信号分门别类后传递给后面的视皮层（视觉系统的中央处理器）。视皮层主要包括初级视皮层（又称纹状皮层或视觉第一区域，即 V1）和纹外皮层（例如视觉第二、第三、第四、第五区域等，即 V2、V3、V4、V5），各个区域提取视觉信息的侧重点不同，如方向、方位、颜色、空间频率等信息分别由不同的视皮层区域重点处理。

人类视觉系统进行信息识别提取的流程可以概括为图 7-2 所示[6]。

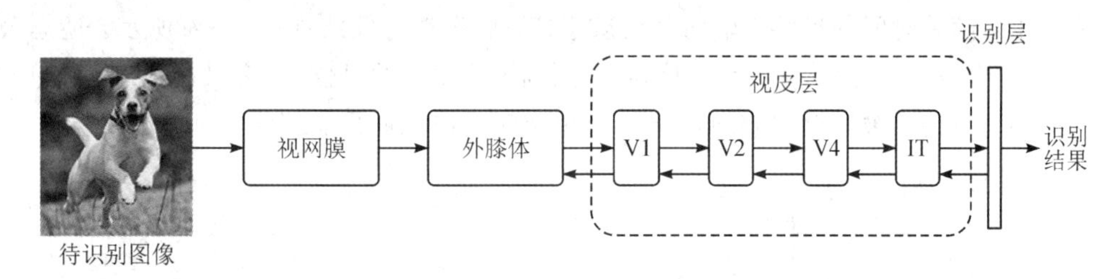

图 7-2　人类视觉处理流程

如图 7-2 所示，把视网膜上的细胞看作像素，外界的视觉刺激首先组成视网膜色谱图，经过 LGN 以后依次来到大脑皮层的 V1、V2、V4、IT 区域；然后每个区域与视网膜形成不同的区域对应特性，对输入信号的表征空间也逐步发生变化，人们也就是由此进行的划分，并把视觉系统看作深度分层网络。另外，从 V1 层开始的视觉层都具有前馈和反馈功能。

7.1.2　卷积

卷积也是一种数学运算，对于两个连续的可积函数 $f(x)$、$g(x)$，它们的卷积定义为

$$(f*g)(x)=\int_{-\infty}^{+\infty}f(\tau)g(x-\tau)\,\mathrm{d}\tau \tag{7-1}$$

对于两个离散函数 $f(n)$、$g(n)$，它们的卷积定义为

$$(f*g)(n)=\sum_{\tau=-\infty}^{+\infty}f(\tau)g(n-\tau) \tag{7-2}$$

这两个式子看似难以理解，那是因为它们是对生活、科研中一些现象的符号化抽象，

若能通过生活中的例子还原卷积运算的过程，则更容易理解卷积运算的现实意义。

例 7.1 以记英语单词为例，假设一个学生每隔一段时间可以记住一个单词，随时间的推移，记住的单词会越来越多；但是，时间长了，单词也会逐渐忘记。那么一段时间内，这个学生总共能记住多少单词呢？

这个问题可以由卷积运算来表示。

如果没有遗忘，假设学生记住一个单词平均需要一个单位时间 τ。记忆密度函数假设为 $f(i)$(表示第 i 个单位时间记住的单词数)，如图 7－3 所示。

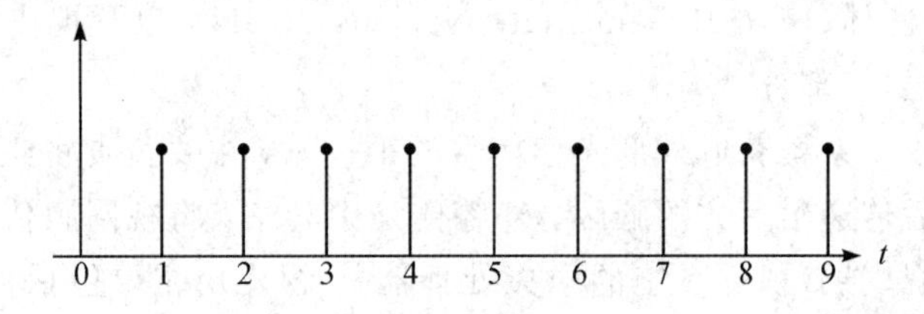

图 7－3 没有遗忘的记忆曲线

如果没有遗忘，那么经过 n 个单位时间后，这个学生记住的单词数量 $F(n)$可表示为

$$F(n)=\sum_{i=1}^{n}f(i) \tag{7-3}$$

实际上，随着时间的推移，单词会被遗忘掉，假设遗忘曲线如图 7－4 所示，遗忘公式记为 $g(i)$。$g(i)$的意思是，在 $t=0$ 时刻(即刚刚记住单词的时候)完全没有遗忘，经过 5 个单位时间后，单词会被完全遗忘掉，0～5 个单位时间内单词只能记住一部分。

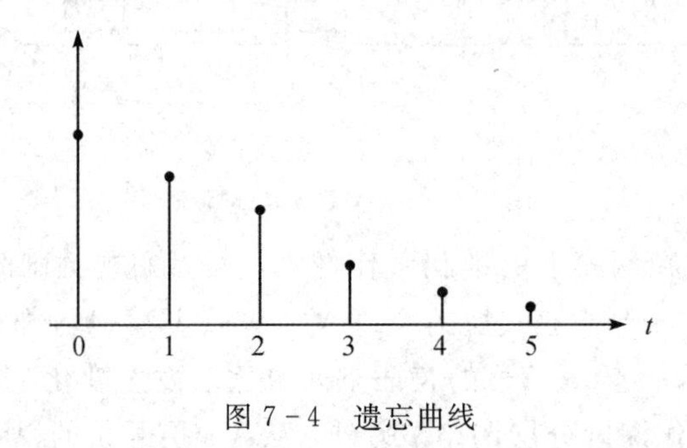

图 7－4 遗忘曲线

考虑学生对单词的遗忘程度，学生总共能记住的单词量 $F(n)$就是 $f(i)$和 $g(i)$卷积运算的结果，即

$$F(n)=(f*g)(n)=\sum_{\tau=-\infty}^{+\infty}f(\tau)g(n-\tau) \tag{7-4}$$

图 7－5 所示为卷积运算示意图，从图中可以看出，如果学生不复习，那么他再怎么努力能记住的单词总数也是有限的。

由上例可知，卷积是瞬时行为的持续性后果，而两个函数的卷积运算方法就是先将一个函数翻转，然后再进行滑动叠加。也可以将卷积运算理解为把两个函数变成一个函数的运算形式，实际上就是将两维转为一维，实现了实质上的降维。CNN 在卷积层对图像的处理借鉴了卷积运算的原理，但有区别，具体将在下节介绍。

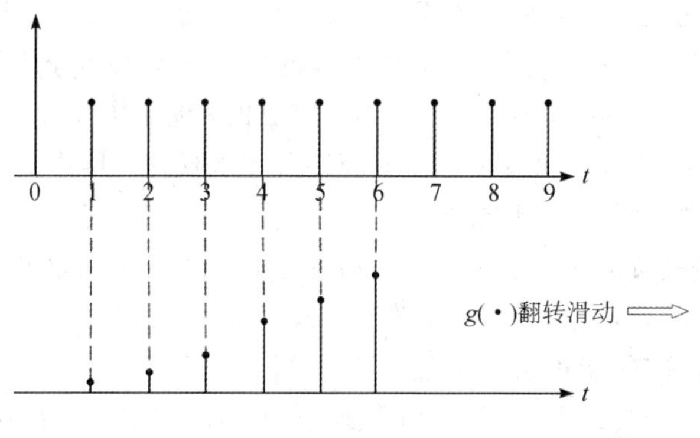

图 7－5　卷积运算示意图

7.2　CNN 算法原理

受生物视觉系统实现机理启发，科学家通过模拟生物大脑皮层对视觉信号的处理过程设计开发出了 CNN。CNN 分为输入层、卷积层、池化层、全连接层等，又通过局部感受野、权重共享和降采样等策略降低了网络模型的复杂度。

7.2.1　CNN 框架

CNN 属于多层神经网络的一种，从架构上也可以分成输入层、输出层、隐藏层三部分。对于一个典型的 CNN，它的隐藏层包括了卷积层、池化层和全连接层等，如图 7－6 所示。

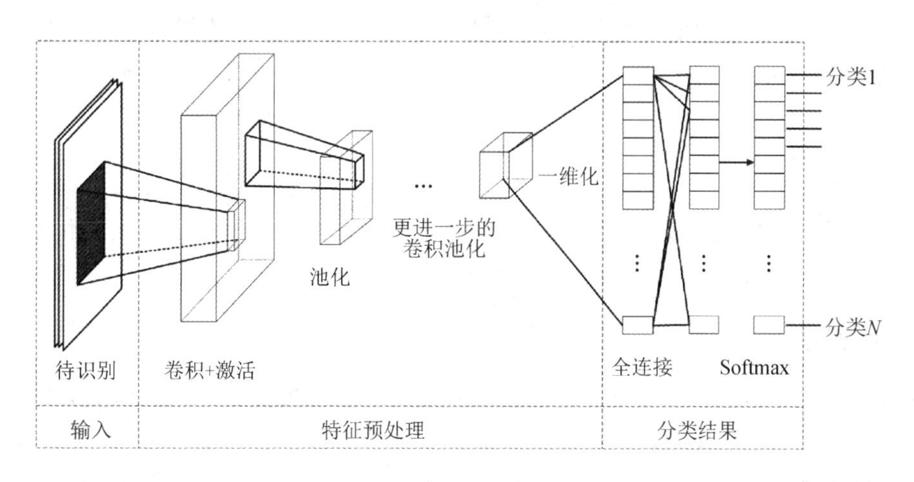

图 7－6　典型的 CNN 框架

图 7－6 所示为一个图形识别的 CNN 模型框架，模型最左边图像就是输入的待识别图像，常用的 RGB、HSV、YUV 图像格式都是三通道的，在模型看来就是输入了三个矩阵。

与上一章案例中直接使用多层神经网络模型进行图像识别不同，CNN 先对图像的特征进行学习，然后通过池化层进行降维，最后才进行特征识别。图像的特征学习预处理部分是 CNN 特有的，它先加入一个卷积层(Convolutional Layer)，在卷积层中使用 ReLU 函数作为激活函数，$\text{ReLU}(x)=\max(0, x)$，卷积层的任务是提取图像的局部特征，在卷积层后面是池化层(Pooling Layer)，这个也是 CNN 特有的，池化层没有激活函数。

“卷积层＋池化层”的组合可以在特征处理部分多次使用，具体使用的次数根据模型的实际需求而定。对于卷积层和池化层的组合，这些在构建模型的时候没有严格的先后限制，可以是卷积层后面紧接着又一个卷积层，之后才连接池化层，但最常见的 CNN 都是若干“卷积层＋池化层”的组合，具体的 CNN 架构方式大多是实际应用中交叉验证测试的结果。

在图像特征预处理(即卷积层、池化层组合)后面是全连接层(Fully Connected Layer，FC)，全连接层就是一个传统的多层神经网络，这个多层网络的输出层使用 Softmax 激活函数来做图像识别的分类。

Softmax 函数将输入它的向量的每个分量值都转到[0，1]之间，而且限定转换后所有的分量和为 1，这样 CNN 就可以将最初的输入图像映射为各个识别结果的可能概率。比如，我们对陆上交通工具的图像进行识别，CNN 模型将每一幅图像映射为一个分量在[0，1]之间且总和为 1 的向量，向量的每个分量对应于被识别图像是一种交通工具的概率，如图 7-7 所示。

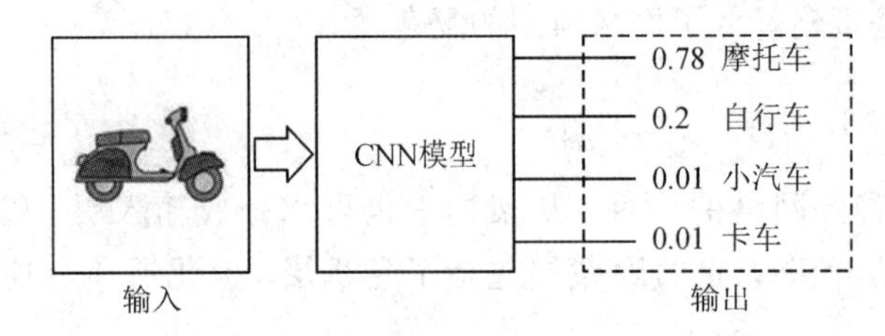

图 7-7　陆上交通工具图像 CNN 识别结果简单示意图

假设一组向量 $\boldsymbol{Y}=[y_1, y_2, \cdots, y_N]^{\mathrm{T}}$，Softmax 函数对其第 i 个分量的转换公式为

$$S(y_i)=\frac{\mathrm{e}^{y_i}}{\sum_{j=1}^{N}\mathrm{e}^{y_j}} \tag{7-5}$$

综上所述，相对于普通多层神经网络，CNN 的主要特点是增加了卷积层和池化层。因此，学习 CNN 原理的关键是对卷积层、池化层原理的掌握。

7.2.2　卷积层

图像的很多信息隐藏在一些互有关联的小细节上，特别是其中的一些边界信息。也就是说，一幅图像上每个像素点所代表的信息量是不同的，而这个像素点的信息量大小和它周围相邻的像素点是相关的，即如果它和周围的一些像素点构成了边界等特征，那么它的信息量就较大，反之如果其只是一片背景中的一点，那么它的信息量就较小。CNN 的卷积层就是用卷积运算的形式将像素点的值根据其邻点值进行优化，而哪个方向上的邻点对这个点的值作用更大就由卷积核来决定。

将一个图像简化为 5×5 的矩阵，并采用 3×3 的卷积核，则图像卷积运算的过程示意如图 7-8 所示。

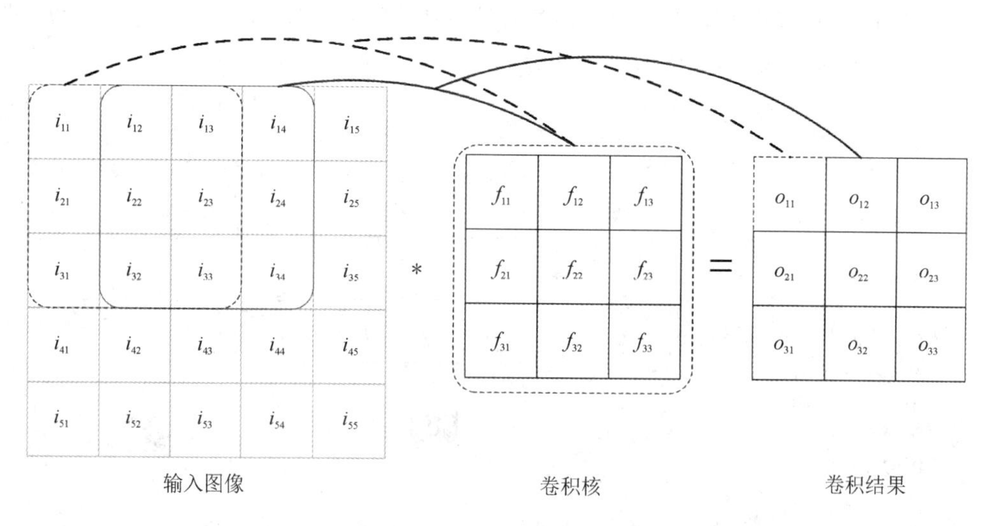

图 7－8　卷积运算过程示意图

图 7－8 所示卷积运算方法是：从图像矩阵的左上角选择和卷积核同样大小的矩阵并将它们对应位置上的值相乘后求和，求和结果作为卷积结果矩阵上的第一个点；结果矩阵上第二个点求解类似，即

$$o_{11}=i_{11}f_{11}+i_{12}f_{12}+i_{13}f_{13}+i_{21}f_{21}+i_{22}f_{22}+i_{23}f_{23}+i_{31}f_{31}+i_{32}f_{32}+i_{33}f_{33} \tag{7-6}$$

$$o_{12}=i_{12}f_{11}+i_{13}f_{12}+i_{14}f_{13}+i_{22}f_{21}+i_{23}f_{22}+i_{24}f_{23}+i_{32}f_{31}+i_{33}f_{32}+i_{34}f_{33} \tag{7-7}$$

从卷积算式可以看出，只要合理选择卷积核，就可以强化或弱化某个方向上的像素点差别，如图 7－9 所示。图中的卷积核是竖向敏感的，就是图像中竖向的边界点会被增强，而横向的边界点会被变弱。图 7－9 中，6×6 的图像矩阵的第 3 列和第 4 列是边界，与竖向敏感的卷积核求卷积运算得到的结果矩阵在这个位置上像素值增加了。

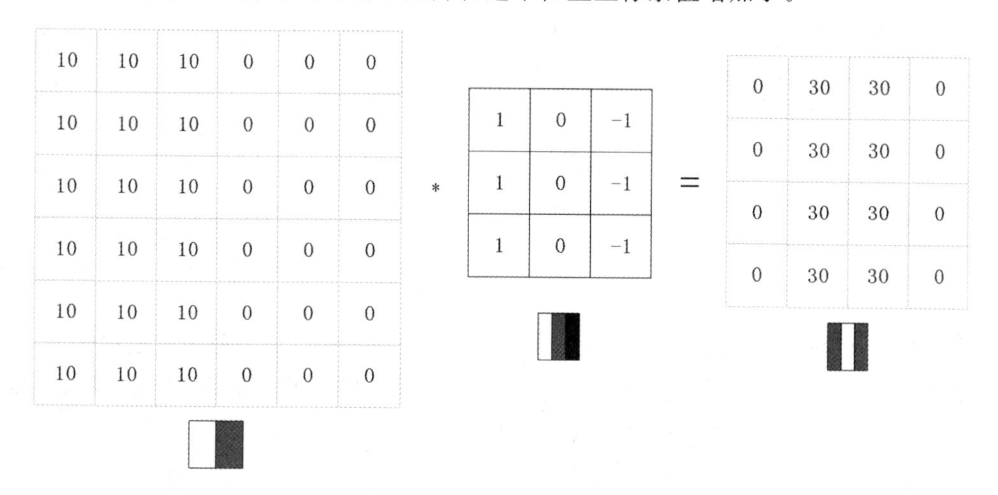

图 7－9　竖向卷积核示意图

若将图 7-9 中竖向敏感的卷积核替换为横向敏感的卷积核，那么经过卷积运算后图像矩阵的竖向边界就消失了，如图 7-10 所示。

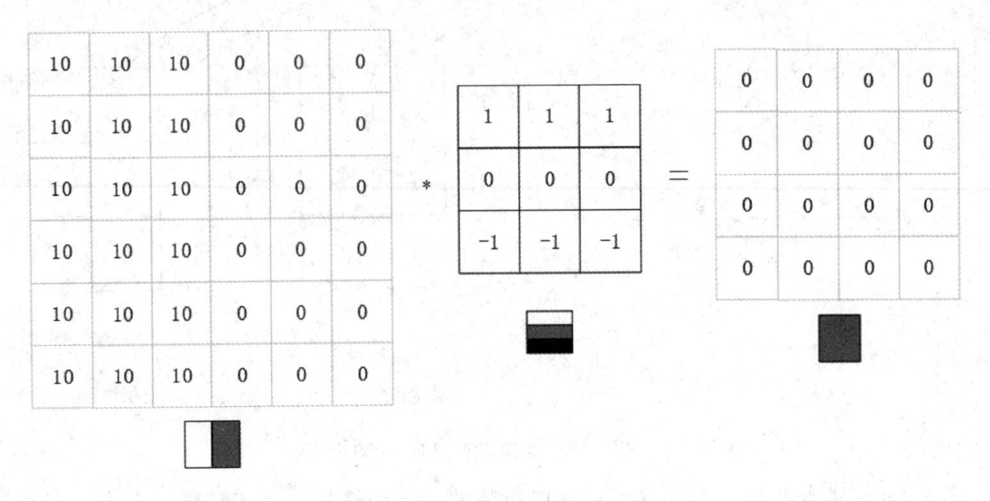

图 7-10　横向卷积核示意图

与之类似，还可以是对角线上敏感的卷积核，这类{-1，0，1}三个数按照一定方向构成的矩阵，被称为 Prewitt 核，如图 7-11 所示。

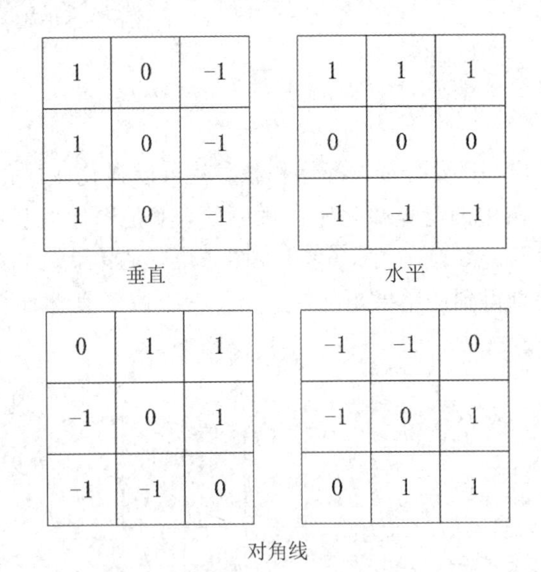

图 7-11　Prewitt 核

常用的还有 Sobel 核（如图 7-12 所示），它是在 Prewitt 核的基础上改进而来的，在中心系数上使用一个权值 2，相比较 Prewitt 核，Sobel 核能够较好地抑制（平滑）噪声。Prewitt 核、Sobel 核可以用来增强图像中的边缘。

1	0	-1
2	0	-2
1	0	-1

垂直

1	2	1
0	0	0
-1	-2	-1

水平

0	1	2
-1	0	1
-2	-1	0

-2	-1	0
-1	0	1
0	1	2

对角线

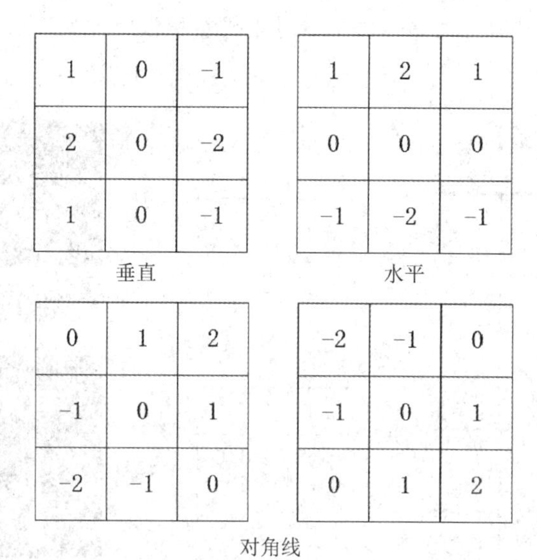

图 7-12　Sobel 核

若想增强图像中的点，可以使用 Laplace 核，如图 7-13 所示。

1	1	1
1	-8	1
1	1	1

图 7-13　Laplace 核

对图像上的边界突变检测实际上可以通过对图像求微分实现，如前面的 Prewitt 核、Sobel 核又称为一阶微分算子，但一阶微分算子对噪声较敏感，所以有时会使用二阶微分核，如 Laplace 核、LoG 核、DoG 核等。卷积运算后，一些像素点的值变成了负数，所以一般在卷积层后面会加入 ReLU 激活函数。

例 7.2　分别使用 Sobel 垂直、水平、对角线核对图 7-14 进行卷积处理。

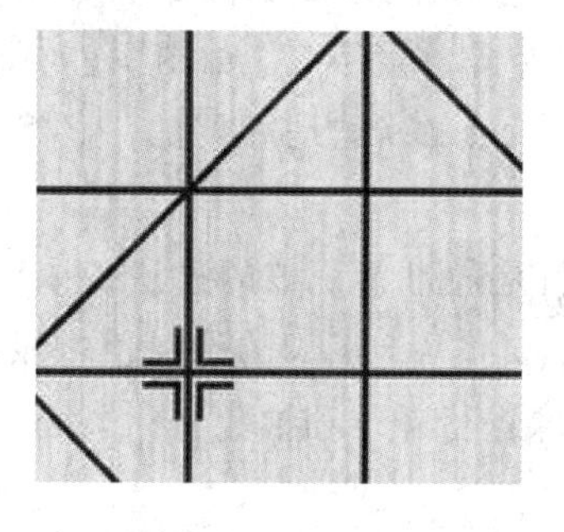

图 7-14　原始图像

分别使用图 7-12 中所示水平、垂直、对角线卷积核对原始图像进行卷积运算，结果如图 7-15 所示。

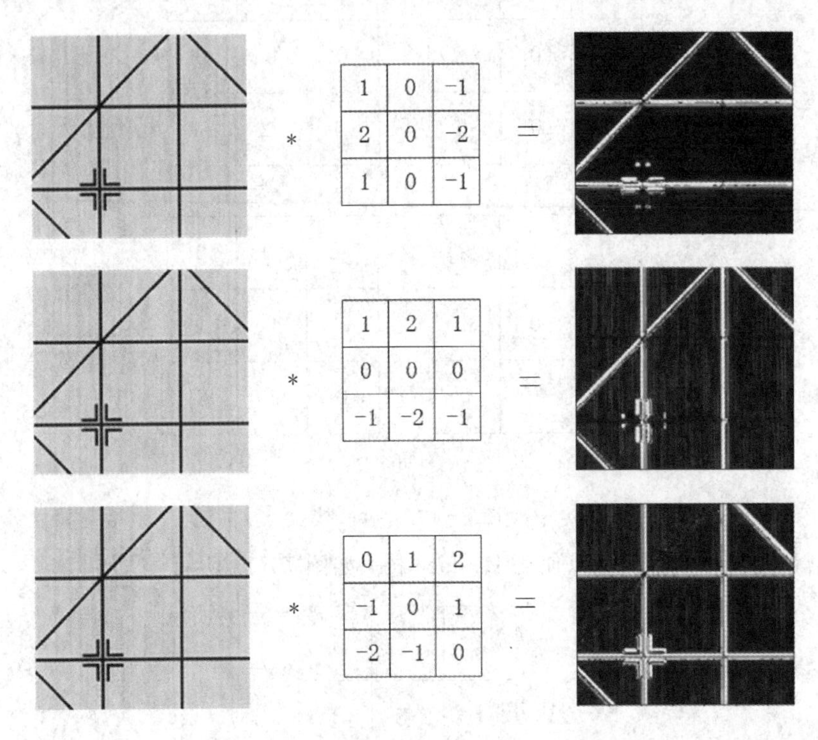

图 7-15　Sobel 核与图像卷积运算结果

由图 7-15 可以看出，通过 Sobel 算子对图像进行卷积运算后，相应方向上的边缘得到增强，可以实现轮廓提取的效果。经过卷积处理后的图像增强了轮廓特征，有利于后续层对图像进行分类。

实际应用中，图像在多个方向上的轮廓都对最后的识别有意义，因此经常使用多个卷积核，每个卷积核代表一种图像模式，并把本卷积层得到的所有卷积结果都给后续的层处理。此外，实用中 CNN 卷积核每个分量的具体值不是固定的，最优参数是根据样本集训练而得。

此外，图 7-8 所示的卷积操作会使原始图像变小，可以根据卷积核大小对原始图像外围填充数据(如"0")使卷积结果矩阵维度不变。如图 7-8 所示卷积核对图像平移卷积运算时，每次移动的像素间隔数(称为步幅)也是可调的，显然步幅越大卷积结果矩阵维度就越小。

综上所述，卷积层的任务就是通过卷积核的过滤提取图片的局部特征，类似于人类视觉的特征提取。但是，经过卷积操作后，图像的像素值并没有减少，CNN 模仿人类视觉系统在卷积层后加入池化层对图像进行降维和抽象。

7.2.3　池化层

池化(Pooling)层通过去掉卷积层输出的特征结果矩阵(Feature Map)中不重要的样本，

减少后续层级需要处理的特征数量，池化层还可以在一定程度上防止过拟合。

如果输入是图像的话，那么池化层的最主要作用就是压缩图像，池化操作属于降采样的一种特殊形式，且是一种比较简单的降采样算法。图像降采样的核心思想是：卷积后的图像矩阵维度依然太大，要想办法使用一种算法让这个图像矩阵的维度降低又不损失图像的重要信息，CNN 采用池化层来实现这一目标。

池化操作简单，易实现，一般的池化运算如图 7-16 所示，池化滤波器的长宽需要事先指定(常用 2×2)，从被池化矩阵的左上角开始选择一个和池化滤波器形状相同的子集，选中的子集通过一定的规则转变成池化结果矩阵上的一个元素值，紧接着池化滤波器向右平移步长个单位进行下一轮，直到池化完成。步长可以小于池化滤波器的宽，这时候相邻两次池化会有重叠。

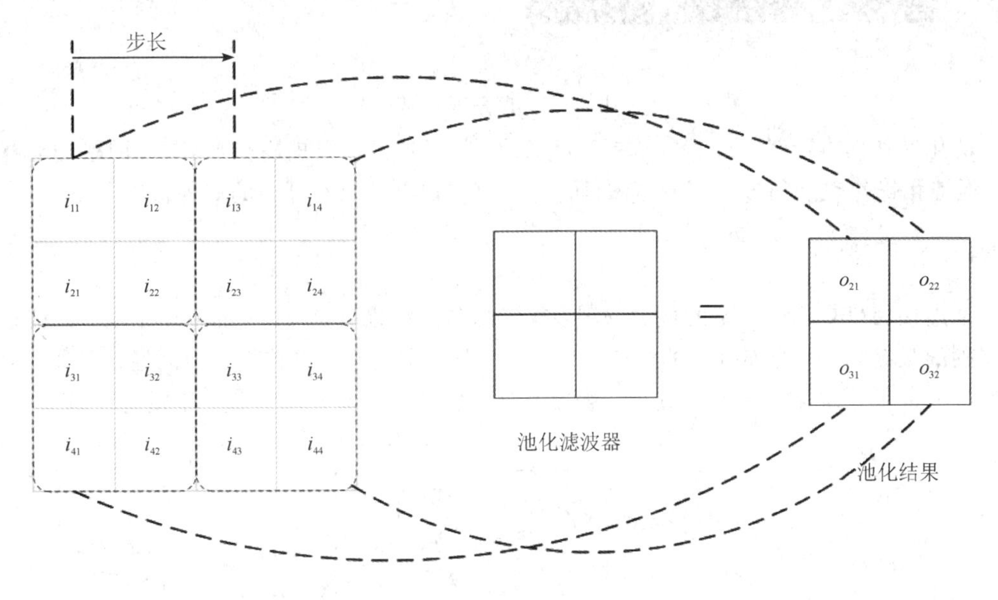

图 7-16 一般池化过程

常用的池化运算规则有三种：① 最大池化 Max Pooling)，取池化子区域的最大值作为结果元素；② 均值池化(Average Pooling)，取平均值作为结果；③ 全局池化(Global Pooling)，这里的全局是针对卷积层输出的特征结果矩阵的，多个卷积核可以产生多个卷积结果矩阵，将每个结果矩阵池化为一个值，就称为全局池化，又分成全局最大池化、全局均值池化等。

例 7.3 对例 7.2 中的竖向 Sobel 核卷积结果进行池化操作。

尝试使用不同尺寸的池化滤波器，对例 7.2.1 中的竖向 Sobel 核卷积结果图像进行最大值池化操作。

图 7-17 所示为分别采用 2×2 池化滤波器和 10×10 池化滤波器对图像进行池化的结果，由结果可以看出采用 2×2 池化滤波器池化后，图像的长宽尺寸近似于原来的二分之一。采用 10×10 的池化滤波器池化后图像尺寸近似于原来的十分之一，池化后图像的轮廓与原图近似，但是原图像中的一些细节信息在池化后消失了。由此可见，池化操作可以大大降低图像的尺寸，但又能较大程度地保存图像的轮廓信息。

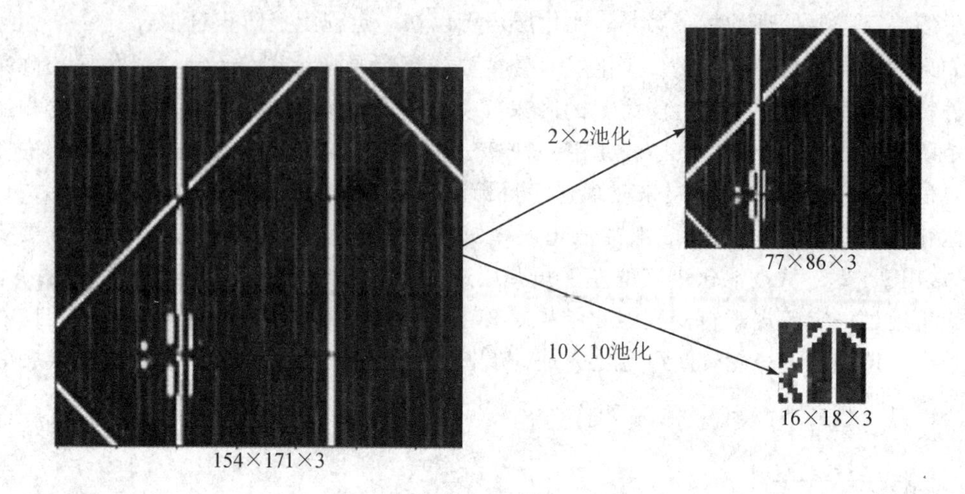

图 7-17　图像池化效果

池化操作的本质是一个特征选择、降维的过程，这样可以提高整个 CNN 网络的运算效率，但池化操作也会损失一部分原图信息，是兼顾识别效果和算力的一种折中方案。

7.2.4　全连接层

全连接层(FC)是 CNN 的最后一层，本层的输出结果就是 CNN 的输出结果，也就是图像识别的最终结果。全连接层的结构如图 7-18 所示，全连接层首先将前面经过卷积、池化后的特征进行一维化(Flatten)处理，然后将这些特征最终识别为一组可能的分类值。

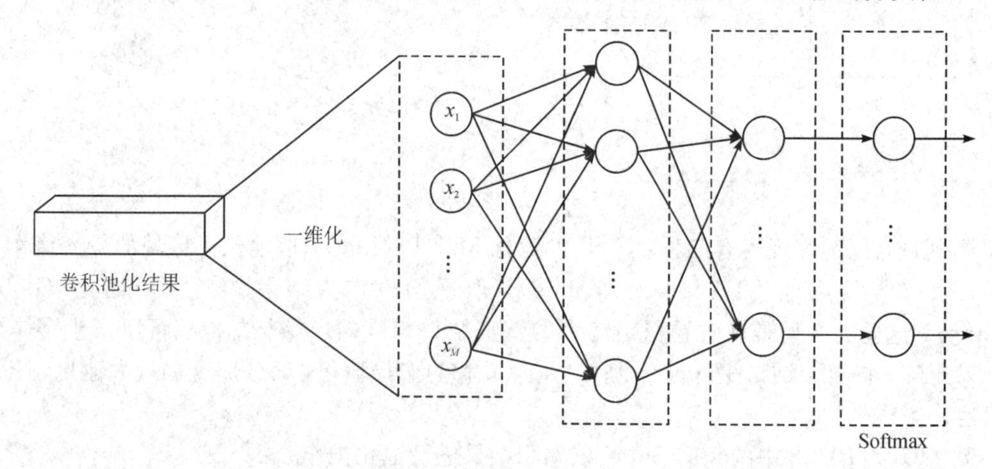

图 7-18　CNN 全连接层结构图

此处的全连接层，就是上一章的多层神经网络。全连接层将 CNN 前半部分的卷积＋ReLU 激活＋池化等一系列处理的结果一维化后作为全连接层的输入，全连接层起到一个分类器的作用。

因此，整个 CNN 可以分成两部分，即由卷积、池化等组成的特征预处理和由全连接层充当的分类器。由前面介绍可知，多个卷积核对图像进行卷积运算可以将图像按照感兴趣的纹理特征对图像进行滤波，而对应的池化操作可以一定程度防止过拟合并对卷积结果进行压缩，但每一个卷积核都只是提取图像的局部特征；而在全连接层相当于将前面的这些强化、压缩后的局部特征又重新组合在一起了，因为此处的输入层用到了前面得到的所有局部特征，所以叫作全连接层。

而最后的Softmax处理用于得到概率值向量，使得CNN的输出结果有较好的可解释性，也让后续取阈值等操作顺理成章。如图7-19所示为一个训练好的宠物分类CNN对一张小狗的图片进行分类的过程示意，CNN先对待识别图像进行卷积、池化等操作，最后将图像处理后的特征交由全连接层进行分类识别，识别的结果在代表狗的那个分量上的概率最高，所以CNN识别的结果是“这个图像80%的可能是一张小狗的图像”。

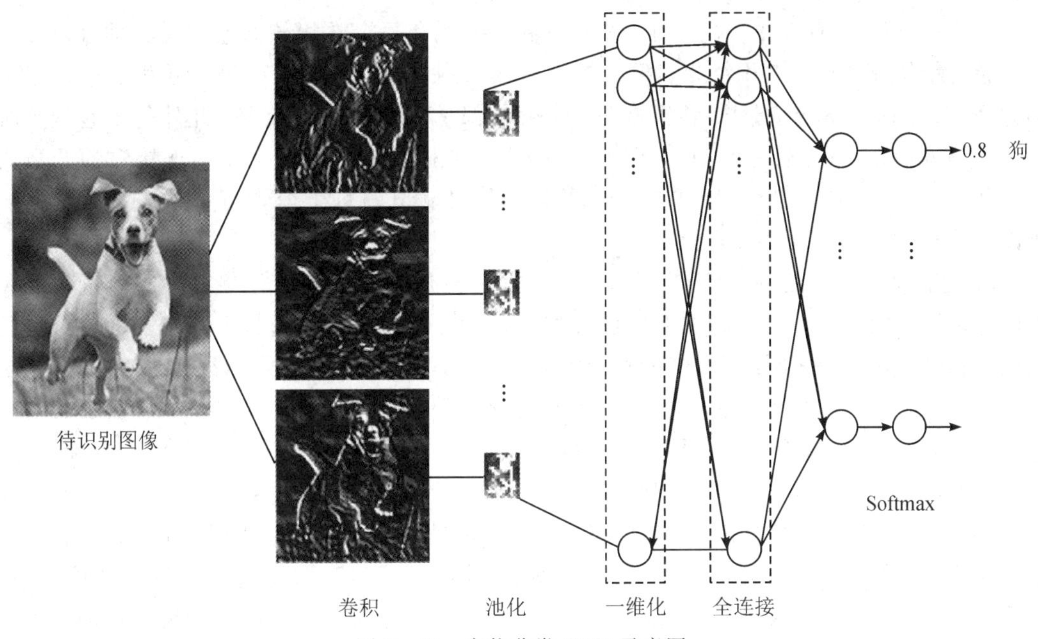

图7-19 宠物分类CNN示意图

CNN卷积核的权值、全连接层各神经元的权值等都是通过训练得到的，训练算法与上一章多层神经网络类似，将在7.3.4的案例中介绍。

7.3 CNN应用

知道了CNN的原理后，针对具体的应用场景可以根据需要灵活设计具体的CNN架构。较典型的架构有LeNet、AlexNet、GoogLeNet等，本节将简单介绍这几种常见的CNN架构，然后通过一个案例演示CNN的训练过程。

7.3.1 LeNet5架构

LeNet是最早的卷积神经网络之一，它的出现直接推动了深度学习领域的发展，因为前面经过多次迭代优化，所以又被称为LeNet5[7]，它主要被用于手写图像的识别。

LeNet5共有七层，每一层都有可训练参数，架构如图7-20所示。

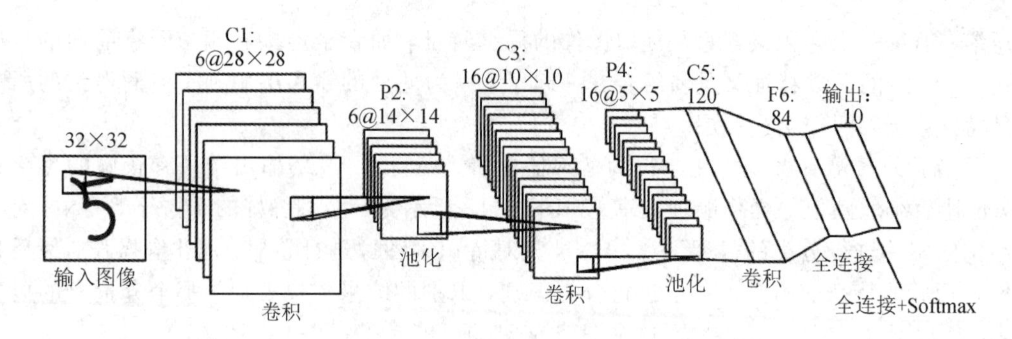

图 7-20　LeNet5 架构

C1 是卷积层，有 6 个 5×5 的卷积核，输入图像和每个卷积核做卷积运算都可以得到一个卷积结果，共 6 个卷积结果；又因为没对输入图像做填充，所以每个卷积后的结果大小为 28×28，28=32−5+1。卷积核的每个分量都是需要训练的参数，此外每个卷积核都有一个偏置，所以 C1 层总共有(5×5+1)×6=156 个需要训练的参数。连接数的个数为(28×28)×6×(5×5+1)=122304 个，因为卷积层输出的每个像素点都对应 26 个连接，所以总共有 28×28×6 个像素点。

P2 是池化层，采用一个 2×2 的池化滤波器。池化方法是将池化矩阵中的分量相加再乘以可训练系数(权重)，然后加上可训练偏差，再将得到的结果通过 S 形函数传递。池化过程中感受域不重叠，所以 P2 中的特征图大小为 C1 中的特征图的一半。C1 中的每个特征图对应 P2 中的 2 个池化参数，所以 P2 的总池化参数为 2×6=12 个。P2 中特征图的每个像素点都对应有 2×2 个连接，所以 P2 总的连接数为(2×2)×(14×14)×6=4704 个。

C3 是卷积层，卷积核个数为 16，包括 6 个 5×5×3、9 个 5×5×4、1 个 5×5×6 的卷积核。C3 各个(0～15)特征图是对 P2 层 6 个(0～5)池化输出进行卷积运算的结果，卷积关系如表 7-1 所示。例如：C3 的第 0 个特征图是使用一个 5×5×3 的卷积核对 P2 的第 0～2 个输出进行卷积运算的结果，C3 第 0 个特征图的每个像素都是 5×5×3 个乘积再加一个偏置的运算结果。所以，C3 层的训练参数共有(5×5×3+1)×6+(5×5×4+1)×9+(5×5×6+1)=1516 个，而每个卷积参数都参与了 10×10 次(C3 输出特征图的大小)运算，因此 C3 层的连接数为 10×10×1516=151600。

表 7-1　C3 层对 P2 层输出的卷积运算关系

P2	C3															
	0	1	2	3	4	5	6	7	8	9	10	11	12	13	14	15
0	×				×	×	×			×	×	×	×		×	×
1	×	×				×	×	×			×	×	×	×		×
2	×	×	×				×	×	×			×		×	×	×
3		×	×	×			×	×	×	×			×		×	×
4			×	×	×			×	×	×	×		×	×		×
5				×	×	×			×	×	×	×		×	×	×

P4 是池化层，对 C3 层的 16 个特征图分别进行池化，池化滤波器大小为 2×2，P4 的输出为 16 个 5×5 的特征图。池化的方式是 2×2 区域的 4 个值相加再乘以一个可训练参数

再加一个可训练的偏置后通过一个 Sigmoid 函数，池化区域不重合。因此，P4 层每个特征图有两个参数，即权值和偏置，因此可训练参数为 16×(1+1)=32 个，连接数为 (2×2+1)×5×5×16=2000 个。

C5 是一个比较特殊的卷积层，有 120 个 5×5×16 的卷积核。C5 的输出是 120 个特征图，而每个特征图的维度都是 1，1=5−5+1。从 P4 和 C5 的卷积运算关系可以看出它们之间是全连接的。C5 的可训练参数为(5×5×16+1)×120=48120 个，对应的连接数与可训练参数的个数相同。

F6 是一个全连接层，完全连接到 C5，输出是一个 84 维的向量，而它的输入就是 C5 的输出即 120 维的向量。它的可训练参数为(120+1)×84=10164 个。

最后一层是输出层，是一个全连接加 Softmax 激活函数的层。

从 LeNet5 层级架构设计可以看出，LeNet5 设计的出发点是图像的特征分布在整张图像上且像素点间不独立，带有可学习参数的卷积可在多个位置上提取图像的特征，因此 LeNet5 在进行图像识别过程中考虑到了图像的空间相关性。

LeNet5 是深度学习神经网络架构的起点，启发了很多卷积神经网络的发展。

7.3.2 AlexNet 架构

AlexNet 在 2012 年的 ImageNet 竞赛中取得冠军，从此卷积神经网络开始吸引更多人的注意，因为第一作者是 Alex Krizhevsky，所以被称为 AlexNet[8]。AlexNet 掀起了神经网络研究的又一次高潮，确立了深度学习(深度卷积网络)在机器视觉领域的统治地位，同时将深度学习拓展到了语音识别、自然语言处理等多个领域。

AlexNet 架构如图 7-21 所示。AlexNet 包含了 6.3 亿个连接、6000 万个参数和 65 万个神经元；拥有 5 个卷积层，其中 3 个卷积层后面连接了池化层，最后还有 3 个全连接层。

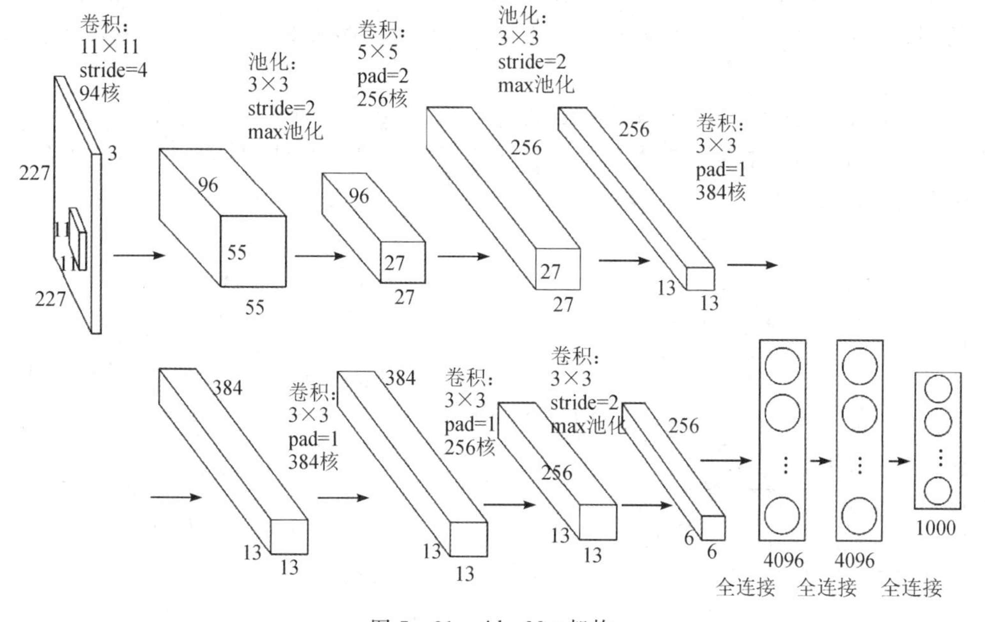

图 7-21 AlexNet 架构

AlexNet 的输入是 227×227 的图像，共有 8 个层级具有可训练参数。

第一层卷积层，是可训练层。该层使用 96 个 11×11 的卷积核，滑动步长(stride)为 4，输出为 96 个 55×55 的特征图。

第二层使用 5×5 卷积核，卷积产生 256 个特征图，并进行最大池化。

第三、第四层均使用 3×3 卷积核，输出 384 个特征图。

第五层使用 3×3 卷积层，输出 256 个特征图，并进行最大池化。

第六、七层为全连接层，各包含 4096 个神经元，从输入的 227×227 的图像到全连接层后只剩 4096 个特征值。

第八层是有 1000 个输出的全连接层并使用 Softmax 函数处理，得到最终的分类结果。

相对于 LeNet5，AlexNet 更深、更宽。AlexNet 有几个特点：

① 使用 ReLU 作为 CNN 的激活函数，经验证其效果在较深的网络中优于 Sigmoid 函数；

② 训练过程中使用 Dropout 机制(防止过拟合的机制)，随机忽略一部分神经元，按照一定的概率将其暂时从网络中丢弃，对于随机梯度下降来说，由于是随机丢弃，故而每一个 mini-batch(指样本被分成的等量的子集)都在训练不同的网络；

③ 池化层中使用重叠的最大池化，避免平均池化的模糊化效果，池化移动步长比池化核的尺寸小，这样池化层的输出之间会有重叠和覆盖，提升了特征的丰富性；

④ 提出了局部响应归一化(Local Response Normalization，LRN)层，对局部神经元的活动创建竞争机制，使得其中响应比较大的值变得相对更大，并抑制其他反馈较小的神经元，增强了模型的泛化能力。

7.3.3 GoogLeNet 架构

GoogLeNet 的第一个版本在 2014 年由 Google 团队提出，是一种全新的深度学习架构[9]。相对于 LeNet5 和 AlexNet，GoogLeNet 使用更多层级的同时采用稀疏连接，因此更深层的 GoogLeNet 参数反而比 AlexNet 更少，可训练参数的数量只有 500 万，是 2012 年 AlexNet 的十二分之一。

GoogLeNet 引入 Inception 模块构建网络，Inception 模块将串行处理改为并行处理，如图 7-22 所示。通过控制各种卷积、池化操作的填充和步长使得结果特征图的长、宽不变，然后再从深度上将特征图进行拼接。

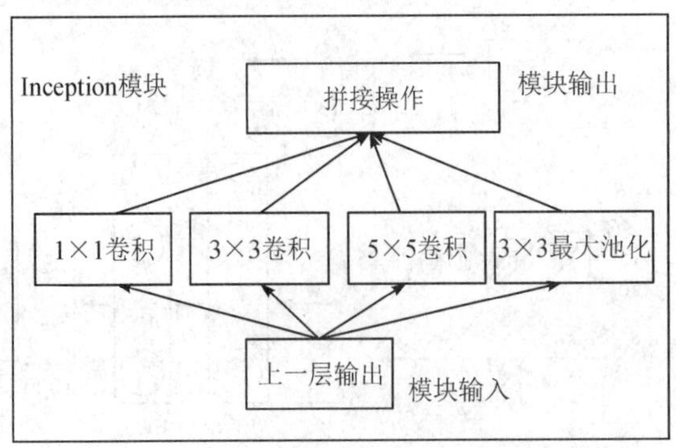

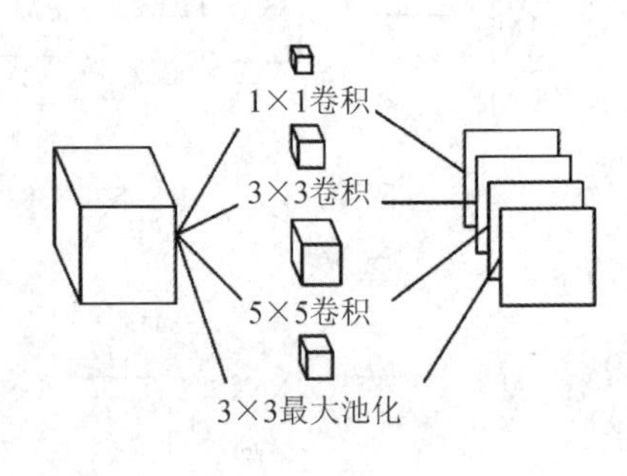

图 7-22　GoogLeNet 的 Inception 并行处理

为了减少计算量，在进行 3×3 卷积、5×5 卷积之前先对多通道的特征图进行 1×1 卷积运算降维，对 3×3 最大池化后的结果也进行 1×1 卷积操作降维。1×1 卷积运算降维的效果是将 n 通道的输入变成了 1 通道，最后 Inception 的输出就是 4 种并行运算之后的 4 通道特征图。在不同尺寸的卷积或池化操作上串联 1×1 卷积可以有效减少训练参数，改进后的 Inception 如图 7-23 所示。

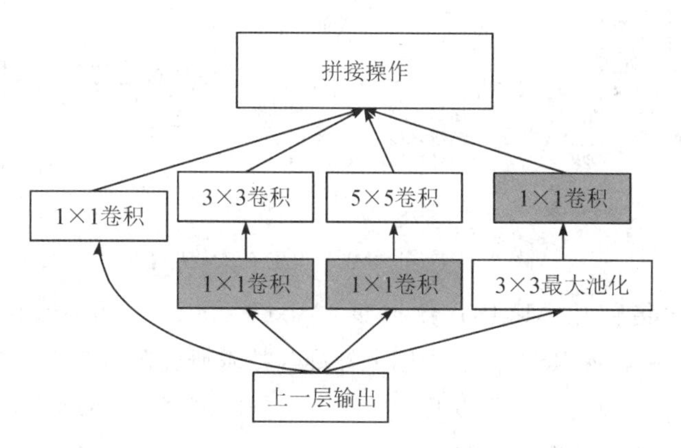

图 7-23　加入 1×1 卷积降维处理的 Inception

GoogLeNet 就是由常规的卷积层、池化层和若干 Inception 模块组成的。输入是 224×224×3 的图像；前几层是普通的卷积、池化层；后面第 5 层开始是若干个 Inception 串联，中间几处偶尔穿插最大池化；再后面通过平均池化(替代全连接层)、Dropout 抽象图像的全局特征，相对于其他 CNN 在最后使用全连接层，这样做在降维的同时可以防止过拟合。关于 GoogLeNet 更具体的整体架构可以查看原论文[9]。

GoogLeNet 在 2014 年 ImageNet 竞赛的分类任务中获得第一名，后来又经过几次改进[10]，在图像识别、语音识别等领域具有广泛应用。

7.3.4　应用案例

例 7.4　训练一个卷积神经网络，实现手写体数字识别。

问题分析：首先将用户在手机或电脑屏幕上用手指或鼠标书写的数字转换成图片，然后将图片输入给 CNN，最后 CNN 将输入的手写数字图像归类为 0～9 中的一个。CNN 网络需要在此之前就已经训练好，需要大量的已经标注了数字类别的手写数字图像对 CNN 网络进行训练。

解决思路：通过以上分析，问题解决大致分为以下步骤：① 设计一个 CNN；② 构建训练库训练 CNN；③ 通过测试库对训练好的 CNN 进行测试，通过测试进行下一步，不能通过测试回到步骤①；④ 保存训练好的模型用于手写数字图像识别。

将 CNN 架构设计为如图 7-24 所示。使用 Python 语言编码实现，调用第三方库 Tensorflow、Keras。使用 Keras 创建模型的流程如下：① 根据设计架构创建模型，在模型的第一层要指定输入图像的维度和通道数；② 编译模型，需要指定优化方法 optimizer、损失函数 loss、评价函数 metrics，各个参数的选择对模型训练收敛速度影响较大；③ 指定训练集和测试集对模型进行训练。

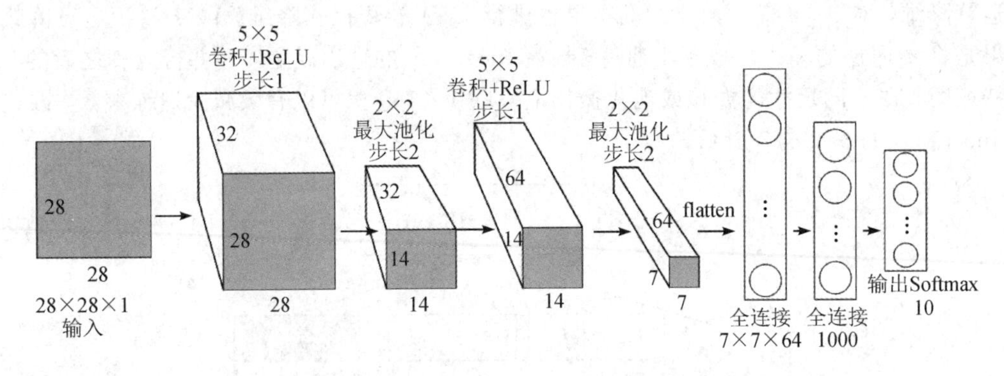

图 7-24　手写数字识别 CNN 架构

训练集和测试集使用 MNIST 数据集(Mixed National Institute of Standards and Technology database)，MNIST 是美国国家标准与技术研究院收集整理的大型手写数字数据库，包含 60000 个示例的训练集以及 10000 个示例的测试集。MNIST 库中，以数字图像和对应的标签存储，随机抽取 9 个显示，如图 7-25 所示。

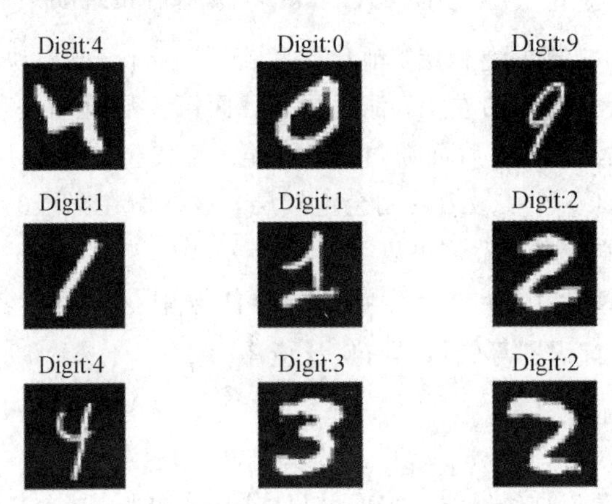

图 7-25　Keras 库中 MNIST 的手写数字图像

模型训练时要指定训练库，包括作为输入 $\boldsymbol{X}$ 的图像集已经对应的标签输出集。由于 MNIST 的标签 y 是十进制数，所以需要先将 y 处理成 CNN 输出，例如 $y=3$ 转换成 $\boldsymbol{y}=[0, 0, 0, 1, 0, 0, 0, 0, 0, 0]^{\mathrm{T}}$。

由于训练集较大，在训练时会受计算机内存限制，且使用所有样本时平均梯度下降容易陷入局部最优，所以在实际模型训练时将全部训练集分成几块(块大小为 batch_size)对模型进行训练。另外，还需要多次训练使模型参数更优，训练时需要设置训练次数 epochs 的值。

图 7-26 所示为随着模型训练轮数增加，模型的准确度、损失值的变化情况。由图中可知，经过训练，模型在测试集上的准确度可以达到 98%以上。

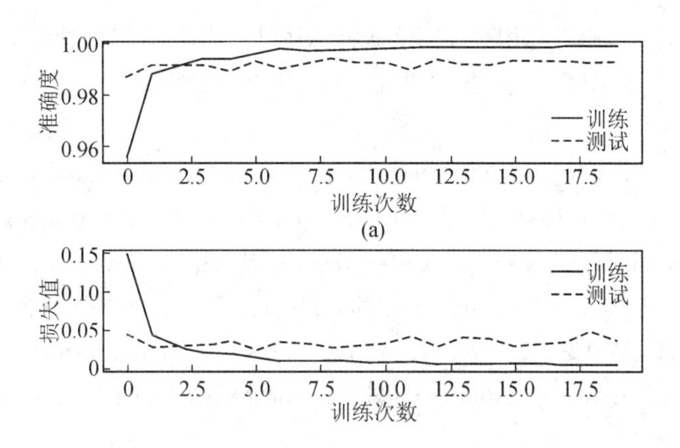

图 7-26　模型准确度、损失值与训练次数的关系

本章小结

卷积神经网络(CNN)是受生物视觉系统工作原理启发而来的，它是深度神经网络的代表。本章内容包括普通的卷积运算、CNN 架构原理、典型的 CNN 网络模型。

CNN 采用原始图像作为输入，可以有效地从大量样本中自动学习到特征，避免了复杂的特征提取过程。卷积、池化层的加入，使 CNN 可以自动提取二维图像的特征，几乎不需要人工干预，这一优点使得 CNN 在机器视觉领域应用广泛。

但是，CNN 的可解释性较差，而且需要优化的参数很多，训练需要大量的运算。另外，CNN 没有记忆功能，在语音识别、自然语言处理等领域表现不好。

思考题

1. 简述卷积神经网络与全连接网络的区别与联系。
2. 简述卷积运算的物理意义。
3. 在人类视觉系统中，外膝体的作用是什么?
4. 简述 AlexNet 和 LeNet5 的区别与联系。
5. 计算 AlexNet 各层级的可训练参数个数及其连接数。
6. GoogLeNet 的架构是怎样的?
7. 在例 7.4 中，改变网络结构、模型的优化方法等，重新训练模型，观察模型的收敛速度、准确度等变化。

参考文献

[1]　GOODFELLOW I, BENGIO Y, COURVILLE A. Deep learning[M]. Cambridge: MIT Press, 2016.

[2] 周飞燕，金林鹏，董军. 卷积神经网络研究综述[J]. 计算机学报，2017，40(6)：1229－1251.
[3] 常亮，邓小明，周明全，等. 图像理解中的卷积神经网络[J]. 自动化学报，2016，42(9)：1300－1312.
[4] LEE H，GROSSE R，RANGANATH R，et al. Convolutional deep belief networks for scalable unsupervised learning of hierarchical representations[C]. Proceedings of the 26th Annual International Conference on Machine Learning. Montreal，Quebec，Canada；Association for Computing Machinery. 2009：609－616.
[5] HUBEL D H，WIESEL T N. Receptive fields，binocular interaction and functional architecture in the cat's visual cortex[J]. The Journal of Physiology，1962，160(1)：106－154.
[6] KAR K，KUBILIUS J，SCHMIDT K，et al. Evidence that recurrent circuits are critical to the ventral stream's execution of core object recognition behavior[J]. Nature Neuroscience，2019，22(6)：974－983.
[7] LECUN Y，BOTTOU L. Gradient-based learning applied to document recognition [J]. Proceedings of the IEEE，1998，86(11)：2278－2324.
[8] KRIZHEVSKY A，SUTSKEVER I，HINTON G E. ImageNet classification with deep convolutional neural networks[C]. Proceedings of the 25th International Conference on Neural Information Processing Systems-Volume 1. Lake Tahoe，Nevada；Curran Associates Inc. 2012：1097－105.
[9] SZEGEDY C，LIU W，JIA Y，et al. Going deeper with convolutions[C]. Proceedings of the IEEE Conference on Computer Vision and Pattern Recognition，2015：1－9.
[10] SZEGEDY C，IOFFE S，VANHOUCKE V，et al. Inception-v4，inception-ResNet and the impact of residual connections on learning[C]. Proceedings of the Thirty-First AAAI Conference on Artificial Intelligence. San Francisco，California，USA；AAAI Press. 2017：4278－4284.

第 8 章　长短时记忆网络

第 6 章和第 7 章所讲的神经网络是受人类神经系统的启发而设计出来的，但人类大脑还有一个非常重要的特点就是具有记忆能力，而前面讲的多层网络、卷积网络都只是将某一时刻的特征映射为一组输出，这种网络在一些具有累积效应的场景并不适用。比如，一个智能客服收到客户针对“苹果”这个商品的投诉后，需要根据“上下文”来确认此处的“苹果”到底是指一种水果还是一种电子产品。因此，在使用神经网络算法时，历史记录对后面的结果也很重要。传统的神经网络在处理序列数据的时候，并没有考虑这一点。

循环神经网络(Recurrent Neural Network，RNN)、长短时记忆网络(Long Short Term Memory Network，LSTM)是用于处理序列数据的神经网络，能很好地解决这一问题。本章介绍 RNN、LSTM 的原理与应用。

8.1　序　　列

有一类特殊的数据，在同一种统计指标的约束下按照时间先后顺序排列，这样得到的序列被称为时间序列[1-2]。时间序列数据一般是对一些现象依照时间先后顺序按一定间隔进行采样的结果，比如某地区每季度的平均降水量数据、股票交易数据、某人一天血氧浓度的变化数据、语音信号等等，通过对时间序列的科学分析，可以根据历史预测未来。

在数据挖掘领域，很多任务和时间序列有关。以图 8-1 所示的自然语言处理为例，客户想要买的飞机票的出发地和目的地分别是哪里呢？很显然，这个问题的答案和客户在两个时间点上发出的消息有关，从第一句消息可以提取出出发地信息，从第二句消息可以提取出目的地信息。

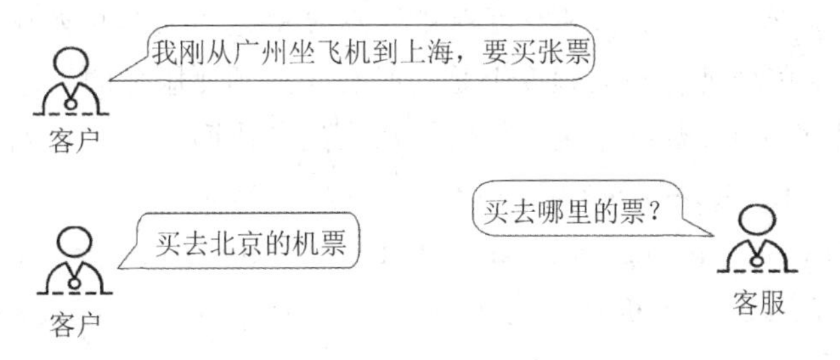

图 8-1　自然语言处理任务示例

8.1.1　时间序列

时间序列实质上是与时间相关的一些现象或属性的数据序列化表示，对这类数据的挖掘任务主要就是对时间序列的预测。此外，我们所研究的时间序列默认会有前后的关联性，即当前时刻的数值和历史数值存在关联。

离散的时间序列可以表示为一个数值集合 $X=\{x_1, x_2, \cdots, x_n\}$，该集合表示在 n 个采样周期内对某一对象进行 n 次采样的结果。集合 X 是一组随机变量，这样一组随机变量具有传统意义上的统计学特征，如最大值、最小值、中位数、期望 $E(X)$、方差 $D(X)$等。期望、方差分别为

$$E(X)=\frac{1}{n}\sum_{i=1}^{n}x_i \tag{8-1}$$

$$D(X)=E\ (X-E(X))^2 \tag{8-2}$$

在时间维度上对某个对象进行数据采样，若对象的规律未知，则需要采集尽量多的维度上的特征，另外在采样过程中极可能会混入各种噪声干扰，所以时间序列信号具有高维度、复杂多变、高噪声干扰等特性。另外，时间序列信号又广泛存在于商业、军事、自然科学、社会科学等数据集中，有效的时间序列数据挖掘算法能使人类的经济、军事、教育等活动更加高效运转。因此，时间序列数据的重要性和复杂性使得时间序列数据挖掘一直都是最有吸引力和挑战性的研究课题之一。

概括地讲，时间序列数据挖掘的任务包括[2-3]：① 时间序列数据变换；② 时间序列相似性搜索；③ 时间序列聚类；④ 时间序列分类；⑤ 时间序列相关规则提取与模式分析；⑥ 海量时间序列可视化；⑦ 时间序列预测。

时间序列数据变换的目的是通过变换能够抑制混杂在数据中的噪声信号，常见的变换方法包括傅里叶变换、小波变换、奇异值分解等。

时间序列相似性搜索的研究目的是信息查询，如根据一段语音信号搜索歌曲或说话人等。一般研究思路是先定义不同时间序列数据的相似性的数值度量方法，然后根据相似性度量算法进行相似性搜索。

时间序列的聚类、分类算法是根据采集到的一段时间内的序列数据进行聚类或分类。如根据语音信号判断说话人、语音内容识别等，机器学习算法在这一类任务中有广泛应用，是近些年研究的热点。

时间序列的规则提取、模式分析、可视化处理等也是为人类更好认知时间序列信号所做的一些处理，而这些处理在很大程度上是为时间序列预测服务的。

对应于上述时间序列，数据挖掘任务的算法大致分成两类：① 传统的时间序列分析方法，包括 ARMA(Auto regressive and Moving Average Model，自由回归模型与滑动平均模型混合而成)、ARIMA(Autoregressive Integrated Moving Average Model，差分整合移动平均自回归模型)等；② 基于机器学习的时间序列分析方法，包括支持向量机、深度学习等。

8.1.2 序列学习

所谓序列学习，就是专门用于处理时间序列的机器学习算法。序列学习算法可以帮助我们预测被研究对象在一段时间后发生某件特定事件的可能性，比如预测手机用户进

行了某些操作后接下来的可能动作，然后预加载所需要的数据，这样可以提升用户的使用体验。

以时间序列分类任务为例，要求算法能够将时间序列正确地识别为某一个类。对于序列学习算法，还需要一组训练集。M 个样本点的训练集可以记为 $D=\{(\boldsymbol{X}_1,\boldsymbol{Y}_1),(\boldsymbol{X}_2,\boldsymbol{Y}_2),\cdots,(\boldsymbol{X}_M,\boldsymbol{Y}_M)\}$，其中每个样本点是在 N 个采样周期上得到的一个序列 $\boldsymbol{X}_i$ 以及与之对应的分类向量 $\boldsymbol{Y}_i$。时间序列 $\boldsymbol{X}_i$ 又是由按时间顺序排列的 N 个向量构成的，每个向量对应在那个采样时间点上被研究对象的所有维度上的特征向量；而 $\boldsymbol{Y}_i$ 表示 One-Hot 编码(一位有效编码)的分类向量，若总共可能的分类个数是 K，则 $\boldsymbol{Y}_i$ 是维度为 K、各维度取值为 0 或 1 的向量。

以声纹识别应用为例，希望算法可以根据声音的特点识别一段声音信号的说话人。为使问题简化，假设总共只有 4 个说话人(分别记为 A、B、C、D)，每个人都采样若干段语音数据，如果使用多个拾音器同时采样，每段语音又会有多个分量。那么，每一语音序列数据都会对应一个分类向量 $\boldsymbol{Y}_i=[\text{isA},\text{isB},\text{isC},\text{isD}]^{\mathrm{T}}$，若这段语音的说话人是 D，则 $\boldsymbol{Y}_i=[0,0,0,1]^{\mathrm{T}}$。声纹识别过程如图 8-2 所示。

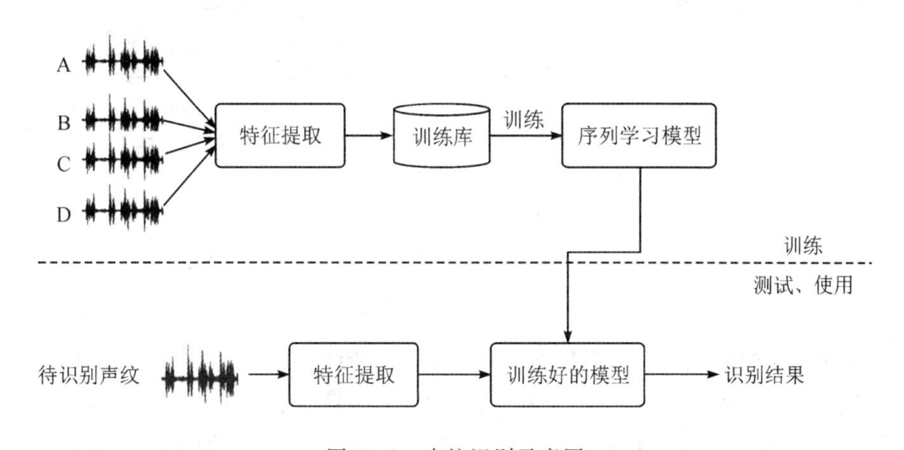

图 8-2　声纹识别示意图

对于时间序列的机器学习任务，传统的多层全连接网络、卷积网络都较难完成，因此催生了各种不同的循环神经网络，最具代表性的是长短时记忆网络。

8.2　循环神经网络

相对于普通的全连接网络，循环神经网络(RNN)的神经元在某时刻的输出可作为下一时刻的输入而再次输入神经元[4]。

RNN 的发展可以追溯到二十世纪七八十年代的循环反馈系统(Recurrent Feedback System)，1982 年 J.Hopfield 提出了具有结合存储能力的神经网络，即 Hopfield 神经网络[5]，这是一种递归神经网络，因为实现较为困难，所以没有得到广泛应用。到 1990 年，J.L.Elman提出了第一个全连接的简单循环神经网络[6]，Elman 网络是一种局部循环网络，属于带反馈的 BP 网络，具有短期记忆能力。1991 年，S.Hochreiter 发现了 RNN 的长期依赖问题，即在对长序列进行学习时 RNN 会出现梯度消失和梯度爆炸现象，当前的状态还可能受很长之前的历史状态影响。J.Schmidhuber 及其合作者在 1992 和 1997 年提出的神经历史压缩器[7]和长短时记忆网络[8]可以解决长期依赖问题，但是因为当时 SVM 算法更流行且当时的计算机算力不足，导致循环神经网络并没有流行起来。

到 21 世纪，随着深度学习理论的出现和数值计算能力的提升，多种改进型 RNN 被成功应用于自然语言处理等时间序列数据分析中[9-11]，使得 RNN 成为重要的数据挖掘算法，吸引了更多人的注意。

8.2.1　结构

RNN 与传统神经网络的区别如图 8-3 所示，图中对两种网络的输入层、隐藏层和输出层都进行了简化，图中上角标表示 t 时刻的输入或输出。

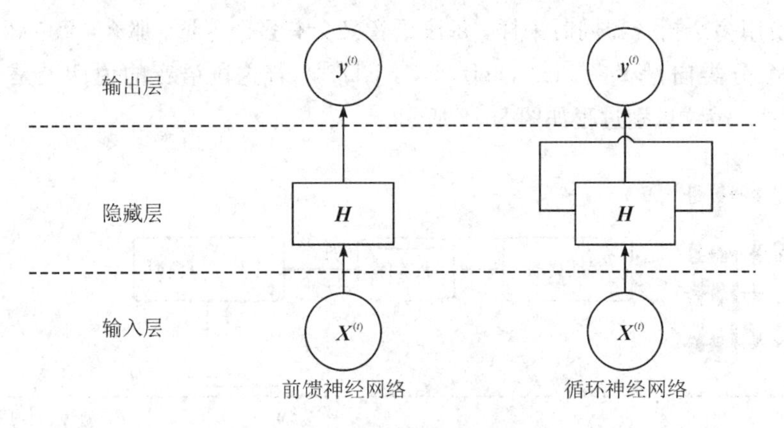

图 8-3　RNN 与传统神经网络的区别

图 8-3 中，前馈神经网络、循环神经网络的各个层都可以由多个节点构成，且隐藏层也可以有多层。RNN 和前馈网络的区别在于，RNN 在隐藏层上引出了一个到它自身的圈，这个圈是 RNN 设计的核心，它的意思是上一时刻的隐藏层和当前时刻的隐藏层共同影响当前时刻的输出，而当前时刻的隐藏层又会影响下一时刻的输出。按时间先后顺序将图 8-3中的 RNN 展开后如图 8-4 所示。

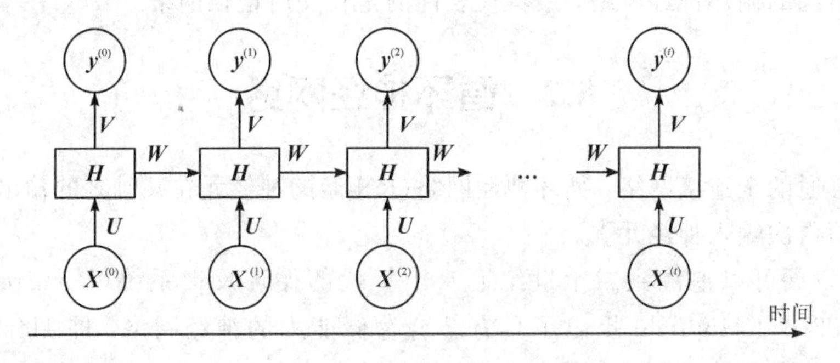

图 8-4　按时间展开后的 RNN

由图 8-4 可知，t 时刻的输出 $\boldsymbol{y}^{(t)}$ 和 $t-1$，$t-2$，…，0 时刻的隐藏层有关，而各时刻的隐藏层又与对应时刻的输入有关，所以图中所示的 RNN 的输出 $\boldsymbol{y}^{(t)}$ 与所有的历史输入都有关。

在具体应用时，图 8-4 中 RNN 在单个时刻上的模块代指的是具体的网络，如图 8-5 所示为一个简单的 RNN，它的输入层有 2 个节点，1 个隐藏层包含 3 个节点，输出层为 1 个单节点。

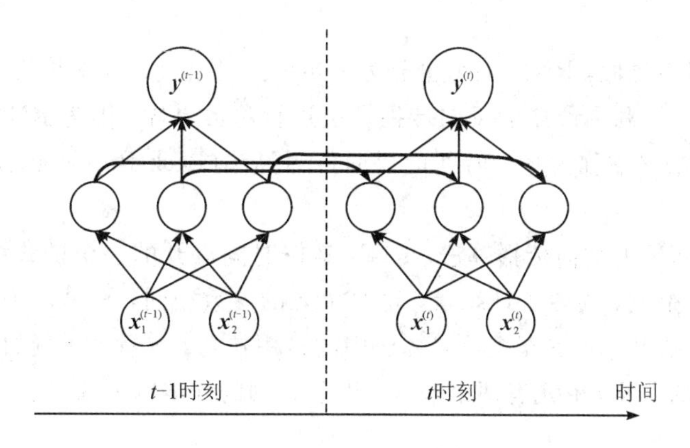

图 8-5　简单 RNN 示例

图 8-5 中，每条有向线段上都要乘以一个权重，而各时刻的权值是共享的，即 $t-1$ 时刻和 t 时刻的权值是相同的。此外，RNN 的输入与输出在时间的对应关系上是可以偏移的，概括起来有如图 8-6 所示的几种。

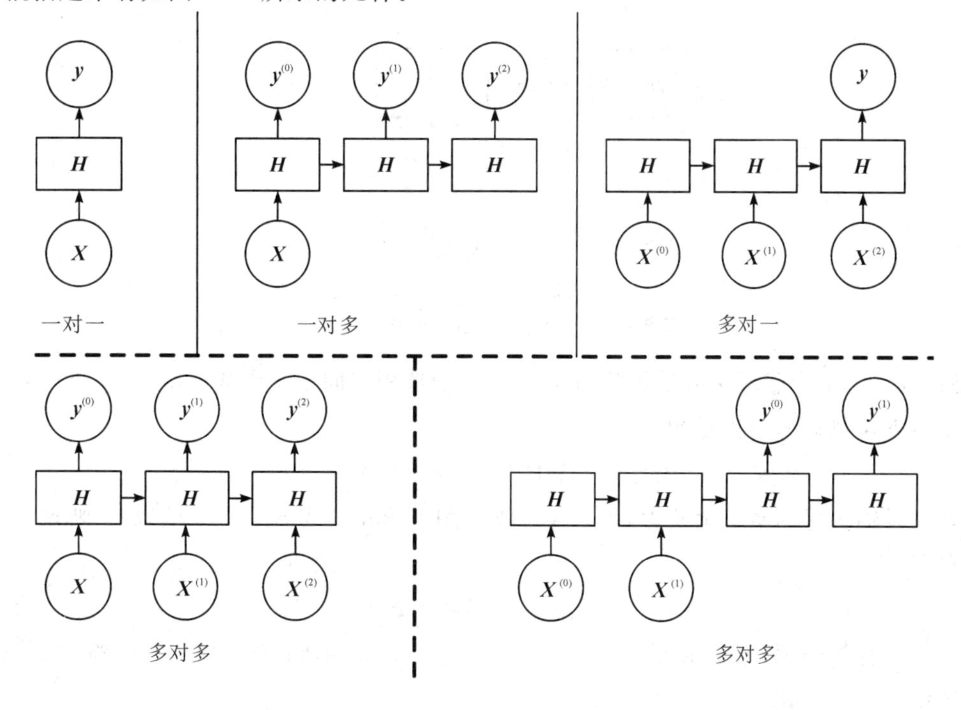

图 8-6　RNN 的各种类型

根据输入向量和输出向量在时刻上的对应关系，可分为一对一、一对多、多对一、多对多等 RNN 类型。图 8-6 中的“一对一”RNN 就是普通的前馈神经网络，不同的 RNN 类型适用于不同的场景，如音乐自动创作、机器翻译、情感分类、语音识别等等。

RNN 的训练和传统的前馈神经网络类似，先求递推公式，然后利用 BP 算法进行参数训练，只是 RNN 需要训练的参数比传统网络更多。

8.2.2 训练

与传统神经网络类似，RNN 训练也分为三步：① 根据 RNN 架构推导前向传播算法；② 定义误差函数；③ 利用误差的反向传播算法进行参数寻优。因为 RNN 与时间有关，所以 RNN 的训练算法又被称为基于时间的反向传播算法(Back Propagation Through Time，BPTT)。

首先，来看 RNN 的前向传播算法。RNN 是按时间展开的一个链式结构，整个链由若干架构相同的单元组成，为减少训练量，这些单元的参数相同，只是每个单元的输入不同，这种机制被称为参数共享，是深度学习算法中的常用技巧。单看 t 时刻的 RNN 单元，如图 8-7 所示。t 时刻的 RNN 单元有两个输入：当前时刻的样本输入 $\boldsymbol{X}^{(t)}$ 以及上一时刻的隐藏层输出 $\boldsymbol{H}^{(t-1)}$。

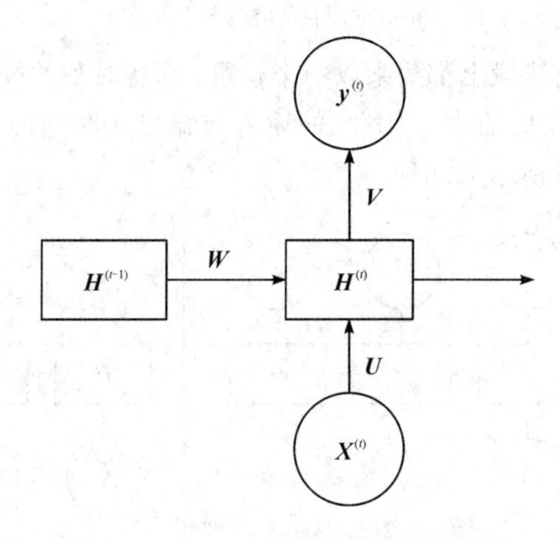

图 8-7 单个 RNN 单元的输入与输出

假设图 8-7 中隐藏层激活函数为 $\sigma(\cdot)$(一般选用双曲正切函数 tanh 或 ReLU 函数)，偏移量为 $\boldsymbol{b}_h$，则隐藏层的输出为

$$\boldsymbol{H}^{(t)}=\sigma(\boldsymbol{W}\boldsymbol{H}^{(t-1)}+\boldsymbol{U}\boldsymbol{X}^{(t)}+\boldsymbol{b}_h) \tag{8-3}$$

若假设输出层的激活函数为 $\varphi(\cdot)$(一般选用 Sigmoid 或 Softmax 函数)，则最终的预测输出 $\hat{\boldsymbol{y}}^{(t)}$ 为

$$\hat{\boldsymbol{y}}^{(t)}=\varphi(\boldsymbol{V}\boldsymbol{H}^{(t)}+\boldsymbol{b}_o) \tag{8-4}$$

对于二分类问题，激活函数 $\varphi(\cdot)$ 一般选用 Sigmoid 函数；对于多分类问题，激活函数一般选用 Softmax 函数。

接下来，定义损失函数 $L^{(t)}$。对于分类任务，实际输出 $\boldsymbol{y}^{(t)}$ 是 One-Hot 编码的向量，假

设其维度为 C，采用交叉熵损失函数 $L^{(t)}$ 来定量描述预测输出与实际输出的差别，即

$$L^{(t)}=-\sum_{i}^{C}\boldsymbol{y}_i^{(t)}\log(\hat{\boldsymbol{y}}_i^{(t)}) \tag{8-5}$$

对于特定的第 k 个分类，将式(8-5)展开，可得

$$L^{(t)}=-\boldsymbol{y}_k^{(t)}\log(\hat{\boldsymbol{y}}_i^{(t)})+\sum_{i\neq k}^{C}\boldsymbol{y}_i^{(t)}\log(\hat{\boldsymbol{y}}_i^{(t)}) \tag{8-6}$$

在整个 RNN 链上，每一个单元都会有损失，所以总的损失函数为 $L=\sum_{t=1}^{T}L^{(t)}$。

最后，使用反向传播算法进行参数寻优。需要训练的参数包括矩阵 $\boldsymbol{U}$、$\boldsymbol{V}$、$\boldsymbol{W}$ 和偏移向量 $\boldsymbol{b}_h$、$\boldsymbol{b}_o$。RNN 反向传播算法的思路和普通神经网络一样，通过梯度下降法逐步迭代，得到合适的 RNN 模型参数 $\boldsymbol{U}$、$\boldsymbol{W}$、$\boldsymbol{V}$ 以及对应的偏移量。因此，要计算损失函数对于这些参数的偏导数。

以 Softmax 作为输出层激活函数的 RNN 为例，其 t 时刻、$t+1$ 时刻的 RNN 单元如图 8-8 所示。

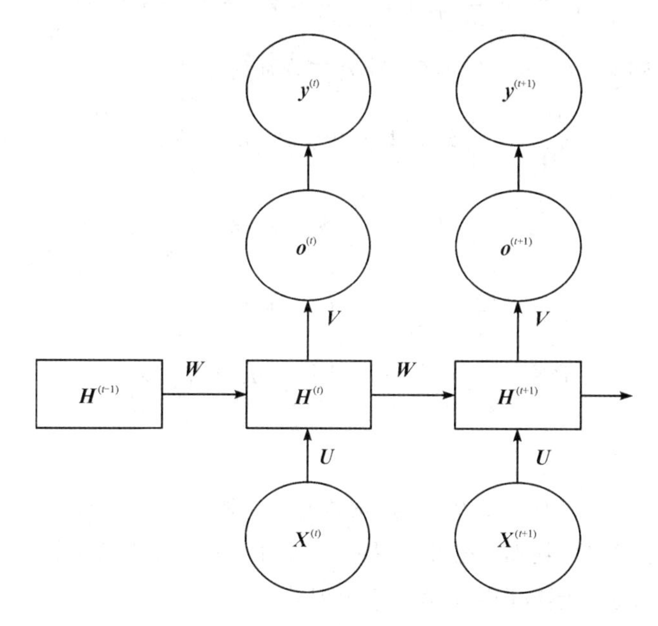

图 8-8　Softmax 激活输出 RNN 单元

根据链式求导法则，因为 t 时刻的 $\boldsymbol{b}_o$、$\boldsymbol{V}$ 仅影响本时刻的输出 $\hat{\boldsymbol{y}}^{(t)}$，所以根据链式求导法则，损失函数 L 相对于 $\boldsymbol{b}_o$、$\boldsymbol{V}$ 的偏导分别为

$$\begin{aligned}\frac{\partial L}{\partial \boldsymbol{b}_o}&=\sum\frac{\partial L^{(t)}}{\partial \boldsymbol{b}_o}=\sum\frac{\partial L^{(t)}}{\partial\hat{\boldsymbol{y}}^{(t)}}\frac{\partial\hat{\boldsymbol{y}}^{(t)}}{\partial\boldsymbol{o}^{(t)}}\frac{\partial\boldsymbol{o}^{(t)}}{\partial\boldsymbol{b}_o}\\&=\sum(\hat{\boldsymbol{y}}_t-\boldsymbol{y})\end{aligned} \tag{8-7}$$

$$\begin{aligned}\frac{\partial L}{\partial \boldsymbol{V}}&=\sum\frac{\partial L^{(t)}}{\partial \boldsymbol{V}}=\sum\frac{\partial L^{(t)}}{\partial\hat{\boldsymbol{y}}^{(t)}}\frac{\partial\hat{\boldsymbol{y}}^{(t)}}{\partial\boldsymbol{o}^{(t)}}\frac{\partial\boldsymbol{o}^{(t)}}{\partial\boldsymbol{V}}\\&=\sum(\hat{\boldsymbol{y}}_t-\boldsymbol{y})(\boldsymbol{h}^{(t)})^{\mathrm{T}}\end{aligned} \tag{8-8}$$

由图 8-8 可以看出，t 时刻的 $\boldsymbol{W}$、$\boldsymbol{U}$、$\boldsymbol{b}_h$ 既影响了 t 时刻的输出，还影响了 $t+1$ 时刻的输出，因此它们三个参数矩阵(向量)的梯度损失应该由 t 时刻以及之后的时刻共同决定，计算起来要更复杂。以 $\boldsymbol{W}$ 为例，计算它在 t 时刻的梯度损失，需要考虑从 t 时刻到序列最后的 T 时刻的状态，通过损失函数 L 对各时刻隐藏层的链式求导得到。

将 t 时刻隐藏层的梯度记为 $\boldsymbol{\delta}^{(t)}$，则

$$\boldsymbol{\delta}^{(t)}=\frac{\partial L}{\partial \boldsymbol{h}^{(t)}} \tag{8-9}$$

由 $\boldsymbol{\delta}^{(t+1)}$ 可以得出 $\boldsymbol{\delta}^{(t)}$，即

$$\begin{aligned}\boldsymbol{\delta}^{(t)}&=\left(\frac{\partial \boldsymbol{o}^{(t)}}{\partial \boldsymbol{h}^{(t)}}\right)^{\mathrm{T}}\frac{\partial L}{\partial \boldsymbol{o}^{(t)}}+\left(\frac{\partial \boldsymbol{h}^{(t+1)}}{\partial \boldsymbol{h}^{(t)}}\right)^{\mathrm{T}}\frac{\partial L}{\partial \boldsymbol{h}^{(t+1)}}\\&=\boldsymbol{V}^{\mathrm{T}}(\hat{\boldsymbol{y}}^{(t)}-\boldsymbol{y}^{(t)})+\boldsymbol{W}^{\mathrm{T}}\mathrm{diag}(\boldsymbol{1}-(\boldsymbol{h}^{(t+1)})^{2})\boldsymbol{\delta}^{(t+1)}\end{aligned} \tag{8-10}$$

当 $t=T$ 到达序列的最后一个时刻时，式(8-10)的第二项不存在，即 $\boldsymbol{\delta}^{(T)}$ 为

$$\boldsymbol{\delta}^{(T)}=\left(\frac{\partial \boldsymbol{o}^{(T)}}{\partial \boldsymbol{h}^{(T)}}\right)^{\mathrm{T}}\frac{\partial L}{\partial \boldsymbol{o}^{(T)}}=\boldsymbol{V}^{\mathrm{T}}(\hat{\boldsymbol{y}}^{(T)}-\boldsymbol{y}^{(T)}) \tag{8-11}$$

由此，可以得到 $\boldsymbol{W}$、$\boldsymbol{U}$、$\boldsymbol{b}_h$ 的梯度计算公式分别为[12-14]

$$\frac{\partial L}{\partial \boldsymbol{W}}=\sum_{t=1}^{T}\mathrm{diag}(\boldsymbol{1}-(\boldsymbol{h}^{(t)})^{2})\boldsymbol{\delta}^{(t)}(\boldsymbol{h}^{(t-1)})^{\mathrm{T}} \tag{8-12}$$

$$\frac{\partial L}{\partial \boldsymbol{U}}=\sum_{t=1}^{T}\mathrm{diag}(\boldsymbol{1}-(\boldsymbol{h}^{(t)})^{2})\boldsymbol{\delta}^{(t)}(\boldsymbol{x}^{(t)})^{\mathrm{T}} \tag{8-13}$$

$$\frac{\partial L}{\partial \boldsymbol{b}_h}=\sum_{t=1}^{T}\mathrm{diag}(\boldsymbol{1}-(\boldsymbol{h}^{(t)})^{2})\delta^{(t)} \tag{8-14}$$

有了梯度计算公式，RNN 的 BP 算法与普通多层网络的类似。

8.2.3 特点

RNN 的最大特点是考虑了历史状态(时间序列)对结果的影响，得益于这一特殊运行原理，RNN 才能处理序列数据。在考虑时间序列的实际数据挖掘任务中，RNN 有重要应用，如音频数据、市场股票数据、文章文字数据等。

在实际应用中，经典的 RNN 结构存在致命缺点，就是梯度消失或梯度爆炸，因为 RNN 的序列计算特征，根据链式求导法则和式(8-9)～式(8-14)，损失函数对于 $\boldsymbol{W}$、$\boldsymbol{U}$ 求偏导时存在激活函数的导数与 $\boldsymbol{W}$ 的累乘项，若激活函数的导数小于 1，则当 RNN 层数较多时，累乘的结果就会趋近于 0，即出现梯度消失问题；若累乘项中 $\boldsymbol{W}$ 的参数有大于 1 的项，则当 RNN 层数较多时，累乘的结果就会趋于无穷，即出现梯度爆炸问题。

在实际运用中，RNN 层级往往比较深，使得梯度爆炸或者梯度消失问题会比较明显。梯度消失会导致神经网络中前面层的网络权重无法得到更新，也就停止了学习；梯度爆炸会导致网络不稳定，使得网络无法从训练数据中得到很好的学习。

另外，基本的 RNN 模型还存在长距离依赖问题。如对句子“这个辣椒真__?__”缺失

词预测，较容易得出“辣”这个结果，但如果把问题变成“他吃了一口菜，被辣得流出了眼泪，满脸通红。旁边的人赶紧给他倒了一杯凉水，他咕咚咕咚喝了两口，才逐渐恢复正常。他气愤地说道：这个菜味道真 __?__ ”，RNN 就较难预测了，也就是说，当相关信息与需要参考的信息距离较远时，就出现了长距离依赖问题。幸运的是，长短时记忆网络可以解决这些问题。

8.3　长短时记忆网络

长短时记忆网络(Long Short-Term Memory Network，LSTM)是 RNN 的一种变体，最早由 Hochreiter 和 Schmidhuber 提出[15]。传统的 RNN 由于梯度消失的原因只能有短期记忆，而 LSTM 通过引入门结构(Gate)和一个明确定义的记忆单元(Memory Cell)来克服梯度消失或梯度爆炸的问题。

8.3.1　网络结构及其前向计算

从 LSTM 的英文全名可以看出，它是一个长的短时记忆网络，具体怎么回事呢？LSTM 对如图 8-4 所示的普通 RNN 结构进行了改进，如图 8-9 所示为 LSTM 的一个单元。单元中加入了三个门结构：输入门、输出门、遗忘门，每个门又都对应有控制信号。普通 RNN 虽然也具备记忆功能，但它仅仅是把前面时刻的隐藏层内容接收进来，而改进后的 LSTM 单元加入了门控，使得整个 LSTM 网络可以有选择地对历史数据进行取舍。

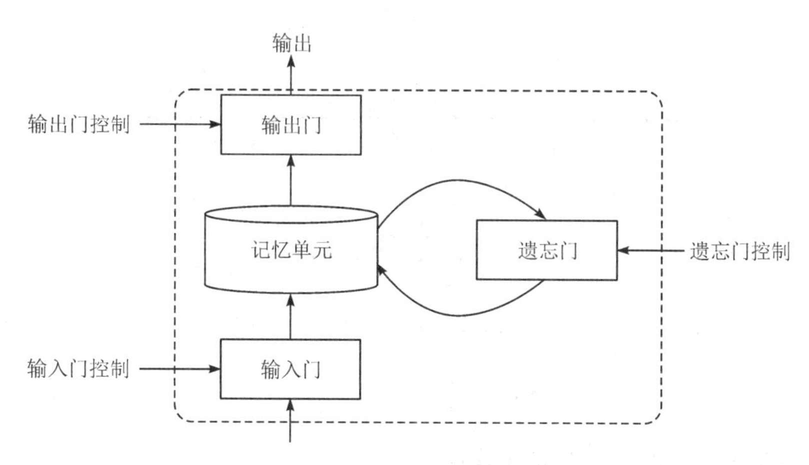

图 8-9　LSTM 单个单元结构图

图 8-9 所示为 LSTM 的一个单元，它处在序列数据的一个时刻，处理该时刻要记住的内容(包括上一时刻的和该时刻的输入)、要忘记的内容以及如何使用门来更新存储器。展开后的 LSTM 如图 8-10 所示，LSTM 单元之间有两种信号传递：单元状态 $\boldsymbol{c}_t$ 和隐藏状态 $\boldsymbol{h}_t$，分别表示长期记忆和短期记忆。另外，LSTM 单元还有该时刻的输入信号 $\boldsymbol{X}_t$。

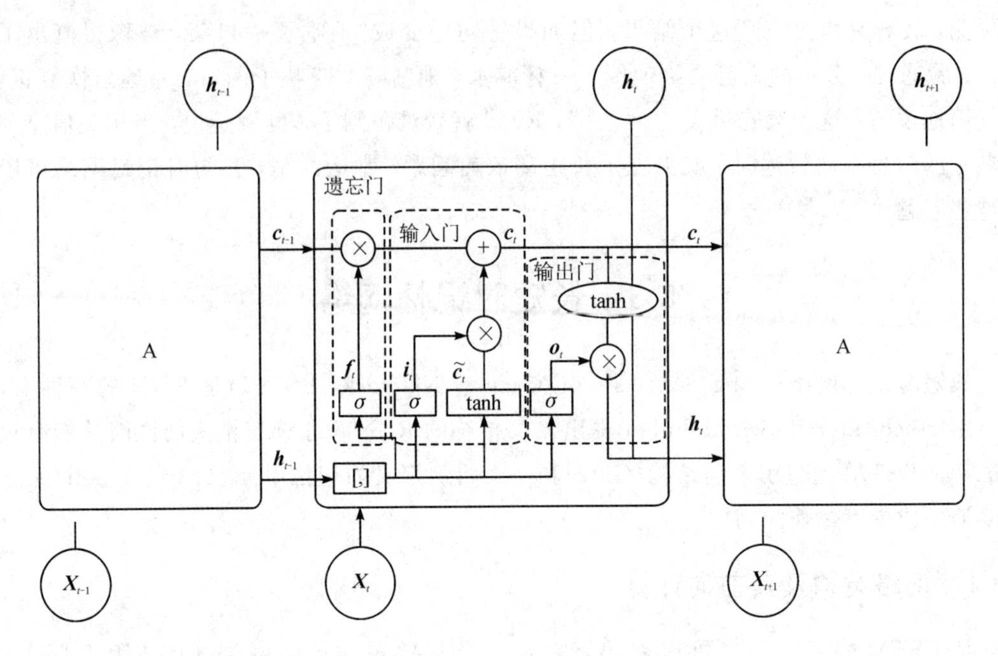

图 8-10　展开后的 LSTM 单元结构

LSTM 中的门是一种让信息选择性通过的方法，由 Sigmoid 神经网络和按位乘操作(两个向量相同位置上的元素相乘得到结果向量)组成，如图 8-11 所示。Sigmoid 网络的输出是一个元素数值在[0, 1]区间的向量，向量维度与 $\boldsymbol{c}_t$ 相同，通过 Sigmoid 网络和按位乘就可以控制 $\boldsymbol{c}_t$ 有多大程度通过这个门。

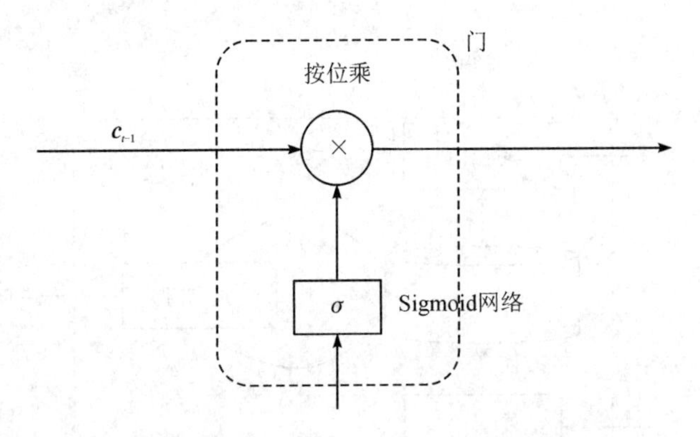

图 8-11　LSTM 的门

下面分别讲解 LSTM 三个门的工作原理。

遗忘门决定了单元状态 $\boldsymbol{c}_t$ 中的哪些信息将被遗忘，它的作用就是用来“忘记”信息的。遗忘门中 Sigmoid 网络的输出 $\boldsymbol{f}_t$ 为

$$\boldsymbol{f}_t=\sigma(\boldsymbol{W}_f\cdot[\boldsymbol{h}_{t-1},\ \boldsymbol{x}_t]+\boldsymbol{b}_f) \tag{8-15}$$

遗忘门公式(8-15)中，首先将本时刻的输入 $\boldsymbol{x}_t$ 与上一时刻的隐藏状态 $\boldsymbol{h}_{t-1}$ 进行拼接得到$[\boldsymbol{h}_{t-1},\ \boldsymbol{x}_t]$，然后通过矩阵 $\boldsymbol{W}_f$ 调整维度，最后加上 $\boldsymbol{b}_f$ 后经过 Sigmoid 网络变成一个

对过去的单元状态进行筛选的向量，再与上一时刻的单元状态进行按位乘。那么为什么要将本时刻的输入和上一时刻的隐藏信息整合后引入遗忘门的 Sigmoid 网络呢？因为本时刻输入的信息可能也没有长期记忆的必要，所以将$[\boldsymbol{h}_{t-1}, \boldsymbol{x}_t]$整合之后再判断。当然，$\boldsymbol{x}_t$ 不会简单消失，它还会输入到“输入门”进行处理，在输入门 $\boldsymbol{x}_t$ 依然有进入下一个时刻 LSTM 单元的机会。

如果说遗忘门通过运算对过去的记忆状态 $\boldsymbol{c}_{t-1}$ 进行截断和筛选，那么输入门则将$[\boldsymbol{h}_{t-1}, \boldsymbol{x}_t]$进行一定运算后再叠加到经过筛选后的过去记忆上来更新记忆。输入门的计算公式为

$$\boldsymbol{i}_t = \sigma(\boldsymbol{W}_i \cdot [\boldsymbol{h}_{t-1}, \boldsymbol{x}_t] + \boldsymbol{b}_i) \tag{8-16}$$

$$\tilde{\boldsymbol{c}}_t = \tanh(\boldsymbol{W}_c \cdot [\boldsymbol{h}_{t-1}, \boldsymbol{x}_t] + \boldsymbol{b}_c) \tag{8-17}$$

$$\boldsymbol{c}_t = \boldsymbol{f}_t \odot \boldsymbol{c}_{t-1} + \boldsymbol{i}_t \odot \tilde{\boldsymbol{c}}_t \tag{8-18}$$

查看图 8-10 中的输入门可知，输入门中 $\boldsymbol{i}_t$ 的作用和遗忘门中 $\boldsymbol{f}_t$ 的作用类似，$\boldsymbol{i}_t$ 对经过 tanh 网络后的$[\boldsymbol{h}_{t-1}, \boldsymbol{x}_t]$进行筛选，决定有哪些可以被叠加到 $\boldsymbol{c}_t$ 中进行记忆。输入门中 tanh 网络对$[\boldsymbol{h}_{t-1}, \boldsymbol{x}_t]$进行处理生成候选记忆$\tilde{\boldsymbol{c}}_t$，这样可将值中心化到$[-1, +1]$区间上，且 tanh 函数在过零点附近收敛较快。

所以，遗忘门和输入门的作用是相反的，遗忘门是有选择地丢弃单元状态中原来的信息；而输入门则是有选择地将 t 时刻输入和 $t-1$ 时刻的隐藏状态添加到单元状态中作为当前 t 时刻的单元状态输入给 $t+1$ 时刻的 LSTM 单元。因此，式(8-18)就是 t 时刻的 LSTM 单元状态更新公式。

在遗忘门、输入门、$[\boldsymbol{h}_{t-1}, \boldsymbol{x}_t]$的共同作用下更新了 LSTM 单元状态 $\boldsymbol{c}_t$，并将它作为长期记忆直接传递给下一时刻的单元。图 8-10 所示 LSTM 单元中还有一个输出门，其计算公式为

$$\boldsymbol{o}_t = \sigma(\boldsymbol{W}_o \cdot [\boldsymbol{h}_{t-1}, \boldsymbol{x}_t] + \boldsymbol{b}_o) \tag{8-19}$$

$$\boldsymbol{h}_t = \boldsymbol{o}_t \odot \tanh(\boldsymbol{c}_t) \tag{8-20}$$

输出门的实现思想与遗忘门、输入门类似，它也是通过一个门控为$[\boldsymbol{h}_{t-1}, \boldsymbol{x}_t]$的门输出 $\boldsymbol{o}_t$ 来按位乘经过 tanh 函数处理之后的 $\boldsymbol{c}_t$，这样处理的目的是想知道 $\tanh(\boldsymbol{c}_t)$ 中有多少信息是值得输出的。需要注意的是，输出门使用的是 tanh 函数而不是 tanh 网络。

至此，已经根据 LSTM 网络的结构整理出了一个 LSTM 单元的前向传播计算公式，若是序列上的多个单元的组合，也可以使用类似的方法得出前向传播公式。

8.3.2 反向传播

LSTM 的训练算法仍然是反向传播算法，主要有三个步骤：① 前向计算每个神经元的输出值；② 反向计算每个神经元的误差项值；③ 根据相应的误差项，计算每个权重的梯度。

根据上一小节的 LSTM 前向计算分析，将 LSTM 单元进一步分解，如图 8-12 所示。

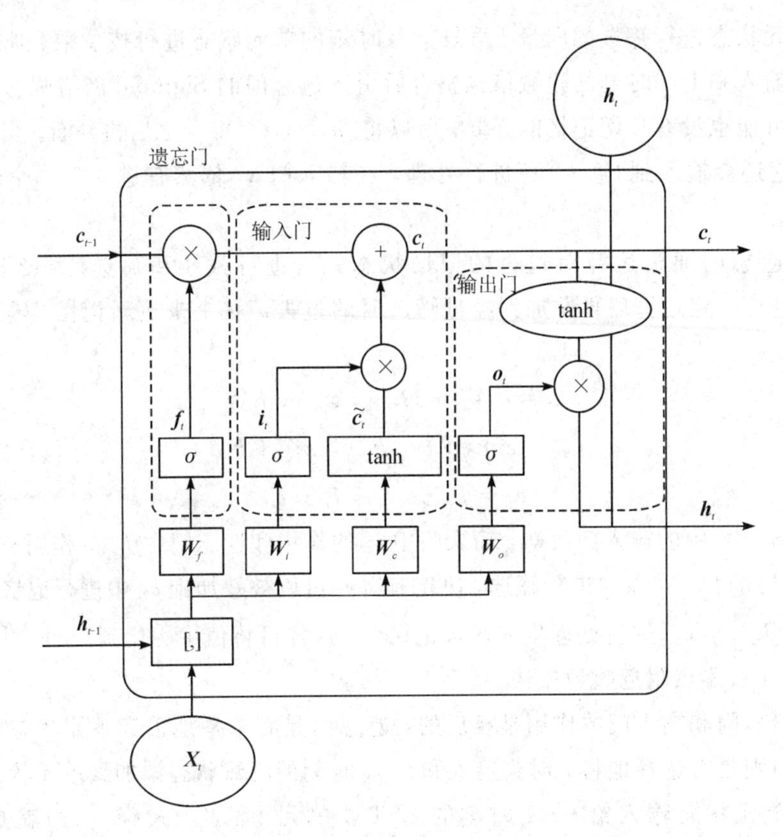

图 8-12　LSTM 单元分解

根据图 8-12，LSTM 单元的三个门控神经网络的输出分别是 $\boldsymbol{f}_t$、$\boldsymbol{i}_t$、$\boldsymbol{O}_t$，再加上单元状态 $\boldsymbol{c}_t$ 和当前时刻输出值 $\boldsymbol{h}_t$，总共五个向量，这五个向量的计算公式已经在上一小节给出。一个 LSTM 单元，需要学习的参数有：① 遗忘门权重矩阵 $\boldsymbol{W}_f$ 和偏置项 $\boldsymbol{b}_f$；② 输入门权重矩阵 $\boldsymbol{W}_i$ 和偏置项 $\boldsymbol{b}_i$；③ 计算单元状态的权重矩阵 $\boldsymbol{W}_c$ 和偏置项 $\boldsymbol{b}_c$；④ 输出门权重矩阵 $\boldsymbol{W}_o$ 和偏置项 $\boldsymbol{b}_o$。

LSTM 训练过程中要学习的参数很多，看似比较复杂，但其本质还是 BPTT 算法。因为 LSTM 单元中有四个网络的加权输入，而在计算的时候向上一层只传递一个误差项更容易，所以将 t 时刻的误差项(假设误差为 L)定义为

$$\boldsymbol{\delta}_t \overset{\text{def}}{=} \frac{\partial L}{\partial \boldsymbol{h}_t} \tag{8-21}$$

而对应的四个网络加权输入分别为

$$\boldsymbol{n}_{f,t} = \boldsymbol{W}_f[\boldsymbol{h}_{t-1}, \boldsymbol{x}_t] + \boldsymbol{b}_f = \boldsymbol{W}_{fh}\boldsymbol{h}_{t-1} + \boldsymbol{W}_{fx}\boldsymbol{x}_t + \boldsymbol{b}_f \tag{8-22}$$

$$\boldsymbol{n}_{i,t} = \boldsymbol{W}_i[\boldsymbol{h}_{t-1}, \boldsymbol{x}_t] + \boldsymbol{b}_i = \boldsymbol{W}_{ih}\boldsymbol{h}_{t-1} + \boldsymbol{W}_{ix}\boldsymbol{x}_t + \boldsymbol{b}_i \tag{8-23}$$

$$\boldsymbol{n}_{\tilde{c},t} = \boldsymbol{W}_c[\boldsymbol{h}_{t-1}, \boldsymbol{x}_t] + \boldsymbol{b}_c = \boldsymbol{W}_{ch}\boldsymbol{h}_{t-1} + \boldsymbol{W}_{cx}\boldsymbol{x}_t + \boldsymbol{b}_c \tag{8-24}$$

$$\boldsymbol{n}_{o,t} = \boldsymbol{W}_o[\boldsymbol{h}_{t-1}, \boldsymbol{x}_t] + \boldsymbol{b}_o = \boldsymbol{W}_{oh}\boldsymbol{h}_{t-1} + \boldsymbol{W}_{ox}\boldsymbol{x}_t + \boldsymbol{b}_o \tag{8-25}$$

相应地，也可以将加权输入表示为 $\boldsymbol{\delta}_{f,t} \overset{\text{def}}{=} \dfrac{\partial L}{\partial \text{NET}_{f,t}}$ 的形式。

首先沿时间反向上的误差项传递，即误差 L 在 $t-1$ 时刻的误差项 $\boldsymbol{\delta}_{t-1}$ 为

$$\boldsymbol{\delta}_{t-1}=\frac{\partial L}{\partial \boldsymbol{h}_{t-1}}=\frac{\partial L}{\partial \boldsymbol{h}_t}\frac{\partial \boldsymbol{h}_t}{\partial \boldsymbol{h}_{t-1}}=\boldsymbol{\delta}_t\frac{\partial \boldsymbol{h}_t}{\partial \boldsymbol{h}_{t-1}} \tag{8-26}$$

由式(8-15)～式(8-20)可知，$\boldsymbol{h}_t$ 是由 $\boldsymbol{i}_t$、$\boldsymbol{f}_t$、$\tilde{\boldsymbol{c}}_t$、$\boldsymbol{o}_t$ 求出的，而它们都是 $\boldsymbol{h}_{t-1}$ 的函数，即

$$\frac{\partial \boldsymbol{h}_t}{\partial \boldsymbol{h}_{t-1}}=\frac{\partial \boldsymbol{h}_t}{\partial \boldsymbol{o}_t}\frac{\partial \boldsymbol{o}_t}{\partial \boldsymbol{n}_{o,t}}\frac{\partial \boldsymbol{n}_{o,t}}{\partial \boldsymbol{h}_{t-1}}+\frac{\partial \boldsymbol{h}_t}{\partial \boldsymbol{c}_t}\frac{\partial \boldsymbol{c}_t}{\partial \boldsymbol{f}_t}\frac{\partial \boldsymbol{f}_t}{\partial \boldsymbol{n}_{f,t}}\frac{\partial \boldsymbol{n}_{f,t}}{\partial \boldsymbol{h}_{t-1}}+\frac{\partial \boldsymbol{h}_t}{\partial \boldsymbol{c}_t}\frac{\partial \boldsymbol{c}_t}{\partial \boldsymbol{i}_t}\frac{\partial \boldsymbol{i}_t}{\partial \boldsymbol{n}_{i,t}}\frac{\partial \boldsymbol{n}_{i,t}}{\partial \boldsymbol{h}_{t-1}} \tag{8-27}$$

由式(8-26)、式(8-27)可得

$$\begin{aligned}\boldsymbol{\delta}_{t-1}&=\boldsymbol{\delta}_{o,t}\frac{\partial \boldsymbol{n}_{o,t}}{\partial \boldsymbol{h}_{t-1}}+\boldsymbol{\delta}_{f,t}\frac{\partial \boldsymbol{n}_{f,t}}{\partial \boldsymbol{h}_{t-1}}+\boldsymbol{\delta}_{\tilde{c},t}\frac{\partial \boldsymbol{n}_{\tilde{c},t}}{\partial \boldsymbol{h}_{t-1}}\\&=\boldsymbol{\delta}_{o,t}\boldsymbol{W}_{oh}+\boldsymbol{\delta}_{f,t}\boldsymbol{W}_{fh}+\boldsymbol{\delta}_{i,t}W_{ih}+\boldsymbol{\delta}_{\tilde{c},t}\boldsymbol{W}_{ch}\end{aligned} \tag{8-28}$$

结合前向计算公式，式(8-28)中的所有偏导都可求出，而从 t 时刻向前传递到 k 时刻的误差项公式也可以求出，即

$$\boldsymbol{\delta}_k=\prod_{j=k}^{t-1}(\boldsymbol{\delta}_{o,j}\boldsymbol{W}_{oh}+\boldsymbol{\delta}_{f,j}\boldsymbol{W}_{fh}+\boldsymbol{\delta}_{i,j}\boldsymbol{W}_{ih}+\boldsymbol{\delta}_{\tilde{c},j}\boldsymbol{W}_{ch}) \tag{8-29}$$

式(8-29)中，$\boldsymbol{\delta}_{o,j}$、$\boldsymbol{\delta}_{f,j}$、$\boldsymbol{\delta}_{i,j}$、$\boldsymbol{\delta}_{\tilde{c},j}$ 可以由定义求出。

接下来再计算沿层级反向的误差项传递。假设当前为 l 层，将 $l-1$ 层的误差项定义为误差函数 L 对 $l-1$ 层加权输入 $\boldsymbol{n}_t^{(l-1)}$ 的偏导，即

$$\boldsymbol{\delta}_t^{(l-1)}\overset{\text{def}}{=}\frac{\partial L}{\partial \boldsymbol{n}_t^{(l-1)}} \tag{8-30}$$

$l-1$ 层的激活函数记为 $f^{(l-1)}$，则 l 层的输入为 $l-1$ 层的输出，即 $\boldsymbol{x}_t^l=f^{(l-1)}(\text{NET}_t^{(l-1)})$。由公式(8-22)～式(8-25)可知 $\boldsymbol{n}_{f,t}^{(l)}$、$\boldsymbol{n}_{i,t}^{(l)}$、$\boldsymbol{n}_{\tilde{c},t}^{(l)}$、$\boldsymbol{n}_{o,t}^{(l)}$ 都是 $\boldsymbol{x}_t$ 的函数，而 $\boldsymbol{x}_t$ 又是 $\boldsymbol{n}_t^{(l-1)}$ 的函数，最后得到误差项沿层级反向传递的公式为

$$\boldsymbol{\delta}_t^{(l-1)}=(\boldsymbol{\delta}_{f,t}\boldsymbol{W}_{fx}+\boldsymbol{\delta}_{i,t}\boldsymbol{W}_{ix}+\boldsymbol{\delta}_{\tilde{c},t}\boldsymbol{W}_{\tilde{c}x}+\boldsymbol{\delta}_{o,t}\boldsymbol{W}_{ox})\odot f'(\boldsymbol{n}_t^{(l-1)}) \tag{8-31}$$

有了 $\boldsymbol{\delta}_t$ 和 $\boldsymbol{\delta}_{o,t}$、$\boldsymbol{\delta}_{f,t}$、$\boldsymbol{\delta}_{i,t}$、$\boldsymbol{\delta}_{\tilde{c},t}$ 就可以得出 t 时刻误差函数对于 $\boldsymbol{W}_{fh}$、$\boldsymbol{W}_{ih}$、$\boldsymbol{W}_{ch}$、$\boldsymbol{W}_{oh}$ 的梯度，然后再将序列上各个时刻的梯度求和就可以得到它们的权重梯度，即

$$\frac{\partial L}{\partial \boldsymbol{W}_{oh}}=\sum_{j=1}^{t}\boldsymbol{\delta}_{o,j}\boldsymbol{h}_{j-1}^{\mathrm{T}} \tag{8-32}$$

$$\frac{\partial L}{\partial \boldsymbol{W}_{fh}}=\sum_{j=1}^{t}\boldsymbol{\delta}_{f,j}\boldsymbol{h}_{j-1}^{\mathrm{T}} \tag{8-33}$$

$$\frac{\partial L}{\partial \boldsymbol{W}_{ih}}=\sum_{j=1}^{t}\boldsymbol{\delta}_{i,j}\boldsymbol{h}_{j-1}^{\mathrm{T}} \tag{8-34}$$

$$\frac{\partial L}{\partial \boldsymbol{W}_{ch}}=\sum_{j=1}^{t}\boldsymbol{\delta}_{\tilde{c},j}\boldsymbol{h}_{j-1}^{\mathrm{T}} \tag{8-35}$$

偏置项 $\boldsymbol{b}_f$、$\boldsymbol{b}_i$、$\boldsymbol{b}_c$、$\boldsymbol{b}_o$ 在时间反向上的梯度计算与上述计算类似，即

$$\frac{\partial L}{\partial \boldsymbol{b}_o}=\sum_{j=1}^{t}\boldsymbol{\delta}_{o,j} \tag{8-36}$$

$$\frac{\partial L}{\partial \boldsymbol{b}_f}=\sum_{j=1}^{t}\boldsymbol{\delta}_{f,j} \tag{8-37}$$

$$\frac{\partial L}{\partial \boldsymbol{b}_i}=\sum_{j=1}^{t}\boldsymbol{\delta}_{i,j} \tag{8-38}$$

$$\frac{\partial L}{\partial \boldsymbol{b}_c}=\sum_{j=1}^{t}\boldsymbol{\delta}_{\tilde{c},j} \tag{8-39}$$

而层级反向上的权重梯度 $\boldsymbol{W}_{fx}$、$\boldsymbol{W}_{ix}$、$\boldsymbol{W}_{cx}$、$\boldsymbol{W}_{ox}$ 的计算相对简单，可以直接由误差项得出，即

$$\frac{\partial L}{\partial \boldsymbol{W}_{ox}}=\frac{\partial L}{\partial \boldsymbol{n}_{o,t}}\frac{\partial \boldsymbol{n}_{o,t}}{\partial \boldsymbol{W}_{ox}}=\boldsymbol{\delta}_{o,t}\boldsymbol{x}_t^{\mathrm{T}} \tag{8-40}$$

$$\frac{\partial L}{\partial \boldsymbol{W}_{fx}}=\frac{\partial L}{\partial \boldsymbol{n}_{f,t}}\frac{\partial \boldsymbol{n}_{f,t}}{\partial \boldsymbol{W}_{fx}}=\boldsymbol{\delta}_{f,t}\boldsymbol{x}_t^{\mathrm{T}} \tag{8-41}$$

$$\frac{\partial L}{\partial \boldsymbol{W}_{ix}}=\frac{\partial L}{\partial \boldsymbol{n}_{i,t}}\frac{\partial \boldsymbol{n}_{i,t}}{\partial \boldsymbol{W}_{ix}}=\boldsymbol{\delta}_{i,t}\boldsymbol{x}_t^{\mathrm{T}} \tag{8-42}$$

$$\frac{\partial L}{\partial \boldsymbol{W}_{cx}}=\frac{\partial L}{\partial \boldsymbol{n}_{\tilde{c},t}}\frac{\partial \boldsymbol{n}_{\tilde{c},t}}{\partial \boldsymbol{W}_{cx}}=\boldsymbol{\delta}_{\tilde{c},t}\boldsymbol{x}_t^{\mathrm{T}} \tag{8-43}$$

由上面分析可知，由于 LSTM 的各个门控信号都是通过相似的 Sigmoid 网络以 $[\boldsymbol{h}_t, \boldsymbol{x}_t]$ 作为输入得到的，所以在计算各种梯度时也是相似的。

不同于基本 RNN，LSTM 门结构的存在可以改善梯度消失问题。LSTM 的遗忘门值可选择在[0，1]之间，让 LSTM 来改善梯度消失的情况；也可以选择接近于 1，让遗忘门饱和，此时长时间距离的信息梯度不消失；也可以选择接近 0，此时模型是故意阻断梯度流，遗忘之前的信息。

8.3.3 应用案例

本小节以一个时间序列数据预测的例子来演示 LSTM 的实际应用流程。

例 8.1 假设我们需要构建一个空气污染程度的预测模型。以 PM2.5 浓度代表空气污染程度，采集相关气象数据，并假设产生 PM2.5 的条件不变的前提下，气象条件的变化决定 PM2.5 的消散快慢，进一步决定 PM2.5 浓度。相关的传感器每隔一小时采集一次数据，共采集五年的数据用来训练和测试模型，采集到的部分数据如表 8-1 所示。完整数据在本书配套的电子资源中。

表 8-1 某市空气污染部分监测数据

年	月	日	时	PM2.5	露点	温度	气压	风向	风速	雪量	雨量
2010	1	2	0	129	−16	−4	1020	SE	1.79	0	0
2010	1	2	1	148	−15	−4	1020	SE	2.68	0	0
2010	1	2	2	159	−11	−5	1021	SE	3.57	0	0
2010	1	2	3	181	−7	−5	1022	SE	5.36	1	0

续表

年	月	日	时	PM2.5	露点	温度	气压	风向	风速	雪量	雨量
2010	1	2	4	138	−7	−5	1022	SE	6.25	2	0
2010	1	2	5	109	−7	−6	1022	SE	7.14	3	0
2010	1	2	6	105	−7	−6	1023	SE	8.93	4	0
2010	1	2	7	124	−7	−5	1024	SE	10.72	0	0
2010	1	2	8	120	−8	−6	1024	SE	12.51	0	0
2010	1	2	9	132	−7	−5	1025	SE	14.3	0	0
2010	1	2	10	140	−7	−5	1026	SE	17.43	1	0
2010	1	2	11	152	−8	−5	1026	SE	20.56	0	0

表 8-1 是从各种传感器中采集到的原始数据，有十二列，包括时间、PM2.5 浓度、露点、温度等，在用它们训练模型之前要进行预处理。数据处理、模型训练的源码可以在配套的电子资源中获得，此处仅介绍处理流程。

首先，把时间合并，年、月、日、时合并成一列，将列名设置为“时间”，并将时间列设置为索引(index)列。然后，对表中不存在的值进行插值处理，为简单起见，此处做填 0 处理，实际中常用最近邻差值、线性差值、拉格朗日差值等方法进行处理。最后，将处理后的数据另存到一个新的文件“pollution.csv”中。

图 8-13 所示为截取的连续 30 天(720 条记录)的数据绘制结果，从图中大致可以看出 PM2.5 浓度与风速、气压、露点等有一定的相关性。

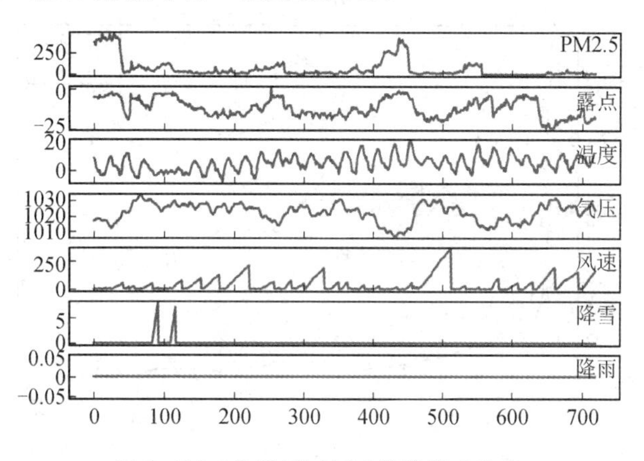

图 8-13　各列(除风向)的数值变化表

接下来，还需要对类别特征“风向”进行数值化编码；另外，还需要对所有的数值特征进行归一化处理。

根据需求，我们希望通过当前的风速、风向、气压等气象数据预测下一时刻的 PM2.5 浓度，而实际采集到的历史数据表中的一行是同一时刻的 PM2.5 和各气象数据的值。因此，需要将整个表格中的气象数据和 PM2.5 浓度的值进行一次偏移，使得一条记录中 $t-1$ 时刻的气象数据(LSTM 网络的输入特征值)和 t 时刻的 PM2.5 浓度(LSTM 网络的输出值)相对应，这样处理后的数据才可以作为模型的训练数据和测试数据，通过这样的处理就将时间序列问题转化成了监督学习问题。处理后的部分结果如图 8－14 所示。

Index	var1(t-1)	var2(t-1)	var3(t-1)	var4(t-1)	var5(t-1)	var6(t-1)	var7(t-1)	var8(t-1)	y1(t)
3593	[illegible]	[illegible]	[illegible]	[illegible]	[illegible]	[illegible]	[illegible]	[illegible]	[illegible]
3594	0.099…	0.764…	0.721…	0.399…	0.666…	0.011…	0.0	0.0	0.09…
3595	0.092…	0.764…	0.721…	0.399…	0.666…	0.018…	0.0	0.0	0.07…
3596	0.079…	0.764…	0.704…	0.418…	0.666…	0.025…	0.0	0.0	0.06…
3597	0.061…	0.794…	0.672…	0.436…	1.0	0.000…	0.0	0.027…	0.06…
3598	0.060…	0.823…	0.655…	0.454…	0.666…	0.007…	0.0	0.0	0.13…
3599	0.132…	0.808…	0.639…	0.454…	0.666…	0.016…	0.0	0.0	0.18…

图 8－14　将数据转换为可监督学习问题

将处理好的数据集拆分成训练集和测试集两部分，此处将最前面一年的数据作为训练集，将剩下的数据作为测试集。

数据准备好了，接下来就要创建并训练 LSTM 网络。使用 Python 语言，借助 Keras 工具包可快速构建深度神经网络模型。本例中，将 LSTM 各子网隐藏层的个数设置为 50，即将图 8－12 中遗忘门的 σ、输入门的 σ，tanh 以及输出门的 σ 这几个神经网络的神经元个数都设置为 50；只用前一个时刻的输入预测当前的 PM2.5，所以将 timestep 设置为 1；在一个时刻输入给 LSTM 单元的输入向量的维度为 8。

接着训练模型，训练完成后，训练集和测试集的损失如图 8－15 所示。

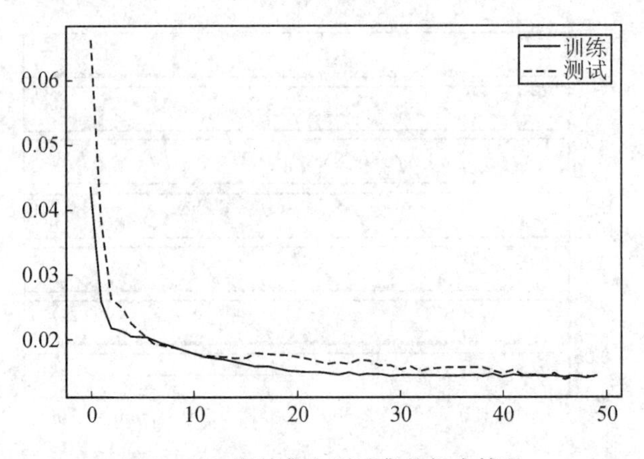

图 8－15　训练集和测试集的损失情况

本章小结

RNN 的思想非常有趣，它让神经网络有了记忆功能。RNN 可以看成是在时间维度上权值共享的神经网络，即 RNN 网络中不同时刻的 RNN 单元参数是相同的。而 RNN 单元、LSTM 单元的概念和人工神经元有很大不同，RNN 单元和 LSTM 单元指的是在序列上处理一个时刻的输入向量的神经网络单元，它可能是包含多个隐藏层(由多个神经元构成)的复杂神经网络。

RNN可以用于解决基于序列数据的分类、预测、回归等各种问题，而简单RNN存在的梯度消失、长期依赖等问题可以通过构建LSTM网络来避免。

在实际使用LSTM的时候，使用者往往会对LSTM作进一步的改进，常见的LSTM变体包括BiLSTM、GRU、Tree-LSTM、LSTM-CNN等。理解并使用好各种RNN变体的基础是对RNN、LSTM基本思想的深刻理解。

思 考 题

1. RNN是如何实现记忆功能的？
2. BPTT算法和BP算法有什么异同点？
3. 为什么LSTM可以克服简单RNN的长度依赖问题？
4. LSTM单元中的门的实现原理是怎样的？
5. 查找资料简述GRU的工作原理。
6. 在例8.1中，如何使用训练得到的模型进行预测？

参考文献

[1] 原继东，王志海. 时间序列的表示与分类算法综述[J]. 计算机科学，2015，42(3)：1-7.

[2] 贾澎涛，何华灿，刘丽，等. 时间序列数据挖掘综述[J]. 计算机应用研究，2007，24(11)：15-18，29.

[3] 杨海民，潘志松，白玮. 时间序列预测方法综述[J]. 计算机科学，2019，46(1)：21-28.

[4] LIPTON Z C，BERKOWITZ J，ELKAN C. A critical review of recurrent neural networks for sequence learning[J]. ArXiv Preprint ArXiv：1506.00019，2015.

[5] HOPFIELD J. Neural networks and physical systems with emergent collective computational abilities[J]. Proceedings of the National Academy of Sciences of the United States of America，1982，79(8)：2554-2558.

[6] ELMAN J L. Finding structure in time[J]. Cognitive Science，1990，14(2)：179-211.

[7] SCHMIDHUBER J. Learning complex，extended sequences using the principle of history compression[J]. Neural Computation，1992，4(2)：234-242.

[8] HOCHREITER S，SCHMIDHUBER J. Long short-term memory[J]. Neural Computation，1997，9(8)：1735-1780.

[9] CHO K，MERRIENBOER B V，GULCEHRE C，et al. Learning phrase representations using RNN encoder-decoder for statistical machine translation[J]. ArXiv Preprint ArXiv：1406.1078，2014.

[10] MIKOLOV T，KOMBRINK S，BURGET L，et al. Extensions of recurrent neural network language model[C]. Proceedings of the 2011 IEEE International Conference on Acoustics，Speech and Signal Processing(ICASSP)，2011：F22-27.

[11] GRAVES A，SCHMIDHUBER J. Framewise phoneme classification with bidirectional LSTM networks[C]. Proceedings of the IEEE International Joint Conference on Neural Networks，2005：2047-2052.

[12] 陈凯. 深度学习模型的高效训练算法研究[D]. 合肥：中国科学技术大学，2016.

[13] 杨丽，吴雨茜，王俊丽，等. 循环神经网络研究综述[J]. 计算机应用，2018，38(S2)：1-6，26.

[14] 张孝慈. 递归神经网络模型的若干关键问题研究[D]. 合肥：中国科学技术大学，2019.

[15] HOCHREITER S，SCHMIDHUBER J. Long short-term memory[J]. Neural Computation，1997，9(8)：1735-1780.